职业教育计算机专业系列教材

数据库应用技术

主　编　鲁翠柳

副主编　应桂芬　徐丽平

参　编　成孝俊　刘晓冬　周红亚

北京理工大学出版社

BEIJING INSTITUTE OF TECHNOLOGY PRESS

内 容 简 介

本书以"学生成绩管理数据库"为项目案例,介绍 SQL Server 2019 实现数据库管理的基本操作。主要内容包括数据库基础知识、数据库创建与管理、基本表的创建与管理、数据查询、视图与索引、存储过程与触发器、数据库安全管理等。

本书理论讲解通俗易懂,很多项目实例具有较高的实用价值。

本书适合软件技术、计算机网络技术等相关专业学生使用,也可作为自学者和相关技术人员的参考用书。

图书在版编目(C I P)数据

数据库应用技术 / 鲁翠柳主编. —— 北京 : 北京理工大学出版社, 2023.7(2023.8 重印)

ISBN 978 - 7 - 5763 - 2619 - 2

Ⅰ. ①数… Ⅱ. ①鲁… Ⅲ. ①关系数据库系统 - 高等学校 - 教材 Ⅳ. ①TP311.132.3

中国国家版本馆 CIP 数据核字(2023)第 133758 号

出版发行 / 北京理工大学出版社有限责任公司

社　　址 / 北京市海淀区中关村南大街 5 号

邮　　编 / 100081

电　　话 / (010) 68914775 (总编室)
　　　　　　(010) 82562903 (教材售后服务热线)
　　　　　　(010) 68944723 (其他图书服务热线)

网　　址 / http：//www.bitpress.com.cn

经　　销 / 全国各地新华书店

印　　刷 / 涿州市京南印刷厂

开　　本 / 787 毫米 × 1092 毫米　1/16

印　　张 / 15　　　　　　　　　　　　　　　责任编辑 / 王玲玲

字　　数 / 334 千字　　　　　　　　　　　　文案编辑 / 王玲玲

版　　次 / 2023 年 7 月第 1 版　2023 年 8 月第 2 次印刷　　责任校对 / 刘亚男

定　　价 / 49.00 元　　　　　　　　　　　　责任印制 / 施胜娟

前言

数据库技术是计算机应用中发展迅速、应用广泛的领域，它已成为计算机信息系统与应用系统的核心技术和重要基础。

SQL Server 系列软件是 Microsoft 公司推出的关系型数据库管理系统。SQL Server 2019 版本于 2019 年 11 月发布，专注于分布式文件系统之间的数据交换、与大数据的连接，提高了安全性、可扩展性、智能性。

目前，数据库应用技术被各大院校的软件技术、计算机网络技术等专业列为专业基础课程。

本书是由一线专任教师在总结数据库应用技术和多年教学经验基础上编撰而成的。为了更加适合高职教育以及现代数据库技术发展快、创新多的特点，教材突出强调理论教学与实践操作紧密结合的一体化教学模式，以"项目导向、任务驱动"为主线，充分体现任务引领、实践导向的设计思想。学生学习过程中，明确项目要求，实施分解任务，实现"做中学、做中教"。

本书编写以"学生成绩管理数据库"为项目案例，将数据库基础知识、数据库创建与管理、基本表的创建与管理、数据查询、视图与索引、存储过程与触发器、数据库安全管理等系列知识点融入项目中，图文并茂，语言表述简练易懂。依据学生学习过程，每个学习项目分为项目描述、相关知识点简介、项目分析、任务描述、任务目标、相关知识、任务实施、知识拓展、项目总结、思考练习等板块，注重提升学生实践技能。

本书由江苏联合职业技术学院盐城机电分院（盐城机电高等职业技术学校）鲁翠柳组织编写和统稿，成孝俊、应桂芬、刘晓冬及常州刘国钧高等职业技术学校徐丽平、周红亚参与编写。本书 7 个部分中，项目一、项目四由鲁翠柳编写，项目二由应桂芬编写，项目三由徐丽平编写，项目五由成孝俊编写，项目六由刘晓冬编写，项目七由周红亚编写。盐城工业职业技术学院嵇春梅主审。

在本书编写过程中，编者参考了大量文献资料，并得到同仁的大力支持，在此对参考文献作者及同仁表示感谢！由于编写水平有限，书中不足之处难免，恳请各位专家及读者提出宝贵意见和建议。

目 录

项目一

项目准备

一、数据库管理数据的优势

随着计算机技术的发展，数据管理技术经历了三个阶段：人工管理阶段、文件系统阶段和数据库阶段。虽然文件系统阶段已经实现了数据长期的存取，但存在冗余度大、一致性差等问题，关系数据库较好地解决了这些问题。那么使用数据库管理数据有哪些优势呢？

1. 实现数据共享

所有用户可同时存取数据库中的数据，并且用户可以用各种方式通过接口使用数据库，并提供数据共享。

2. 减少数据的冗余

由于数据库实现了数据共享，从而避免了用户各自建立应用文件，减少了大量重复数据，减少了数据冗余，维护了数据的一致性。

3. 保持数据的独立性

数据的独立性包括逻辑独立性（数据库的逻辑结构和应用程序相互独立）和物理独立性（数据物理结构的变化不影响数据的逻辑结构）。

4. 数据实现集中控制

利用数据库可对数据进行集中控制和管理，并通过数据模型表示各种数据的组织以及数据间的联系。

5. 故障恢复

数据库管理系统可及时发现故障和修复故障，从而防止数据被破坏，并且能尽快恢复数据库系统运行时出现的故障。

二、数据库基本概念

数据库技术已成为数据管理的核心技术。学习数据库技术，从理解以下基本概念开始。

1. 数据

数据是描述事物的符号记录。数据可以是数字、文本、图形、图像、音频、视频等多种表现形式。数据经过数字化后，可以存储在计算机中。

2. 数据库

数据库（DB）是以一定方式储存在一起，能与多个用户共享，具有尽可能小的冗余度，与应用程序彼此独立的数据集合。用户可以对文件中的数据进行插入、查询、更新、删除等操作。

3. 数据库管理系统

数据库管理系统（DBMS）是为管理数据库而设计的软件系统，主要完成对数据库的操纵与管理功能，实现数据库对象的创建及数据库存储数据的插入、查询、更新、删除等操作，以及数据库的用户管理、权限管理等。

4. 数据库系统

数据库系统（DBS）是由数据库及其管理软件组成的系统。数据库系统一般由数据库、数据库管理系统、硬件及软件环境、数据库管理员和用户构成，其中，数据库管理系统是数据库系统的核心组成部分。

5. 数据模型

数据模型（Data Model）是数据特征的抽象，是一个描述数据、数据联系、数据语义以及一致性约束的概念工具的集合。根据模型应用的不同目的，可以将模型分为两大类，分别属于不同的层次。第一类概念层数据模型，也称概念模型。它是面向用户的，按用户的观点来对数据进行建模。常用的概念层数据模型有实体－联系（E－R）模型、语义对象模型。另一类是组织层数据模型，也称组织模型。它面向计算机系统的，从数据的逻辑结构来组织数据，所以也称为逻辑模型。

组织数据模型主要采用以下四种组织方式：层次模型采用树形结构组织数据；网状模型采用网状结构组织数据；关系模型采用二维表结构组织数据；面向对象模型以对象为单位组织数据。

网状模型和层次模型已经很好地解决了数据的集中和共享问题，但是在数据独立性和抽象级别上仍有很大欠缺。用户进行存取时，仍然需要明确数据的存储结构，指出存取路径。而后来出现的关系模型较好地解决了这些问题。

关系模型以二维表的形式组织数据，以便于利用各种实体与属性之间的关系进行存储和变换，数据结构简单清晰。存取路径完全向用户隐蔽，使程序和数据具有高度的独立性。关系模型的数据语言非过程化程度较高，用户性能好，具有集合处理能力，并有定义、操纵、控制一体化的优点。

面向对象模型是一种新兴的数据模型，它采用面向对象的方法来设计数据库。每个对象包含对象的属性和方法，具有类和继承等特点。面向对象数据模型适用于需要管理数据对象之间存在复杂关系的应用，特别适用于特定的应用，如工程、电子商务、医疗等。当其用于普通应用时，性能会降低。

三、关系数据库

关系数据库是创建在关系模型基础上的数据库，借助于集合代数等数学概念和方法来处理数据库中的数据。现实世界中的各种实体以及实体之间的各种联系均可用关系模型来表示。主流的关系数据库有 MySQL、Oracle、SQL Server、PostgreSQL、SQLite、DB2 等。

（一）关系的数据结构

关系的数据结构是二维表结构，二维表由表框架和表的元组组成。

1. 关系（Relations）

一个关系就是一个二维表格。二维表格的名字就是关系的名字。关系数据库就是表或者说关系的集合。

2. 属性（Attributes）

表框架由多个命名的表属性组成。关系中的命名列称为关系的属性。同一个关系中的属性不能重名。一个属性也可称为一个列或一个字段。

3. 域（Domains）

属性的域是指属性的取值范围。

4. 元组（Tuples）

关系中的行称为关系的元组。一个元组也可称为一行或一个记录。

5. 主键（Primary Keys）

关系的主关键字也称主键，是指关系中的某个属性或最小属性组，该属性或属性组的值能够唯一地标识关系中的每一个元组。

6. 候选键（Candidate Keys）

候选键就是候选关键字，也可以起到唯一标识元组的作用。一个关系可以有多个候选键，被选中的候选键就是主键。

7. 外键（Foreign Keys）

在一个关系中，如果存在某个属性或属性组能够匹配其他关系中的主键或候选键，则称这个属性或属性组是该关系的外关键字（简称外键）。

8. 关系模式（Relation Schemas）

二维表的结构称为关系模式。关系模式可以用来描述关系的结构。在描述一个关系时，通常包含以下几个元素：关系名、关系的属性、关系的主键（可以用下划线或［PK］来标识）、关系的外键（可以用［FK］来标识）。

（二）关系操作

关系操作指关系模型的数据操作，其特点是集合操作方式，即操作的对象和结果都是集合。关系操作一般有数据查询、删除、插入和修改四种操作。

（三）关系中的数据完整性约束

数据库的完整性约束是确保数据库中的数据一致、正确、符合企业规则的一种规定。关系模型中提供实体完整性约束、参照完整性约束和用户完整性约束三种数据约束。

实体完整性（Entity Integrity）用于保证数据表中每一个元组都是唯一的。主键起到标识一个关系中每一个元组的作用，所以主键的属性不可以为空。

参照完整性（Referential Integrity）定义了不同表中列的关系。如果一个关系中存在外键，那么这个外键的值应该与其所对应的父关系中的主键或候选键的某个值匹配。

用户完整性（User – defined Integrity）是用户自定义的完整性约束。为了体现用户实际管理数据的规则或者保护数据的安全等，用户可以使用约束、规则、触发器等在数据库中添加其他规则。

【项目描述】

基于教学管理工作的需求，某校计划创建学生成绩管理数据库，实现学生管理、教师管理、成绩管理、课程管理等相关功能，通过项目学习实现学生成绩管理数据库的设计。

【相关知识点】

数据库的需求分析、概念设计、逻辑设计，SSMS 简介。

【项目分析】

该项目的完成划分为以下几个任务：

任务一　需求分析
任务二　概念设计
任务三　逻辑设计
任务四　了解 SSMS

任务一　需求分析

【任务描述】

在学习了数据库基本概念的基础上，着手进行数据库设计，为学生成绩管理数据库的创建做准备。数据库设计第一阶段，通过与用户沟通，分析用户需求，明确数据库基本功能、包含的主要数据信息，即实现数据库需求分析。

【任务目标】

明确需求分析的任务。

实现对学生成绩管理数据库需求分析。

【相关知识】

需求分析就是分析用户的需求，它是设计数据库的起点。需求分析的任务是通过详细调查现实世界要处理的对象，充分了解现有系统（手工系统或计算机系统）的工作概况，明确用户的各种需求，然后在此基础上确定新系统的功能。

需求分析调查的重点是"数据"和"处理"，通过调查、收集与分析，获得用户对数据库的如下要求：

（1）信息要求。指用户要求从数据库中获得信息的内容与性质。由信息要求可以导出数据要求，即在数据库中需要存储哪些数据。

（2）处理要求。指用户要求完成的数据处理功能，对处理性能的要求。

（3）安全性与完整性要求。

例如，某集团需创建管理工厂、员工及产品的数据库。

根据用户需求，将创建的管理数据库需求分析如下：

数据库应包含的数据信息：工厂、员工、产品等基本信息。集团下有若干工厂，工厂应有工厂编号、厂名、厂址等信息；员工应有员工编号、姓名、技术等级、工资等信息；产品应有产品编号、产品名称、生产日期等信息。

需求说明：每个工厂聘用多名员工，且每名员工只能在一个工厂工作；每个工厂生产多种产品，且每一种产品可以在多个工厂生产；每个工厂按照固定的计划数量生产产品。

【提示】　本任务的需求分析侧重于信息要求。

【任务实施】

学生成绩管理数据库概述：通过对学校教学管理中的班级、学生、教师、课程、成绩等相关内容进行分析，要求数据库具有学生管理、教师管理、成绩管理、课程管理等相关功能，如系统应该提供数据的插入、删除、更新、查询等功能。

学生成绩管理数据库需求分析如下：

数据库应包含的数据信息：班级、学生、教师、课程的基本信息。班级应有班级编号、班级名称、班级位置等信息；学生应有学号、姓名、身份证号、性别、是否团员、出生日期、入学日期、家庭住址等信息；教师应有教师编号、姓名、身份证号、性别等信息；课程应有课程编号、课程名称、学分、是否必修等信息。学生学习课程应有成绩分数、成绩等级信息；教师所授课程应有班级编号等相关信息。

需求说明：一位教师（班主任）管理一个班级；一个班级中包含若干名学生；每位教师可教授多门课程；每门课程可有多位教师任教。

任务二　概念设计

【任务描述】

数据库设计第二阶段，数据库的设计人员要从用户需求出发，对数据进行建模，产生一个独立于计算机硬件和 DBMS 的概念模型，即实现数据库概念设计。

【任务目标】

理解概念设计，明确概念设计的任务。

设计学生成绩管理数据库的 E－R 图。

【相关知识】

需求分析阶段描述的需求是现实世界的具体需求。将需求分析得到的用户需求抽象为信息结构即概念模型的过程就是概念设计。概念设计的任务通过对用户需求进行综合、归纳与抽象，形成一个独立于具体 DBMS 的概念模型。概念模型是现实世界到信息世界的第一级抽象，能真实、充分地反映现实世界，包括事物和事物之间的联系，能满足用户对数据的处理要求，是各种数据模型的共同基础，比数据模型更独立于机器、更抽象，从而更加稳定。概念设计是整个数据库设计的关键。

描述概念模型的工具：E－R 图。E－R 图（Entity Relationship Diagram）也称实体－联系图，提供了表示实体类型、属性和联系的方法，用来描述现实世界的概念模型。该模型概念简单、使用方便并且独立于具体的数据库管理系统，数据库设计人员、开发人员和用户可以通过该模型进行交流。

E－R 图的三个核心部分分别是实体集、属性、关联关系。

E－R 图的实体集即数据模型中的数据对象，例如人、物体都可以作为一个数据对象。每个实体集都有自己的实体成员或者说实体对象，例如学生实体集里包括多位学生实体成员，实体集成员不需要出现在 E－R 图中。实体集用长方体来表示。

E－R 图的属性即数据对象所具有的属性，例如学生具有姓名、学号、年龄等属性。属性用椭圆形表示，属性分为唯一属性和非唯一属性，唯一属性指的是唯一可用来标识该实体集实例或者成员的属性，用下划线表示。

E－R 图的关联关系用来表现数据对象与数据对象之间的联系，例如学生的实体集和班级的实体集之间有一定的联系，每个学生都归属于某个班级，这就是一种关系。关系用菱形来表示。

E－R 图中关系有三种：1 对 1 关系（1∶1），是指对于实体集 A 与实体集 B，A 中的每一个实体至多与 B 中一个实体有关系；反之，在实体集 B 中的每个实体至多与实体集 A 中一个实体有关系。1 对多关系或多对 1 关系（1∶n）是指实体集 A 与实体集 B 中至少有 n（n＞0）个实体有关系，并且实体集 B 中每一个实体至多与实体集 A 中一个实体有关系。多对多关系（m∶n）是指实体集 A 中的每一个实体与实体集 B 中至少有 m（m＞0）个实体有关系，并且实体集 B 中的每一个实体与实体集 A 中的至少 n（n＞0）个实体有关系。

E－R 图绘制步骤：①确定所有的实体集合；②选择实体集应包含的属性；③确定实体集之间的关联关系；④确定实体集的主键，用下划线标明；⑤确定关联关系的类型，在用线将表示关系的菱形框联系到实体集时，在线旁注明是 1 或 n（多）来表示关系的类型。

例如，依据任务一的需求分析，设计某集团管理数据库的 E－R 图。

（1）实体集：工厂、员工、产品。

（2）属性：工厂的属性有工厂编号、厂名、厂址，工厂编号为唯一属性；员工的属性有员工编号、姓名、技术等级、工资，员工编号为唯一属性；产品的属性有产品编号、产品名称、生产日期，产品编号为唯一属性。

（3）关联关系：每个工厂聘用多名员工，工厂与员工为 1 对多的聘用关系；每个工厂生产多种产品，且每一种产品可以在多个工厂生产，工厂与产品为多对多的生产关系，且生产的产品有数量要求。设计的工厂管理数据库 E－R 图如图 1－1 所示。

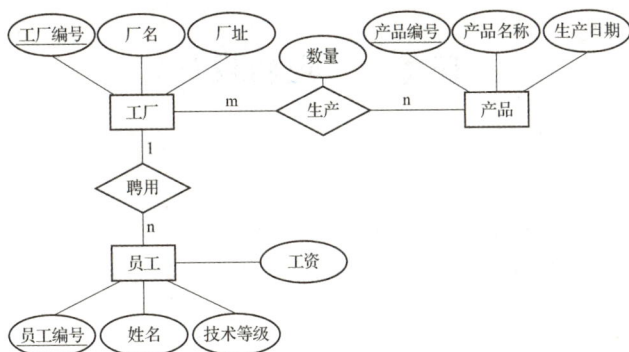

图 1－1　某集团工厂管理数据库 E－R 图

【任务实施】

设计学生成绩管理数据库 E－R 图。

（1）实体集：班级、学生、教师、课程。

（2）属性：班级具有班级编号（唯一属性）、班级名称、班级位置等属性；学生具有学号（唯一属性）、姓名、身份证号、性别、是否团员、出生日期、入学日期、家庭住址等属性；教师具有教师编号（唯一属性）、教师姓名、身份证号、性别等属性；课程应有课程编号（唯一属性）、课程名称、学分、是否必修等属性；学生对课程学习关系应有成绩分数、成绩等级等属性；教师对课程的教授关系应有班级编号属性。

（3）关联关系：一位教师（班主任）管理一个班级，教师与班级是 1 对 1 的管理关系；一个班级中包含若干名学生，班级与学生是 1 对多的归属关系；每位教师可教授多门课程，每门课程可能多位教师教授，教师与课程是多对多的教授关系；每位学生要学习多门课程，每门课程有多位学生学习，学生与课程是多对多的学习关系。设计的学生成绩管理数据库 E－R 图如图 1－2 所示。

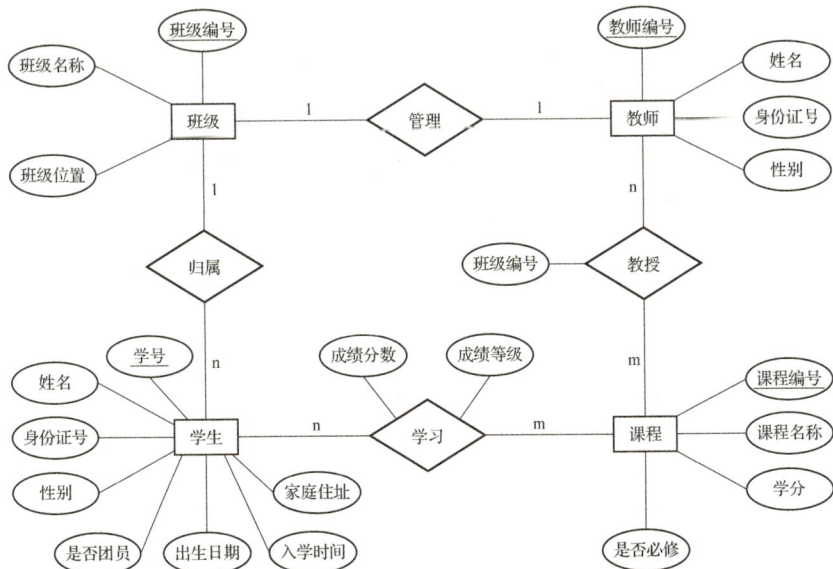

图 1－2　学生成绩管理数据库 E－R 图

任务三　逻辑设计

【任务描述】

数据库设计第三阶段，将现实世界的概念模型转换成数据库逻辑模型，即适应于某种特定数据库管理系统（如 SQL Server）所支持的逻辑数据模式，也即实现数据库逻辑设计。

【任务目标】

理解逻辑设计，明确逻辑设计任务。

实现将学生成绩管理数据库 E－R 图转换成关系模式。

【相关知识】

逻辑设计是指对数据的逻辑存储结构（数据实体之间的逻辑关系，解决数据冗余和数据维护异常）进行设计。逻辑设计的任务就是把概念结构转换为选用的 DBMS 所支持的数据模型的过程。如果使用关系数据库，首先需要将实体－关系图转换为关系模式，然后根据具体数据库管理系统的特点转换为指定数据库管理系统支持下的数据模型，最后进行优化。

E－R 图转换为关系模式的规则如下：

（1）E－R 图中的实体转换为关系：实体集名转换为关系名；实体集中所有属性转换为关系中的属性；实体集的唯一标识属性转换为关系中的主键。

（2）E－R 图中的关联关系转换为关系：

1∶1 的关联关系的转换方法是与某一端的实体集所对应的关系合并，在被合并关系中加入相应属性，要求增加的属性既是联系本身的属性，又是与联系相关的另一个实体集的主键。1∶n 的关联关系的转换方法是在 n 端实体集中增加新属性，新属性由联系对应的一端实体集的主键和联系自身的属性构成，新增属性后，原关系的主键不变。m∶n 的关联关系的转换方法是将其转换为一个关系。与该联系相连的两个实体集的主键以及联系本身的属性转换为关系的属性，两个相连实体集主键的组合可作为新关系的主键。

例如，某集团管理数据库关系模式：

（1）实体转换为关系：

工厂表（<u>工厂编号</u>，厂名，厂址）

员工表（<u>员工编号</u>，姓名，技术等级，工资）

产品表（<u>产品编号</u>，产品名称，生产日期）

（2）工厂与员工 1∶n 关联关系的转换，在 n 端实体集"员工表"中增加"工厂编号"属性：

员工表（<u>员工编号</u>，姓名，技术等级，工资，工厂编号）

（3）工厂与产品 m∶n 的关联关系的转换，将"生产"联系转换为关系，"工厂编号""产品编号"组合作为主键：

生产表（<u>工厂编号</u>，<u>产品编号</u>，数量）

【提示】　数据库设计的第四阶段是物理设计。数据库的物理设计指数据库存储结构和存储路径的设计，即将数据库的逻辑模型在实际的物理存储设备加以实现，从而建立一个具有较好性能的物理数据库。该过程依赖于给定的计算机系统。在本教材的后续项目中，将对物理设计中的存储记录的格式设计（如数据库、表、字段的命名规范及字段类型）、索引设计、完整性和安全性等主要内容做简要介绍。

【任务实施】

将学生成绩管理数据库 E－R 图转换成关系模式。

（1）实体转换为关系。

班级表（<u>班级编号</u>，班级名称，班级位置）

学生表（<u>学号</u>，姓名，身份证号，性别，是否团员，出生日期，入学日期，家庭住址）

教师表（<u>教师编号</u>，教师姓名，身份证号，性别）

课程表（<u>课程编号</u>，课程名称，学分，是否必修）

（2）班级与教师 1∶1 的关联关系的转换，在"班级表"中增加"教师编号"属性。

班级表（<u>班级编号</u>，班级名称，班级位置，教师编号）

（3）班级与学生 1∶n 关联关系的转换，在 n 端实体集"学生表"中增加"班级编号"属性。

学生表（<u>学号</u>，姓名，身份证号，性别，是否团员，出生日期，入学日期，家庭住址，班级编号）

（4）课程与学生 m∶n 的关联关系的转换，将"学习"联系转换为"成绩"关系，"学号""课程编号"组合可作为主键。或增加"成绩编号"属性作为主键，"学号""课程编号"组合作为外键。

成绩表（<u>成绩编号</u>，学号，课程编号，成绩分数，成绩等级）

课程与教师 m∶n 的关联关系的转换，将"教授"联系转换为"授课信息"关系，"教师编号""课程编号""班级编号"作为其组合主键。

授课信息表（<u>教师编号</u>，<u>课程编号</u>，<u>班级编号</u>）

（5）转换结果。

班级表（<u>班级编号</u>，班级名称，班级位置，教师编号）

学生表（<u>学号</u>，姓名，身份证号，性别，是否团员，出生日期，入学日期，家庭住址，班级编号）

教师表（<u>教师编号</u>，教师姓名，身份证号，性别）

课程表（<u>课程编号</u>，课程名称，学分，是否必修）

成绩表（<u>成绩编号</u>，学号，课程编号，成绩分数，成绩等级）

授课信息表（<u>教师编号</u>，<u>课程编号</u>，<u>班级编号</u>）

【提示】　在关系模式的基础上，可设计数据库模型图。确定各属性所对应字段名、表的主外键，明确各表之间的关联关系，如图 1－3 所示。

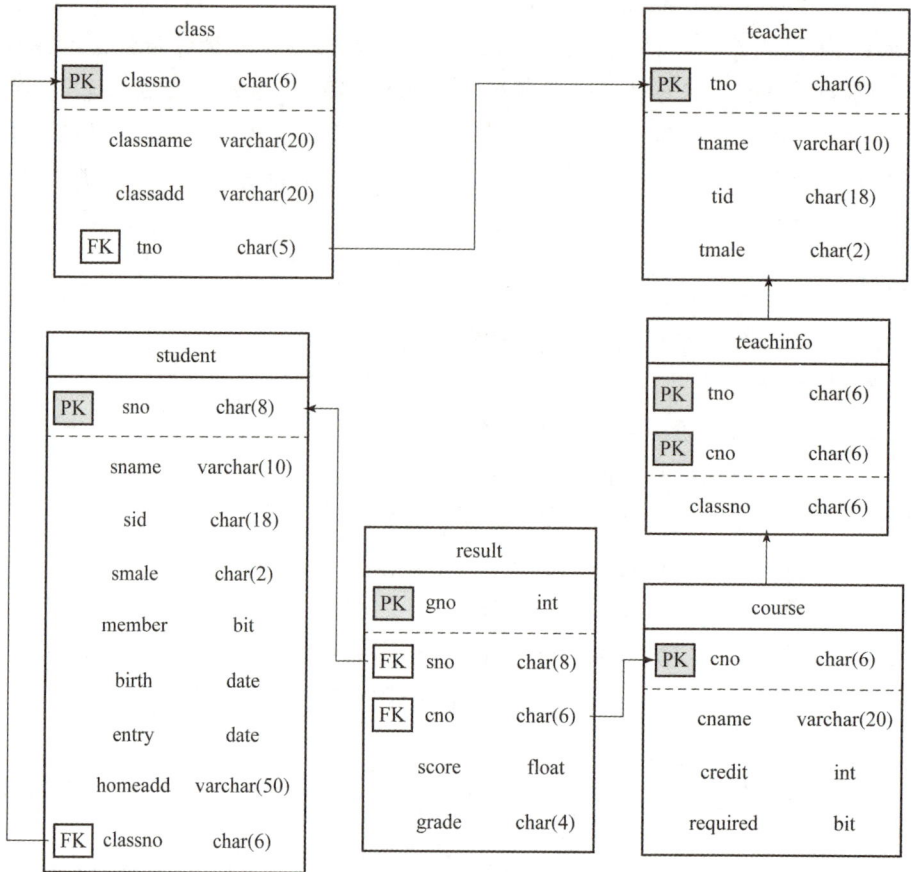

图 1-3　学生成绩管理数据库模型图

【知识拓展】

为设计更合理的关系型数据库，必须遵从一定的规范，这些规范被称为范式。各种范式呈递次规范，越高的范式，数据库冗余越小。

第一范式（1NF）是指在关系模型中，对于添加的一个规范要求，所有的域都应该是原子性的，即数据库表的每一列都是不可分割的原子数据项，而不能是集合、数组、记录等非原子数据项。即实体中的某个属性有多个值时，必须拆分为不同的属性。在符合第一范式表中，每个域值只能是实体的一个属性或一个属性的一部分。第一范式要求无重复的域。

例如：要在教师表中增加联系电话属性，当教师有两个联系电话号码时，其所对应的"联系电话"属性就有两个值，则不符合第一范式的要求，可将"联系电话"属性拆分为两个属性。

教师表（教师编号，教师姓名，身份证号，性别，联系电话）——不符合第一范式要求

可设计为：

教师表（教师编号，教师姓名，身份证号，性别，联系电话1，联系电话2）——符合第一范式要求

第二范式（2NF）是在第一范式的基础上建立起来的，要求数据库表中的每个记录或实

体必须可以被唯一地区分。选取一个能区分每个实体的属性或属性组，作为实体的唯一标识。第二范式要求实体的属性完全依赖于主键。所谓完全依赖，是指不能存在仅依赖主键一部分的属性，如果存在，那么这个属性和主键的这一部分应该分离出来形成一个新的实体，新实体与原实体之间是一对多的关系。

例如：设计成绩表时，"学号""课程编号"组合是每个成绩记录的唯一标识，可作为主键，满足第二范式要求。

成绩表（<u>学号</u>，<u>课程编号</u>，成绩分数，成绩等级)——符合第二范式要求

或增加"成绩编号"属性作为每个成绩记录的唯一标识，可作为主键，也满足第二范式要求。

成绩表（<u>成绩编号</u>，学号，课程编号，成绩分数，成绩等级)——符合第二范式要求

第三范式（3NF）是第二范式的一个子集，要求一个关系中不包含已在其他关系中包含的非主关键字信息。第三范式要求属性不依赖于其他非主属性，也就是在满足 2NF 的基础上，任何非主属性不得传递依赖于主属性。

例如，"班级表"中包含了"教师编号"属性，若再包含"教师姓名"属性，则不符合第三范式要求，会产生大量的数据冗余。

任务四 了解 SSMS

【任务描述】

SSMS 是一个用于管理 SQL Server 对象的功能齐全的实用工具，其中包含易于使用的图形界面和丰富的脚本撰写功能。在使用 SSMS 管理数据库之前，先来了解一下 SSMS。

【任务目标】

了解 SQL Server 数据库管理系统。

了解 SSMS 界面，掌握 SSMS 连接数据库服务器操作，掌握"新建查询""执行""可用数据库"等命令的作用。

【相关知识】

SQL Server 是由 Microsoft 开发和推广的关系数据库管理系统。SQL Server 作为一个高效、安全、稳定、开放的服务器数据库管理系统，它可以创建和维护数据库对象，如数据库、数据表、存储过程、视图等；创建和维护用户、角色等。SQL Server 操作数据库有两种方式：SQL 和可视化的 SSMS。

SQL（Structured Query Language，结构化查询语言）的主要功能就是同各种数据库建立联系，进行沟通，被作为关系型数据库管理系统的标准语言。

SSMS（SQL Server Management Studio，SQL Server 集成管理器）是一种基于图形界面的管理 SQL Server 基础架构的集成环境，提供用于配置、监视和管理 SQL Server 实例的工具。此外，它还提供了用于部署、监视和升级数据层组件（如应用程序使用的数据库和数据仓

库）的工具以及生成查询和脚本。

SQL Server 安装完成并开启 SQL Server 服务后，可启动 SSMS 登录数据库服务器。

依次单击"开始"按钮→"所有程序"→"Microsoft SQL Server Tools 18"→"Microsoft SQL server Management Studio 18"，打开"连接到服务器"对话框，如图 1 - 4 所示。

图 1 - 4 "连接到服务器"对话框

服务器类型：一个服务器可提供多种服务，如数据库引擎（sql server）、报表服务（reporting services）、分析服务（analysis services）等，每种类型服务器都有自己的一套独有的系统资源，可以选择一个你所需的服务。数据库引擎是最重要的服务，主要用于存储、处理和保护数据的核心服务。

服务器名称：同一台机器允许安装多个 SQL Server 数据库服务器。对于本地服务器，可以使用"本地计算机名"或"localhost"作为服务器名。

身份验证："Windows 身份验证"模式，拥有登录 Windows 操作系统权限的用户，就有登录 SQL Server 的权限；"SQL Server 身份验证"模式，已设置的 SQL Server 用户有登录权限，例如，使用安装数据库时设置的超级用户"sa"登录，如图 1 - 5 所示。

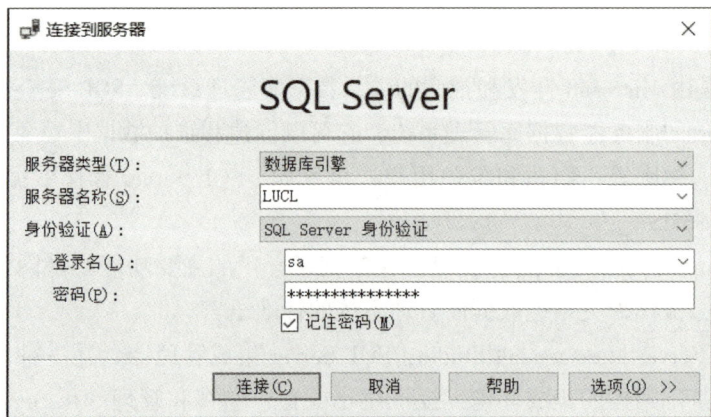

图 1 - 5 使用 sa 用户登录

单击"连接"按钮，打开 SSMS 窗口，界面主要由标题栏、菜单栏、工具栏、对象资源管理器、空白窗格组成，如图 1 – 6 所示。

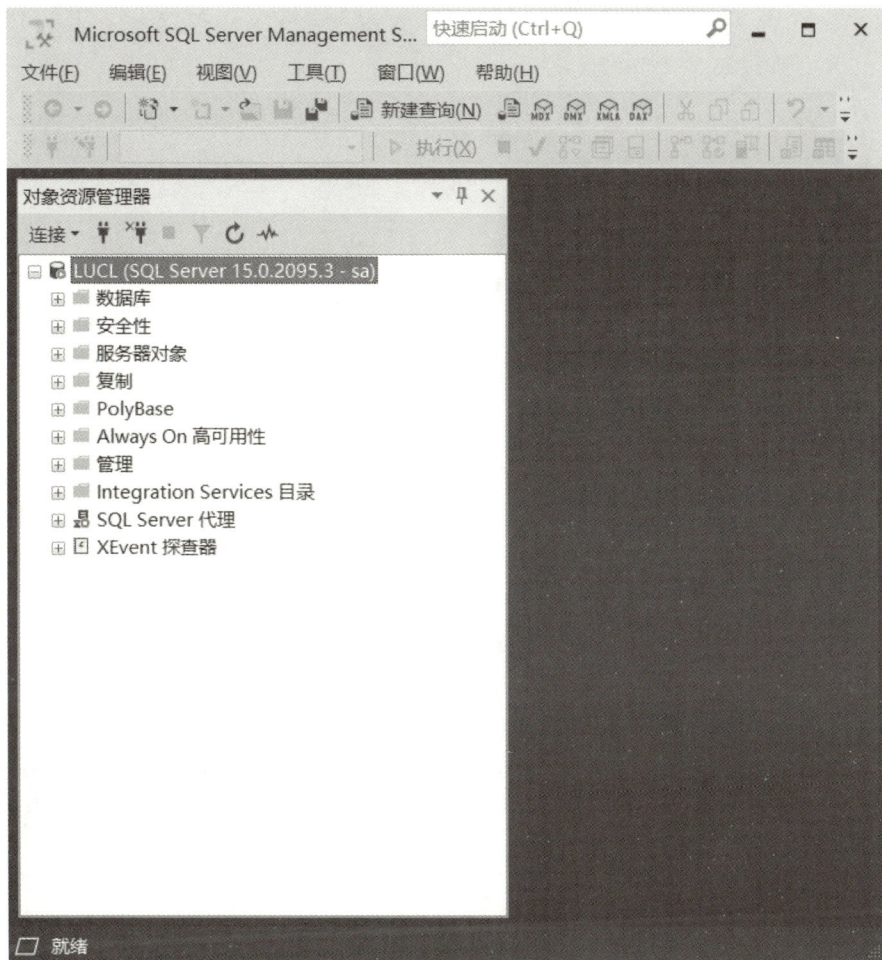

图 1 – 6　SSMS 界面

对象资源管理器中的树形视图显示所登录的数据库服务器名，其展开的一级目录有数据库、安全性、服务器对象、复制、管理、SQL Server 代理等；在数据库目录中含有 4 个系统数据库：master 数据库，记录 SQL Server 系统所有系统级别信息，包括初始化信息、登录账户信息、系统配置信息和其他数据库的存储位置等；model 数据库，是系统中创建数据库的模板；msdb 数据库，为 SQL Server 代理程序调度报警和作业以及记录操作员时使用；tempdb 数据库，保存所有临时表、临时存储过程及其他临时存储要求；tempdb 数据库，在 SQL Server 系统断开连接时清空，在每次启动时重新创建，如图 1 – 7 所示。

单击"新建查询"按钮，空白窗格显示查询窗口。单击"执行"按钮，执行查询窗口中的 SQL 命令，如图 1 – 8 所示。

在工具栏中的"可用数据库"选项中，可选择当前数据库，如图 1 – 9 所示。

图 1-7　系统数据库

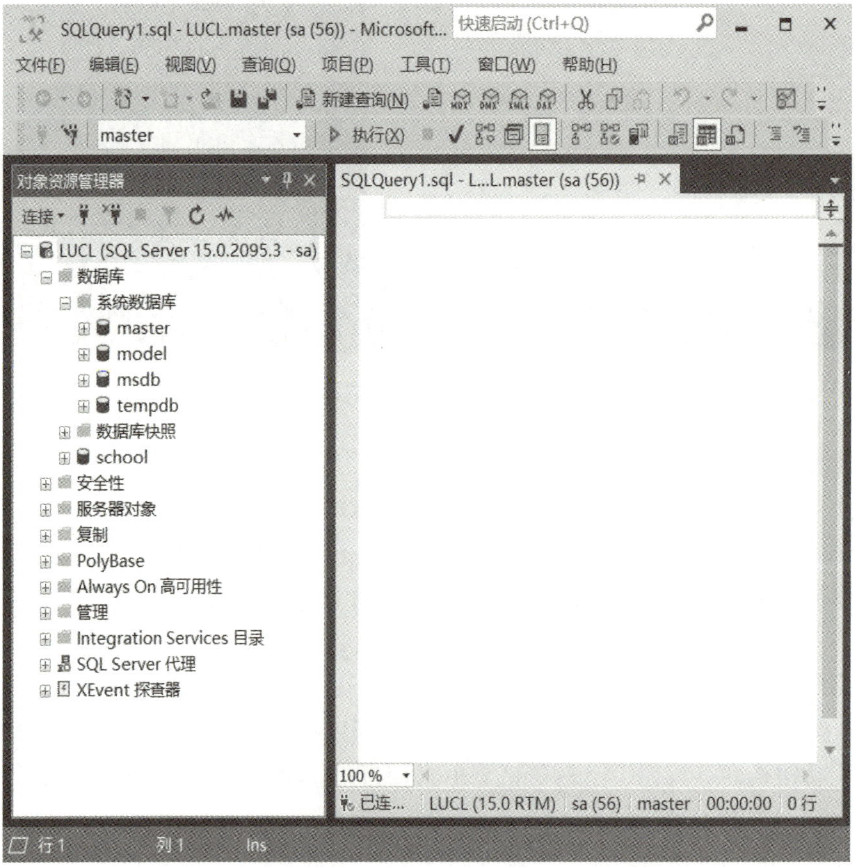

图 1-8　打开新建查询窗口

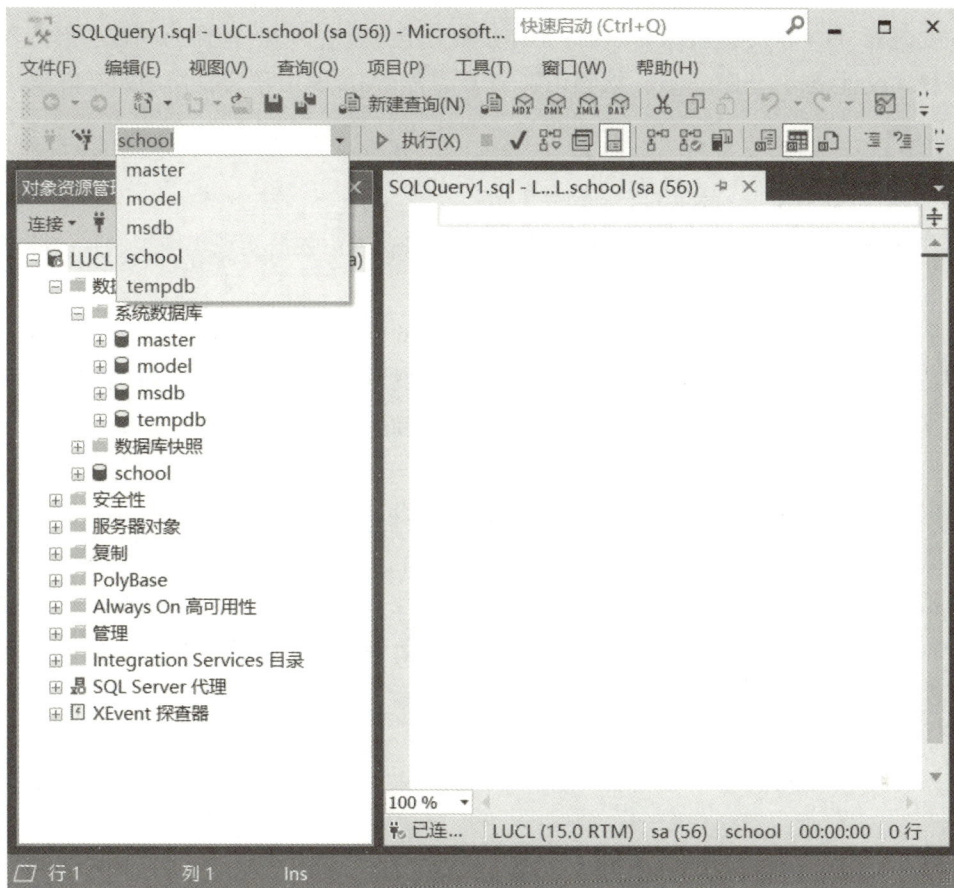

图 1-9 修改"可用数据库"选项

【任务实施】

（1）启动 Microsoft SQL Server Management Studio。

（2）登录服务器。

（3）熟悉 SSMS 界面。

（4）熟悉对象资源管理器中的树形视图内容。

（5）了解 4 个系统数据库。

（6）熟悉工具栏常用命令按钮的作用。

【知识拓展】

SQL 语言包含三个部分：数据定义语言 DDL（Data Definition Language），用于创建数据库和数据库对象。例如，create、alter 和 drop 语句。数据操作语言 DML（Data Manipulation Language），用于数据表查询、插入、修改、删除数据等操作。例如，select、insert、update、delete 语句。数据控制语言 DCL（Date Controlling Language），用于控制数据库组件的存取权限。例如，grant、revoke、commit、rollback 等语句。

T – SQL 语言（Transact – SQL）是 SQL 语言的增强版，是用于应用程序与 SQL Server 沟通的主要语言。T – SQL 提供标准 SQL 的 DDL 和 DML 功能，加上延伸的函数、系统预存程序以及程式设计结构。SQL Server 能够识别 SQL 语言和 T – SQL 语言发出的所有指令。

【项目总结】

1. 数据库管理数据的优势

实现数据共享；减少数据的冗余；保持数据的独立性；数据实现集中控制；故障恢复。

2. 数据库及关系数据库的基本概念

数据库系统（DBMS）：是为管理数据库而设计的软件系统，主要完成对数据库的操纵与管理功能。主要包含数据库、数据库管理系统、硬件及软件环境、数据库管理员和用户。

数据库（DB）：是以一定方式储存在一起，能与多个用户共享，具有尽可能小的冗余度，与应用程序彼此独立的数据集合。

数据库管理系统（DBMS）：是为管理数据库而设计的软件系统，主要完成对数据库的操纵与管理功能。

数据模型（Data Model）：是数据特征的抽象，是一个描述数据、数据联系、数据语义以及一致性约束的概念工具的集合。主要类型有概念模型和组织模型（层次模型、网状模型、关系模型、面向对象模型）。

3. 关系数据库

关系的数据结构的基本概念：关系、属性、域、元组、主键、候选键、外键、关系模式。

关系操作：关系模型的数据操作，主要有数据查询、删除、插入和修改四种操作。

关系的三种数据完整性约束：实体完整性约束、参照完整性约束、用户完整性约束。

4. 需求分析

需求分析就是分析用户的需求。需求分析的任务是通过详细调查现实世界要处理的对象，了解现有系统的工作概况，明确用户的各种需求，在此基础上确定新系统的功能。

5. 概念设计

概念设计是将需求分析得到的用户需求抽象为信息结构即概念模型的过程。概念设计的任务通过对用户需求进行综合、归纳与抽象，形成一个独立于具体 DBMS 的概念模型。

描述概念模型的工具：E – R 图（Entity Relationship Diagram）。E – R 图也称实体 – 联系图，提供了表示实体类型、属性和联系的方法，用来描述现实世界的概念模型。E – R 图的三个核心部分是实体集、属性、关联关系。

6. 逻辑设计

逻辑设计是指对数据的逻辑存储结构进行设计。逻辑设计的任务就是把概念结构转换为选用的 DBMS 所支持的数据模型的过程。

设计关系型数据库，必须满足一定的规范约束，这些规范约束被称为范式。第一范式（1NF）要求无重复的域；第二范式（2NF）要求实体的属性完全依赖于主键；第三范式（3NF）要求属性不依赖于其他非主属性。

7. 了解 SSMS

SQL Server 是一种关系数据库管理系统。

SQL（Structured Query Language）含义为结构化查询语言。

SSMS（SQL Server Management Studio）即 SQL Server 集成管理器，是一种基于图形界面的管理 SQL Server 基础架构的集成环境。SSMS 提供 4 个系统数据库：master、model、msdb、tempdb。

【思考练习】

一、填空题

1. 数据库系统一般由_____、_____、_____、_____构成，其中_____是数据库系统的核心组成部分。

2. 数据模型根据应用的不同目的，分为_____、_____两大类。

3. 组织数据模型主要采用四种组织方式，分别是_____、_____、_____、_____。

4. 关系模型是使用_____的形式表示实体和实体间联系的数据模型。

5. 关系模型中提供_____、_____和_____三种数据约束。

6. 需求分析通过调查、收集与分析，主要获得用户对数据库三方面要求：_____、_____、_____。

7. 描述概念模型的工具 E - R 图也称_____，其三个核心部分分别是_____、_____和_____。

8. E - R 图中关系有三种：_____、_____和_____。

9. 设计关系型数据库时，必须遵从一定的规范，这些规范被称为_____。

10. 关系型数据库管理系统的标准语言是_____。

二、问答题

1. 使用数据库管理数据有哪些优势？

2. 数据库系统有哪些主要组成部分？

3. 什么是数据模型？数据模型分为哪两类？

4. 解释下列名词：数据、数据库、数据库管理系统、数据库系统、域、元组、主键、候选键、外键。

5. 简述 SSMS 中 4 个系统数据库的作用。

6. 根据某学校教务管理数据库的需求分析，设计 E - R 图及关系模式。某学校教务管理需求如下：学校每个系部有一位系主任负责管理，一个系部聘用多位教师，一位教师讲授多门课程，一门课程可由多位教师讲授。系主任要求有姓名、职称、联系电话等信息；系部要求有系部名称、班级数、学生人数、教师人数等信息；教师要求有教师编号、教师姓名、教师职称、联系电话等信息；课程要求有课程编号、课程名称、学分等信息；教师任教的课程要求有任教班级信息。

项 目 二

数据库及基本表的创建与管理

我们为学校的学生成绩管理数据库设计了四个表：班级表、学生表、教师表、课程表，通过本项目的学习，将在数据库设计基础上创建数据库、表以及对数据库、表进行管理，实现对班级、教师、学生等数据的管理。

【项目描述】

分别以 SQL 语句和图形界面形式创建数据库 school，并在 school 数据中创建三张数据表：class、teacher、student，实现数据库数据的添加。并在此过程中，实现对数据库和数据表的管理。

【相关知识点】

一、数据库组成

SQL Server 数据库主要由文件和文件组成。数据库中的所有数据和对象（表、存储过程和触发器）都被存储在文件中。

1. 文件

主要分为以下 3 种类型。

（1）主要数据文件：存放数据库目录的启动信息，扩展名为 .mdf。每个数据库有且只有一个主要数据文件。

（2）次要数据文件：存放除主要数据文件以外的所有数据文件，扩展名为 .ndf。次要数据文件可以没有，也可以有多个。

（3）事务日志文件：存放用于恢复数据库的所有日志信息，扩展名为 .ldf。每个数据库至少有一个事务日志文件。

2. 文件组

主要分为以下两种类型。

（1）主文件组：包含主要数据文件和任何没有明确指派给其他文件组的文件。

（2）用户定义文件组：主要是指使用 Transact – SQL 语言指定的文件组。

二、数据库常用对象

1. 表

表是数据库中主要的对象，它包含数据库中所有数据，由行和列组成，用于组织和存储数据，是数据库的基本构成模块。

2. 字段

表中每列称为一个字段，字段具有自己的属性，如字段类型、字段大小等。其中，字段类型（即数据类型）是字段最重要的属性，它决定了字段能够存储哪种数据。

三、标识符的规则

（1）标识符首字母必须是下列字符之一。

①统一码（Unicode）2.0 标准中所定义的字母，包括拉丁字母 A～Z 和 a～z，以及来自其他语言的字符。

②可包括下划线"_"、符号"@"或数字符号"#"。

（2）标识符的后续字符可以是以下几种。

①统一码（Unicode）2.0 标准中所定义的字母。

②来自拉丁字母或其他国家/地区脚本的十进制数据。

③"@"符号、美元符号"$"、数字符号"#"或下划线"_"。

（3）不允许使用 Transact – SQL 中的保留字。

（4）不区分大小写。

（5）不允许嵌入空格或其他特殊字符。

【项目分析】

该项目的完成划分为以下几个任务：

任务一　数据库创建

任务二　数据库管理

任务三　数据表创建

任务四　数据表管理

任务五　表数据管理

任务一　数据库创建

【任务描述】

本任务主要通过 SQL 语句以及图形界面的方式，来实现数据库的创建。

【任务目标】

掌握创建数据库的两种方式。

掌握数据库的所有者、大小及存储数据库的文件和文件组等相关文件格式。

【相关知识】

1. SQL Server Management Studio 管理器

它是 SQL Server 系统运行的核心窗口，提供了用户数据库管理的图形工具和功能丰富的开发环境，方便数据库管理员及用户进行操作。用户可以通过管理器的图形化界面简单、方便地完成用户数据库的创建。

2. 使用 Transact – SQL 语句创建数据库

在 SQL Server 中，可以使用 CREATE DATABASE 语句来创建数据库，语法格式如下：

```
CREATE DATABASE database_name
ON[PRIMARY]
[主数据文件格式]
LOG ON
[日志文件格式]
```

（1）database_name：新建数据库的名称。

（2）主数据或日志文件格式包括文件名、文件存储位置、初始大小、最大容量、增长容量，其中，初始大小、最大容量、增长容量是可以省略不写的，其会按照默认值来建立。其对应关系如下：

```
CREATE DATABASE database_name
ON[PRIMARY]
[(NAME = 'MySchool_data', -- 数据文件名称
FILENAME = 'c:\MySchool_data.mdf', -- 数据文件的存储位置
        SIZE = 10mb, -- 数据文件初始大小
MAXSIZE = 100mb, -- 数据文件最大容量
FILEGROWTH = 15% )] -- 数据文件的增长率
LOG ON
[(NAME = 'MySchool_log', -- 日志文件名称
FILENAME = 'c:\MySchool_log.ldf', -- 日志文件存储位置
SIZE = 3mb, -- 日志文件初始大小
MAXSIZE = 20mb, -- 日志文件最大容量
FILEGROWTH = 1mb)] -- 日志文件的增长值
```

注：PRIMARY，指定文件为主文件，一个数据库只能有一个主文件，若不表示，则默认第一个文件为主文件。

【任务实施】

【例 2 – 1】 使用 Transact – SQL 语句创建数据库 school。

（1）打开 SQL Server Management Studio 窗口，单击工具栏上的"新建查询"按钮，开始输入代码，如图 2 – 1 所示。

数据库的具体要求如下：

数据文件：

①数据库文件名为：school_data。

②存储路径：D：\school_data. mdf。

③初始大小：3 MB。

④最大容量：5 MB。

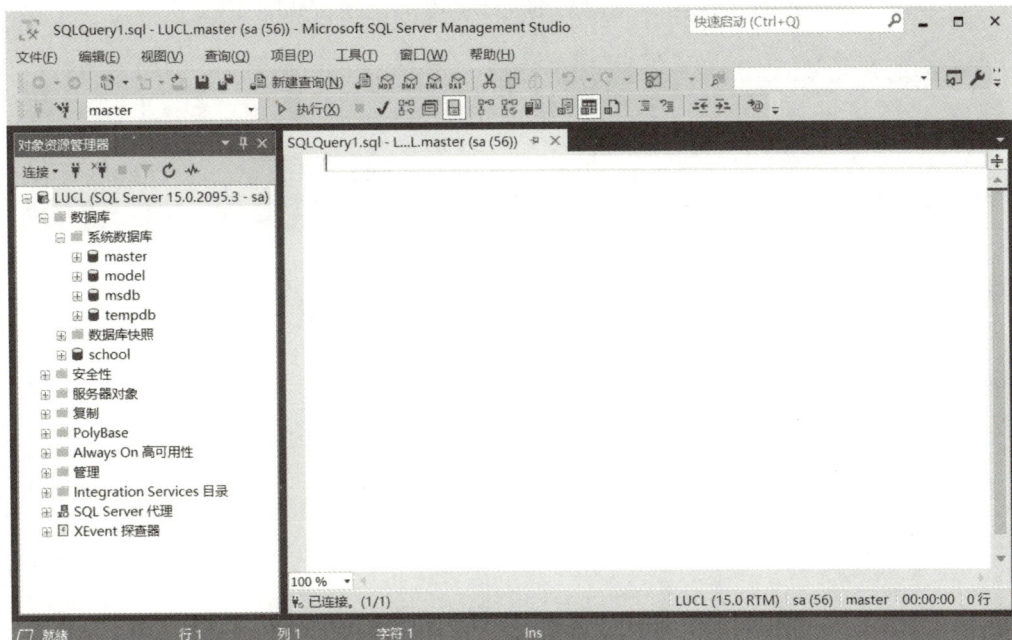

图 2-1　代码输入界面

⑤文件增长值：1 MB。

⑥设为主文件。

日志文件：

①日志文件名为：school_log。

②存储路径：D:\school_log. ldf。

③初始大小：2 MB。

④最大容量：5 MB。

⑤文件增长率：10%。

（2）参考代码如下所示：

```
CREATE DATABASE school
ON
(NAME = 'school_data',
FILENAME = 'D:\SQL \school_data.mdf',
SIZE = 3MB,
MAXSIZE = 5MB,
FILEGROWTH = 1MB)
LOG ON
(NAME = 'school_log',
FILENAME = 'D:\SQL \school_log.ldf',
SIZE = 2MB,
MAXSIZE = 5MB,
FILEGROWTH = 10% )
```

（3）单击工具栏中的"执行"按钮，完成数据库的创建，如图 2 - 2 所示。

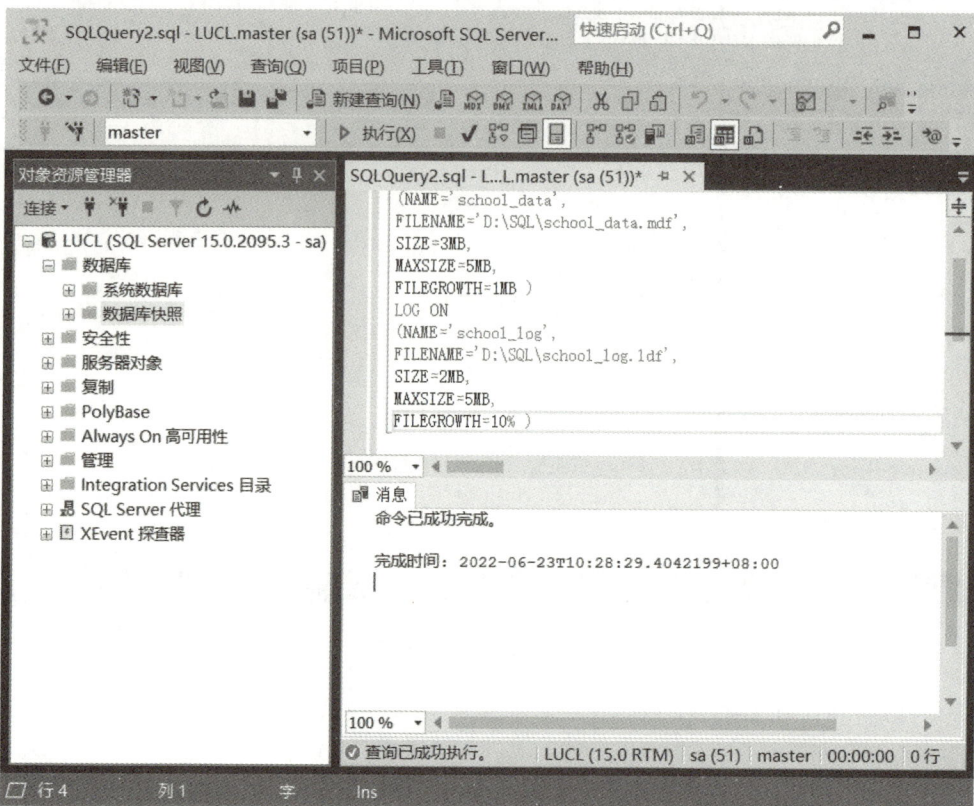

图 2 - 2　数据库 school 创建成功

【例 2 - 2】　使用 SQL Server Management Studio 管理器创建数据库 school。

（1）单击"开始"→"程序"→"Microsoft SQL Server Tools 18"→"SQL Server Management Studio 18"，打开"连接到服务器"窗口，设置登录的"服务器类型"为"数据库引擎"，并使用"Windows 身份验证"或"SQL Server 身份验证"与服务器建立连接，如图 2 - 3 所示。

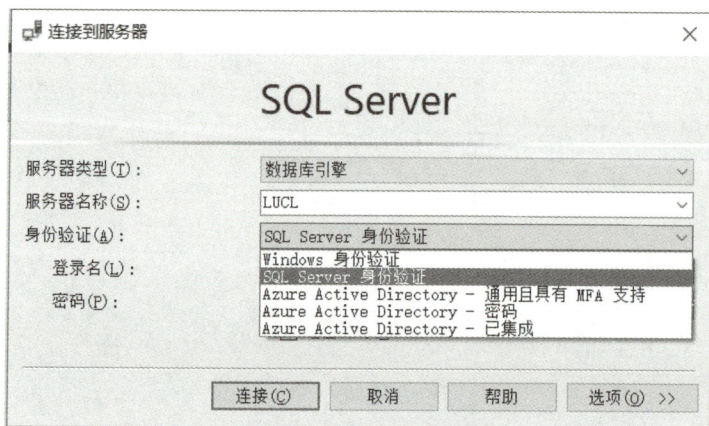

图 2 - 3　连接服务器

（2）连接成功后，在"对象资源管理器"窗格中展开服务器，右击"数据库"节点，从弹出的快捷菜单中选择"新建数据库"命令，如图2-4所示，打开"新建数据库"对话框。

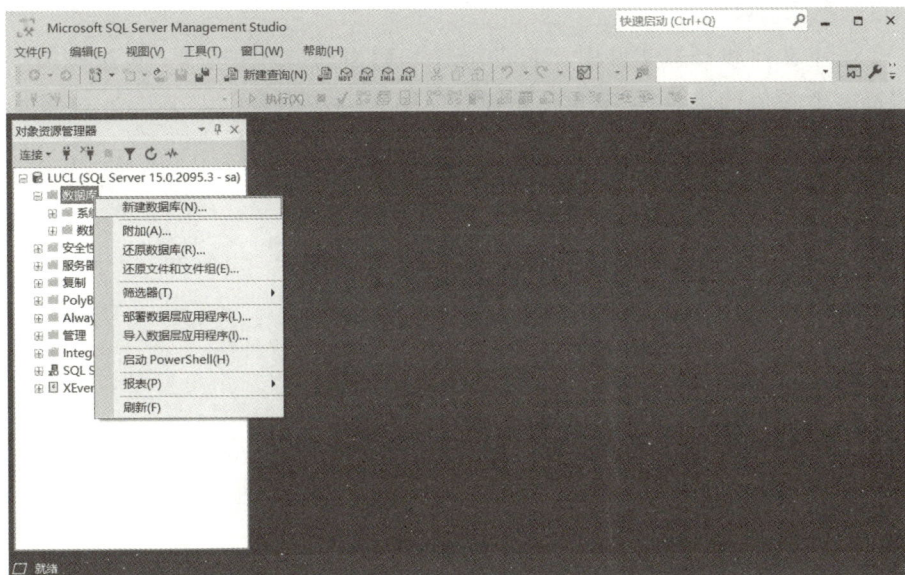

图2-4　新建数据库

（3）在"新建数据库"对话框中包括"常规""选项"和"文件组"3个选项。在"常规"选项中，设置新建数据库名称为school，此时系统会自动在"数据库文件"下面产生一个主要数据文件和一个日志文件，同时显示文件组、自动增长和路径等默认设置，如图2-5所示。

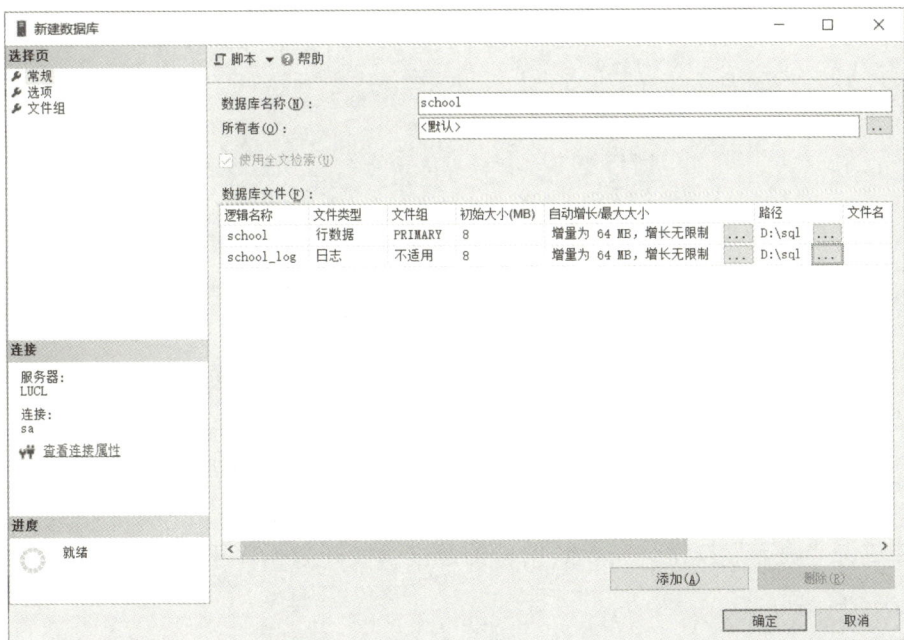

图2-5　"新建数据库"对话框

（4）单击"所有者"后面的 ┊···┊ 按钮，可在弹出的下拉列表框中选择数据库的所有者，数据库的所有者是对数据库具有完全操作权限的用户，这里选择"默认值"选项。可自行修改这些默认的设置。

（5）单击主文件和日志文件中"自动增长"后面的 ┊···┊ 按钮，可根据需要对文件的最大容量、增长值的默认值等进行设置，如图2－6和图2－7所示，这里均采用默认值。

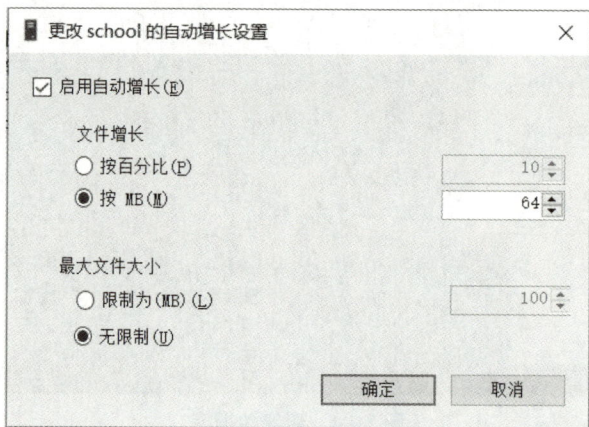

图2－6　主文件设置界面

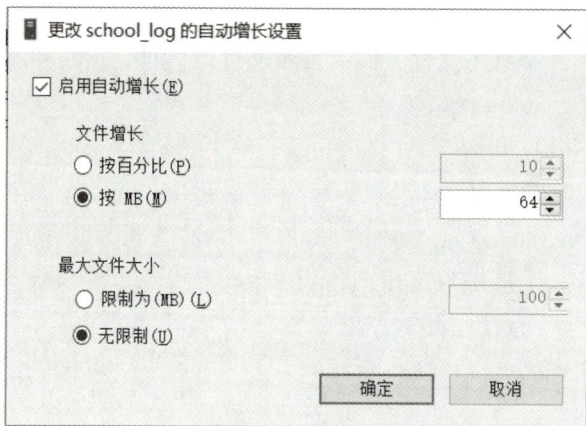

图2－7　日志文件设置界面

（6）单击主文件和日志文件中"路径"后面的 ┊···┊ 按钮，可根据需要对文件保存路径进行修改，如图2－8所示。

（7）单击"添加"和"删除"按钮，可对数据库文件进行添加和删除操作，如图2－9所示。

（8）单击"确定"按钮，完成数据库的建立，展开数据库可进行查看，如图2－10所示。

图2-8 设置文件存储路径

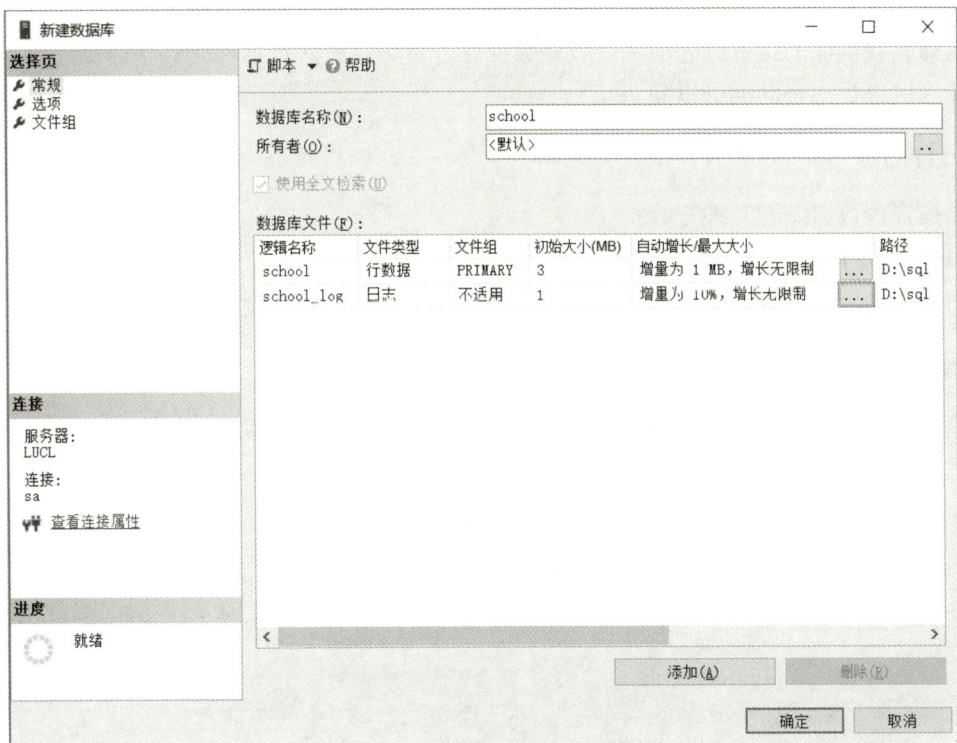

图2-9 添加/删除数据库文件

图 2 - 10　已建立的数据库

任务二　数据库管理

【任务描述】

在创建完成数据库之后，就可以对数据库进行管理操作，主要包括修改和删除。修改是指可以修改数据库的文件组、增加或收缩数据库容量等；删除数据库是对不需要的数据库进行删除，以释放多余的磁盘空间。

【任务目标】

掌握管理数据库的两种方式：

（1）使用 Transact – SQL 语句管理数据库。

（2）通过 SQL Server Management Studio 管理器实现数据库的图形化管理。

【相关知识】

（1）Transact – SQL 中修改数据库的命令为 ALTER DATABASE，语法格式如下：

①添加文件组。

```
ALTER DATABASE database_name     --需要管理的数据库名
ADD FILEGROUP filegroup_name     --添加的文件组名
```

②删除文件组：删除文件组之前，要先确保此文件组为空，否则无法删除成功。

```
ALTER DATABASE database_name     --需要管理的数据库名
REMOVE FILEGROUP filegroup_name     --删除的文件组名
```

③设置文件组为默认文件组。

```
ALTER DATABASE database_name    -- 需要管理的数据库名
MODIFY FILEGROUP filegroup_name DEFAULT    -- 默认文件组名
```

④设置文件组为只读文件组。

```
ALTER DATABASE database_name    -- 需要管理的数据库名
MODIFY FILEGROUP filegroup_name READ_ONLY    -- 只读文件组名
```

⑤增加数据库容量。

```
ALTER DATABASE database_name    -- 需要管理的数据库名
MODIFY FILE
(NAME = school_data,    -- 主数据文件名
SIZE = 10mb)  -- 数据文件大小
```

⑥收缩数据库容量。

收缩数据库所有数据和日志文件：

```
DBCC SHRINKDATABASE(database_name,size)
```

收缩数据库指定数据文件：

```
DBCC SHRINKFILE('filename',size)
```

（2）使用 Transact – SQL 语句删除数据库语法格式如下（不能删除正在使用的数据库）：

```
DROP DATABASE database_name
```

【任务实施】

【例 2 – 3】　使用 Transact – SQ 实现对数据库 school 的管理。

1. 添加文件组 schooltest，并添加数据文件 schooldata

（1）添加文件组：

```
ALTER DATABASE school
ADD FILEGROUP schooltest
```

（2）添加数据文件：

```
ALTER DATABASE school
ADD FILE
(name = 'schooldata',
filename = 'D:\SQL\schooldata.ndf')
TO FILEGROUP schooltest
```

2. 删除定义的文件组 schooltest

（1）先删除文件组中的文件，使之为空：

```
ALTER DATABASE school
REMOVE FILE schooldata
```

（2）再删除文件组：

```
ALTER DATABASE school
REMOVE FILEGROUP schooltest
```

3. 增加 school 数据库容量

初始大小为：10 MB，自动增长为 10 MB，文件最大为 200 MB。

```
ALTER DATABASE school
MODIFY FILE
 (NAME = school,
    SIZE = 10mb,
    MAXSIZE = 200mb,
    FILEGROWTH = 10mb)
```

4. 收缩数据库容量

将 school 数据库的主数据文件大小收缩到 5 MB。

```
DBCC SHRINKFILE('school',5)
```

【例 2 - 4】 使用 Transact - SQL 语句删除例 2 - 1 中创建的数据库 school，代码如下：

```
DROP DATABASE school
```

【例 2 - 5】 使用 SQL Server Management Studio 管理器管理数据库 school。

1. 添加文件组 schooltest

（1）在"对象资源管理器"窗格中，展开"数据库"节点，右击"school"数据库，从弹出的快捷菜单中选择"属性"命令，打开"数据库属性"窗口，如图 2 - 11 所示。

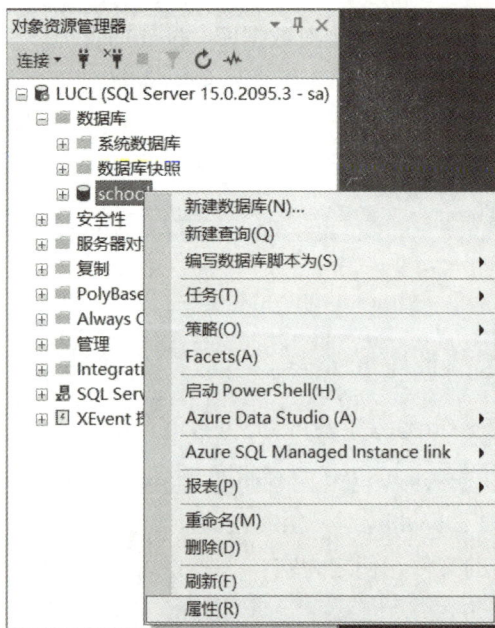

图 2 - 11 选择"属性"命令

（2）在"数据库属性"窗口中，单击左窗口中的"文件组"选项，打开"文件组"选项页，如图 2-12 所示。

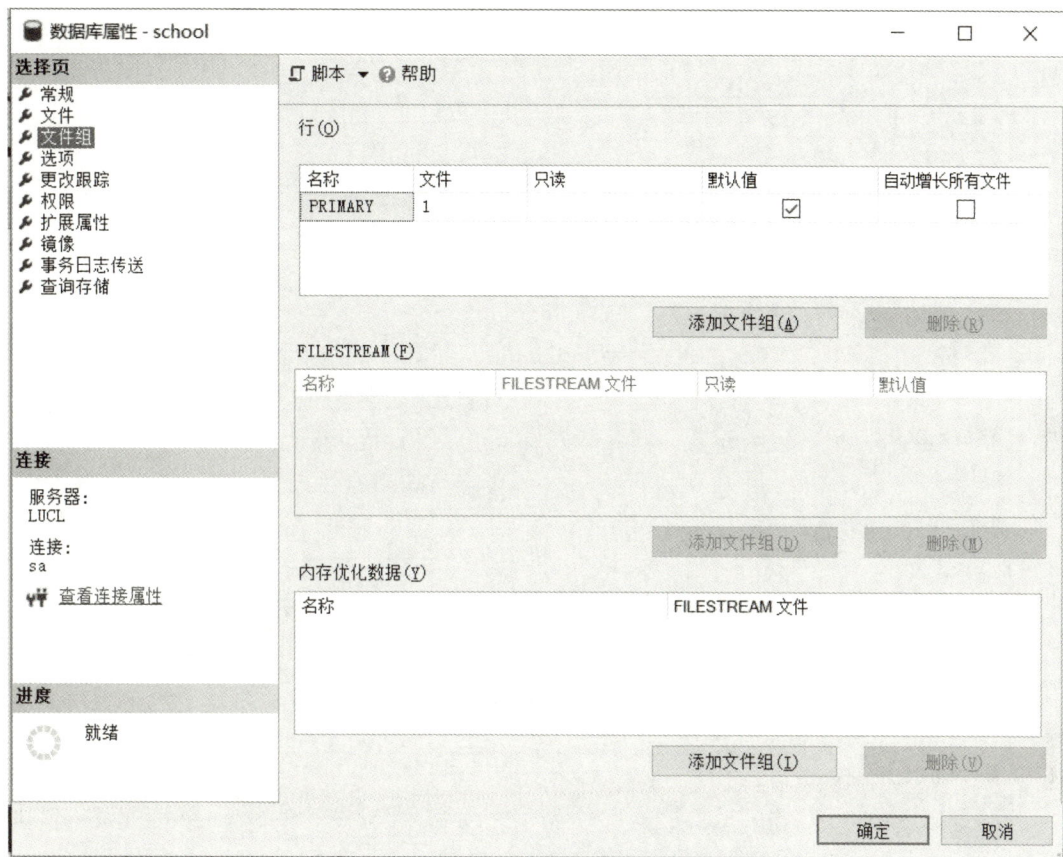

图 2-12　"文件组"选项界面

（3）单击"添加文件组"按钮，在"名称"框中输入新建的文件组名称：schooltest，单击"确定"按钮，用户自定义的文件组创建成功，如图 2-13 所示。此时 schooltest 中的文件数为 0。

2. 在新创建的 schooltest 文件组中添加数据文件 schooldata

（1）打开"文件"选项页，单击"添加"按钮，输入次要数据文件的名称：schooldata，在其后"文件组"选项中选择"schooltest"，如图 2-14 所示。

（2）回到"文件组"选项页，会发现 schooltest 文件中的文件数已从 0 变为 1，在此页面还可以将新建文件组设置为只读或默认，如图 2-15 所示。

3. 删除定义的文件组 schooltest

在"数据库属性"窗口中，打开"文件组"选项页，选中 school 文件组，单击"删除"按钮，即可删除文件组，如图 2-16 所示。

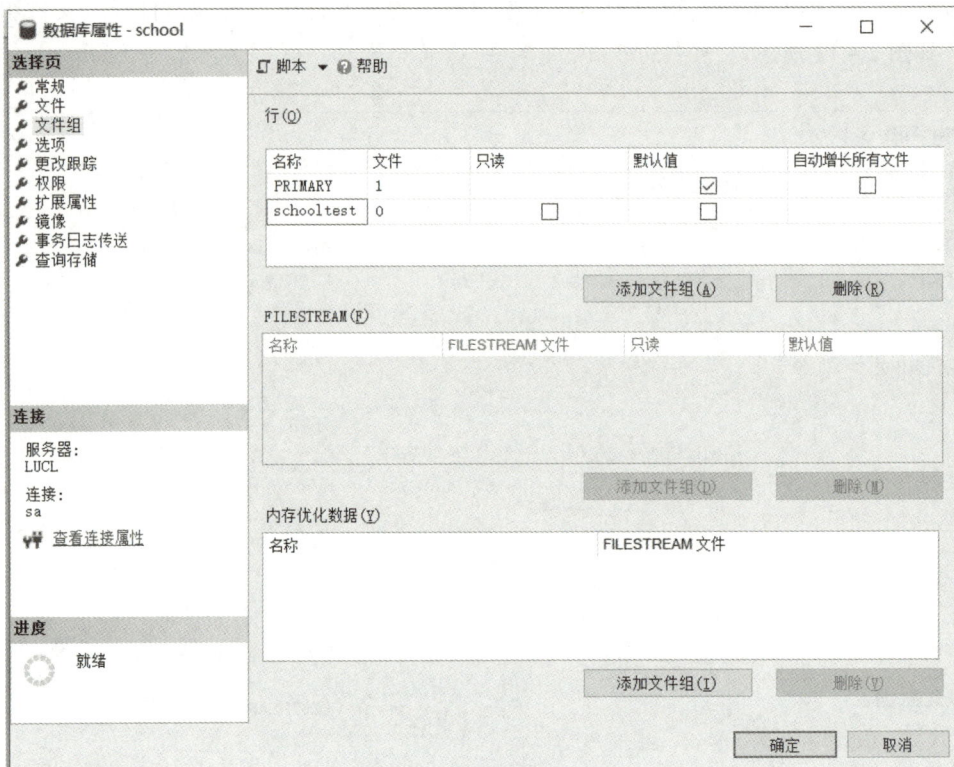

图 2-13 创建文件组界面

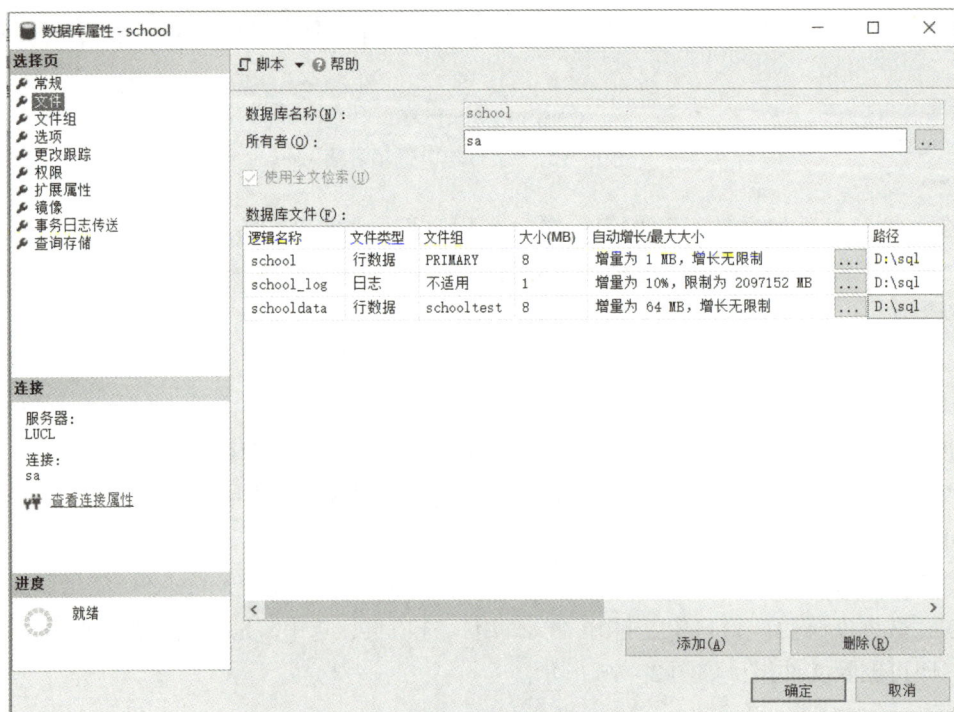

图 2-14 添加数据文件

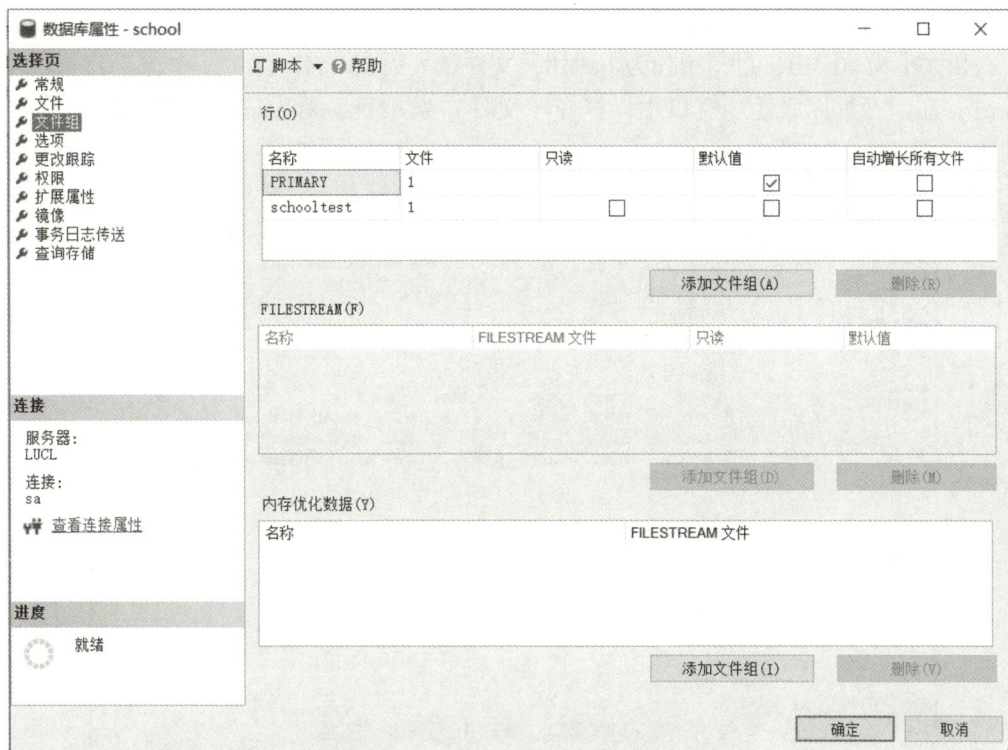

图 2 – 15　schooltest 文件组界面

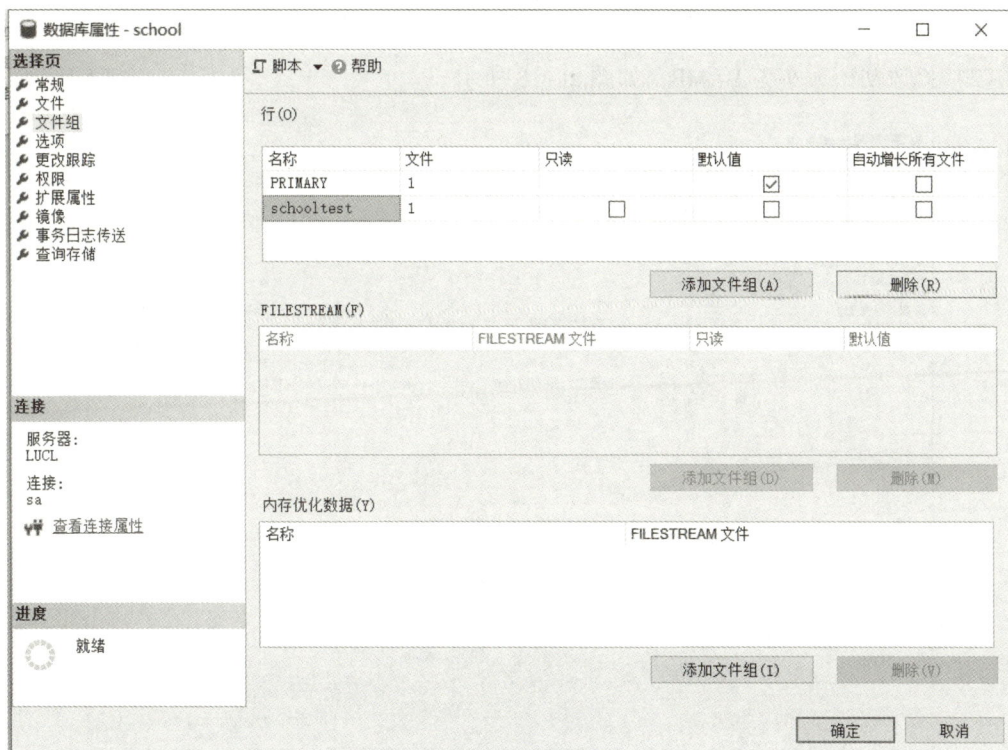

图 2 – 16　删除文件组

4. 增加 school 数据库容量

初始大小为 10 MB，自动增长为 10 MB，文件最大为 200 MB。

（1）在"数据库属性"窗口中，打开"文件"选项页，对 school 数据文件进行操作，如图 2-17 所示。

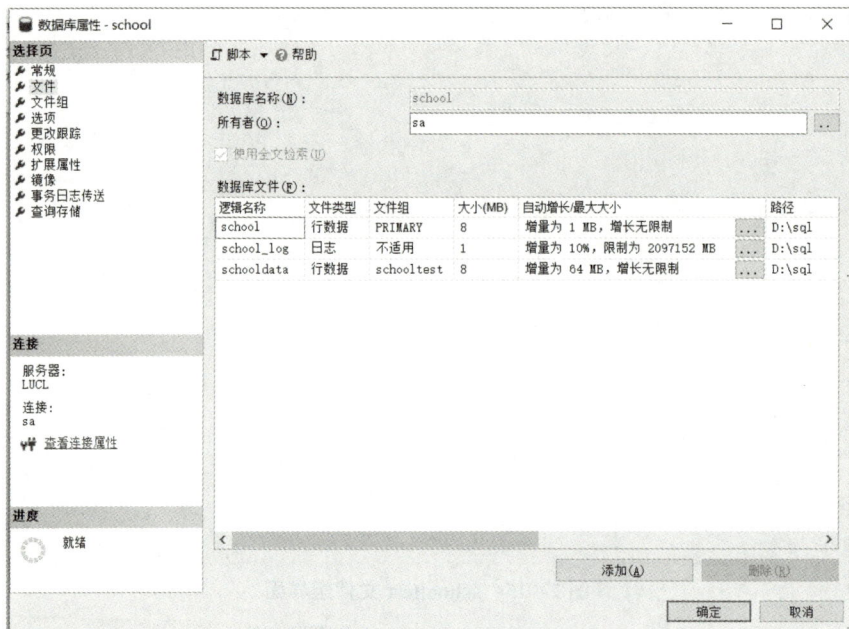

图 2-17　school 数据库主数据文件

（2）修改初始大小为 10 MB，如图 2-18 所示。

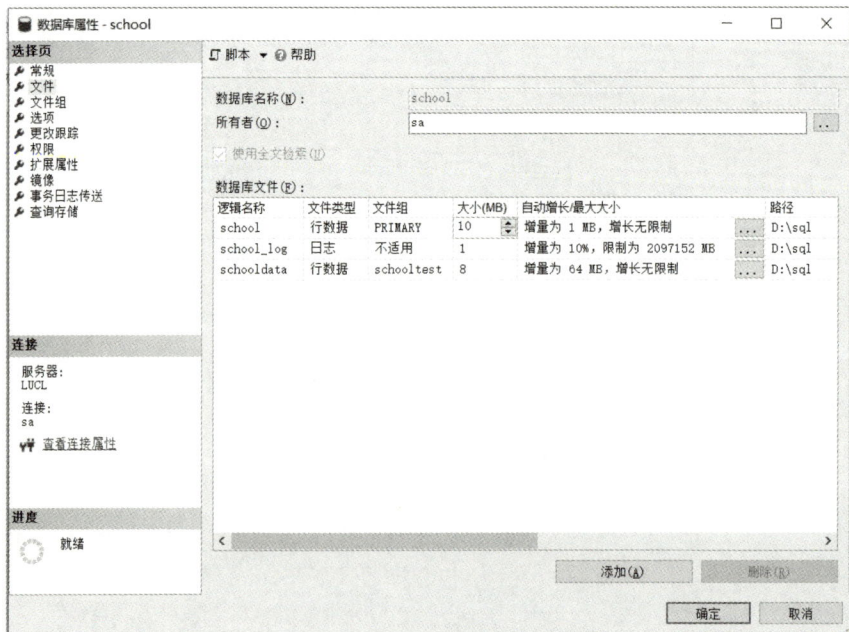

图 2-18　修改初始大小

（3）单击 school 主文件中"自动增长"后面的 ┈ 按钮，根据需要进行设置，单击"确定"按钮，如图 2 – 19 所示。

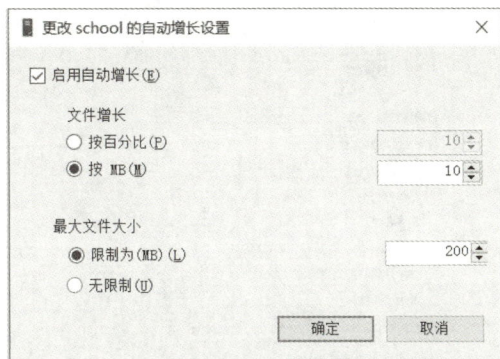

图 2 – 19　自动增长和最大文件设置

（4）单击"数据库属性"窗口中的"确定"按钮，完成所有数据库的增容。

5. 收缩数据库容量

将 school 数据库的主数据文件收缩到 5 MB。

（1）右击"school"数据库，从快捷菜单中选择"任务"→"收缩"→"文件"命令，如图 2 – 20 所示。如果选择"数据库"命令，则可收缩数据库。

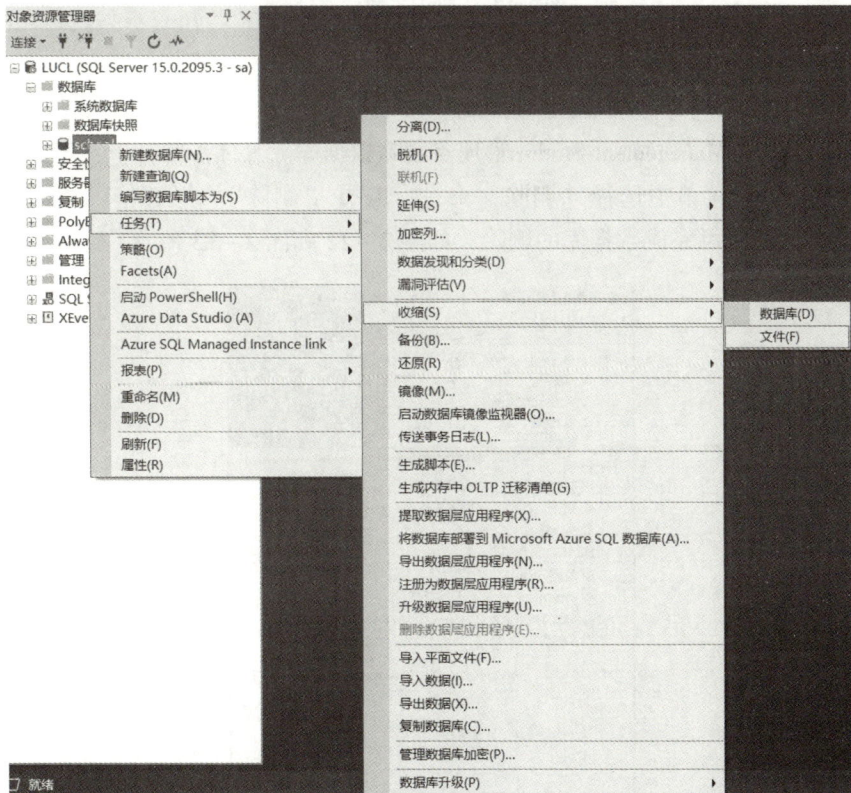

图 2 – 20　数据库收缩

（2）在"收缩文件"窗口中的"收缩操作"中进行文件收缩，如图 2 – 21 所示。

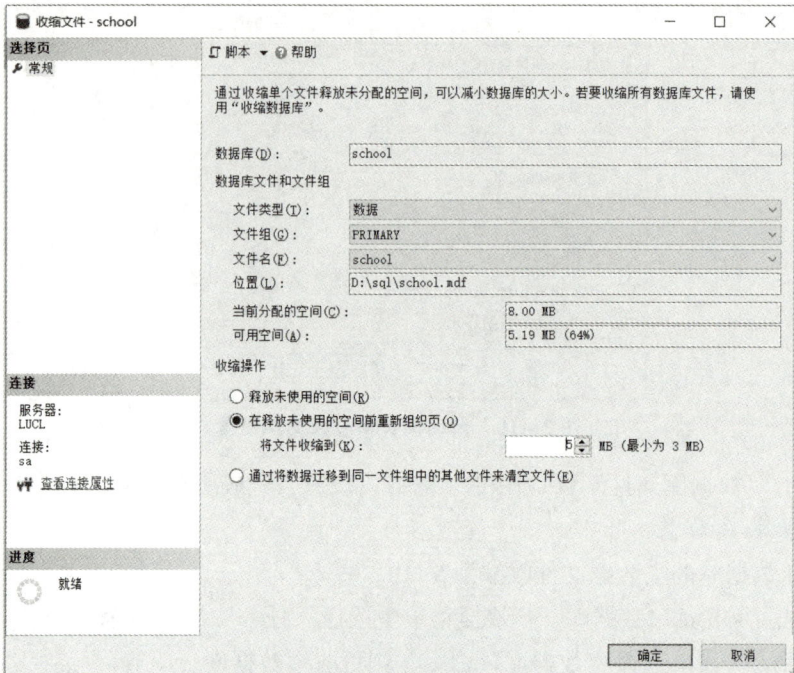

图 2 – 21 收缩主数据文件

（3）单击"确定"按钮，完成数据库的缩容。

【例 2 – 6】 删除例 2 – 1 中创建的数据库 school。

通过 SQL Server Management Studio 管理器删除数据库。具体步骤如下：右击要删除的数据库，从弹出的快捷菜单中选择"删除"命令，打开"删除"对象窗口，确认删除信息；单击"确定"按钮就可完成数据库的删除，如图 2 – 22 和图 2 – 23 所示。

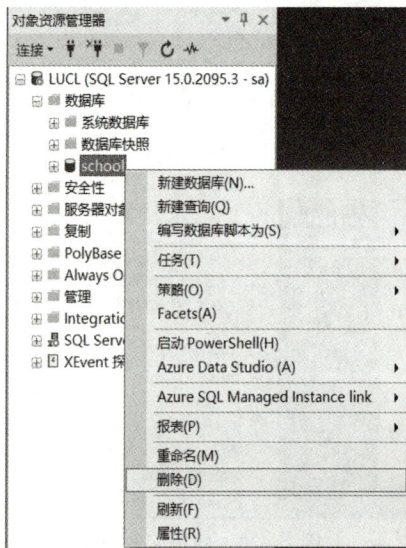

图 2 – 22 删除数据库命令

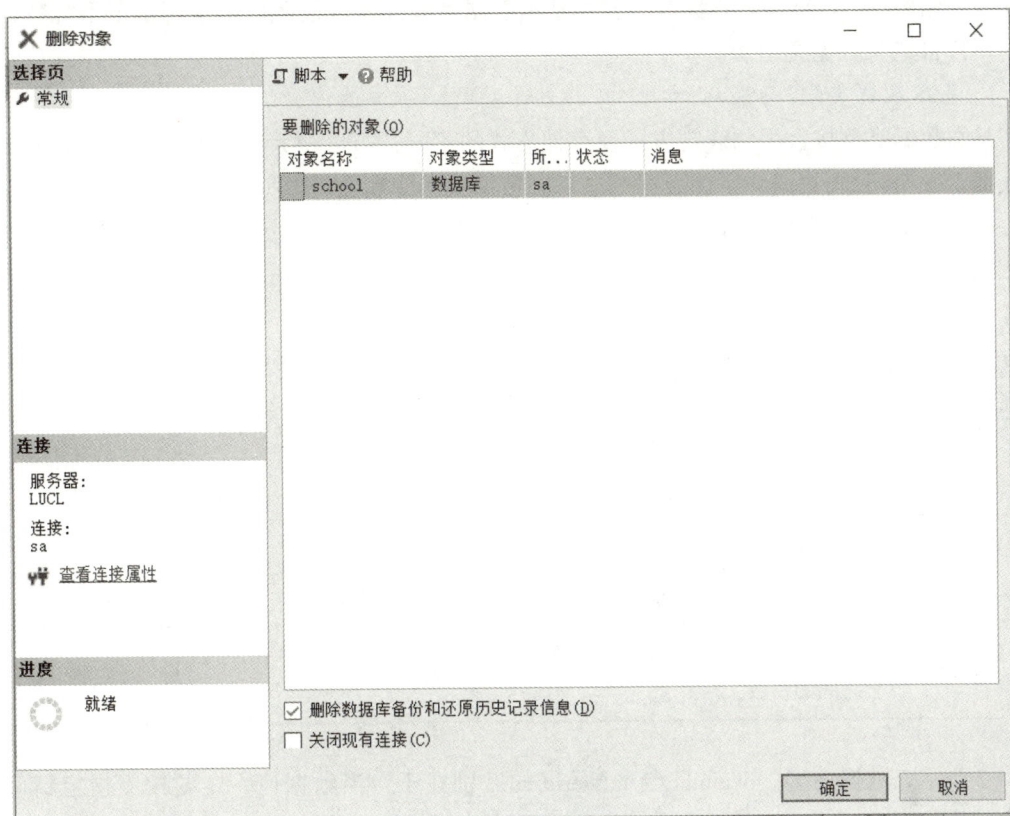

图 2-23 选择删除对象

任务三 数据表创建

【任务描述】

数据表是 SQL Server 数据库系统的基本信息存储结构，也是数据库中最重要的部分。本任务主要学习如何通过管理器和 Transact - SQL 语句实现数据表的创建、各种约束的创建及管理。

【任务目标】

理解并掌握 SQL Server 常用数据类型及其特点。

掌握数据表创建的两种方式。

掌握创建、修改及删除约束的方法。

【相关知识】

一、SQL Server 常用数据类型

在创建表之前，必须为表中数据定义数据类型。数据类型指定了列可容纳的信息类型以

及如何存储数据。SQL Server 提供了多种基本数据类型，并且还允许和使用基于系统数据类型的用户自定义数据类型。

1. 基本数据类型

基本数据类型按数据的表现方式及存储方式的不同，可以分为整数数据、货币数据、浮点数据、日期/时间数据、字符数据、二进制数据、图像和文本数据等类型。

（1）整数数据类型。bit 用于存储只有两种可能值的数据，如性别、yes 或 no 等，见表 2–1。

表 2–1　整形数据类型表

数据类型说明符	描述	存储空间/B
bit	存储 0、1 或 NULL	1
tinyint	存储 0～255 的整数	1
smallint	存储 –32 768～+32 767 的整数	2
int	存储 –2 147 483 648～+2 147 483 647 之间的整数	4
bigint	存储 –9 223 372 036 854 775 808～+9 223 372 036 854 775 807 之间的整数	8

（2）浮点数据类型。decimal 与 numeric 的区别在于：当数据值一定要按照指定精确存储时，可以用带有小数的 decimal 数据类型来存储数字；float 和 real 表示近似值。见表 2–2。

表 2–2　浮点型数据类型表

数据类型说明符	描述	存储空间/B
decimal［p,［s］］	精确数值。带固定精度和小数位数数值数据类型，其中 p 为精度，s 为小数点后位数	2～17
numeric［p,［s］］		
float［（n）］	存储 -1.79×10^{38}～$+1.79 \times 10^{38}$ 的浮点数，n 为精度	8
real	存储 -3.40×10^{38}～$+3.40 \times 10^{38}$ 的浮点数，n 为精度	4

（3）货币数据类型。它表示货币，精确到货币单位的万分之一，见表 2–3。

表 2–3　货币数据类型表

数据类型说明符	描述	存储空间/B
samllmoney	存储 –214 748.364 8～+214 748.364 7 的货币值，精确到小数点后 4 位	4
money	存储 –922 337 203 685 477.5808～+922 337 203 685 477.580 7 的货币值，精确到小数点后 4 位	8

（4）日期/时间数据类型。date 只存储日期，time 只存储时间，见表 2 - 4。

表 2 - 4   日期/时间数据类型表

数据类型说明符	描述	存储空间/B
time［（n）］	存储一天中的某个时间：00:00:00.0000000 ~ 23:59:59.9999999（时:分:秒.9999999） n 指定秒的小数位数，取值为 0 ~ 7，默认为 7（100 ns）	5
date	定义一个日期，存储从 公元元年 1 月 1 日到 9999 年 12 月 31 日 之间的日期数据	3
datetime2［（n）］	存储日期 + 时间， 从公元元年 1 月 1 日 00:00:00.0000000 到 9999 年 12 月 31 日 23:59:59.9999999 之间的日期和时间数据 n 指定秒的小数位数，取值为 0 ~ 7，默认为 7（100 ns）	8
datetimeoffset［（n）］	定义一个 24 小时制并与时区一致的日期时间数据 存储从公元元年 1 月 1 日 00:00:00.0000000 到 9999 年 12 月 31 日 23:59:59.9999999 之间的日期和时间数据 n 指定秒的小数位数，取值为 0 ~ 7，默认为 7（100 ns）	10
smalldatetime	存储 1900 年 1 月 1 日到 2079 年 6 月 6 日的日期	4
datetime	存储 1753 年 1 月 1 日到 9999 年 12 月 31 日的日期	8

（5）字符数据类型，char、vchar(n)、vchar(max) 存储非 Unicode 字符，nchar(n)、nvarchar(n)、nvarchar(max) 存储 Unicode 字符，见表 2 - 5。

表 2 - 5   字符数据类型表

数据类型说明符	描述	存储空间
char	存储 1 ~ 8 000 个定长字符串，字符串长度在创建时指定；如未指定，默认为 char(1)。每个字符占用 1 B 空间	0 ~ 8 000 B
vchar(n)	存储最大值为 8 000 个字符的可变长字符串。 可变字符串的最大长度在创建时指定，每个字符占用 1 B 空间	0 ~ 8 000 B
vchar(max)	为了向后兼容，同 vchar，用来取代 text	0 ~ 2 GB

数据类型说明符	描述	存储空间
nchar［(n)］	存储1~4 000个定长Unicode字符串，字符串长度在创建时指定；如未指定，默认为nchar(1)	0~8 000 B
nvarchar［(n)］	存储最大值为4 000个字符的可变长字符串。 可变字符串的最大长度在创建时指定，每个字符占用2 B空间	0~8 000 B
nvarchar(max)	为了向后兼容，同nvarchar，用来取代ntext	0~2 GB

(6) 二进制数据类型，用于表示位数据流，见表2-6。

表2-6　二进制数据类型表

数据类型说明符	描述	存储空间
binary［(n)］	存储1~8 000个字符的二进制数据，其指定长度即为占用的存储空间	0~8 000 B
varbinary［(n)］	存储可变长的二进制数据，可在创建时指定其具体长度，也可不指定	0~8 000 B
varbinary(max)	为了向后兼容，同varbinary，用来取代img	0~2 GB

(7) 图像和文本数据类型，见表2-7。

表2-7　图像和文本数据类型表

数据类型说明符	描述	存储空间/GB
image	存储图像信息	0~2
text	存储最大长度为$2^{31}-1$的字符数据	0~2
ntext	同text，存储容量的最大值为1 073 741 823个字符的Unicode变长文本，每个字符占1 B空间	0~2

2. 自定义数据类型

用户自定义数据类型又称别名数据类型，是基于系统提供的基本类型进行自定义的数据类型，它不是真正的数据类型，只是提供了一种加强数据库内部元素和基本数据类型之间一致性的机制，能够简化对常用规则和默认值的管理。

二、数据完整性约束

数据库的完整性是指列中每个事件都有正确的数据值，数据值的数据类型必须正确，并且数据值必须位于正确的域中，它是通过数据库内容的完整性约束来实现的。SQL Server提供了多种强制数据完整性的机制，常见的如下所示。

（1）非空约束：确定列中是否允许空值的关键字，可以限定用户在此列中是否可以输入控制。

（2）主键约束：指数据表中一列或多列的组合，可以唯一标识表中的每一行，这样的列称为表的主键，它可强制表的实体完整性。一个表只能有一个主键；主键中列的值不能为空值；主键的列中的值必须是唯一的，如果包含多列（复合主键），则一个列中可以出现重复值，但是主键中所有列值的组合必须是唯一的。

（3）唯一约束：它限制指定列的所有值都是唯一的，用于确保数据表的实体完整性。当表中已创建主键时，可以使用此约束来保证其他数据列值的唯一性。

（4）检查约束：通过限制输入列中的值来强制域的完整性。它可以将某列数据的取值范围限制在指定的范围内，防止输入的数据超出指定的范围。

（5）默认约束：使用户定义一个值，当用户没有在某一列中输入值时，则将所定义的值自动提供给此列。

（6）外键约束：用于建立和强制实施两表中数据之间关联的一个列或多列组合。通过将保存表中主键的一列或多列添加到另一个表中，可创建两个表之间的连接，这个列就成为第二个表的外键。建立外键关系的两个表中的此列数据一致。

三、通过使用 Transact-SQL 为数据库建立数据表的语法格式

```
CREATE TABLE table_name
(column_name data_type[约束])
```

注：①column_name：字段名，即列名。
②data_type：字段的数据类型。
③［约束］：数据完整性的各种约束，方括号表示可省略。

四、通过使用 Transact-SQL 实现对约束的创建和管理的相关语法格式

1. 非空约束（NOT NULL）

在创建表时创建：在建立字段的最后加上 NOT NULL 即可。

```
字段名　数据类型　NOT NULL
```

在现有表中修改：

```
ALTER TABLE 数据表名
ALTER COLUMN 字段名1 NOT NULL
ALTER COLUMN 字段名2 NULL
```

2. 主键约束（PRIMARY KEY）

（1）在创建表时创建：在建立的字段后面添加主键约束。

```
字段名 数据类型 CONSTRAINT　主键约束名　PRIMARY KEY
```

在现有表中创建：

```
ALTER TABLE 数据表名
ADD CONSTRAINT  主键约束名
PRIMARY KEY(要设为主键的字段名)
```

修改：先删除现有的主键约束，再使用上面"在现有表中创建"重新定义主键约束即可。

删除：

```
ALTER TABLE 数据表名
DROP CONSTRAINT  主键约束名
```

（2）复合主键的创建。

在创建表之后创建：

```
alter table 表名 add primary key(字段1,字段2)
```

3. 唯一约束（UNIQUE）

在创建表时创建：在建立字段时创建。

```
字段名 数据类型 CONSTRAINT  唯一约束名  UNIQUE
```

在现有表中创建：

```
ALTER TABLE 数据表名
ADD CONSTRAINT  唯一约束名
UNIQUE(要设为主键的字段名)
```

修改：先删除现有的唯一约束，再使用上面"在现有表中创建"重新定义唯一约束即可。

删除：

```
ALTER TABLE 数据表名
DROP CONSTRAINT  唯一约束名
```

4. 检查约束（CHECK）

在创建表时创建：在建立字段时创建。

```
字段名 数据类型 CONSTRAINT  检查约束名  CHECK(要检查约束的条件)
```

例如：将 sex 字段的值限定在男和女之间。

```
sex char(2)CONSTRAINT CK_sex CHECK(sex in('男','女'))
```

在现有表中创建：

```
ALTER TABLE 数据表名
ADD CONSTRAINT  检查约束名
CHECK(要检查约束的条件)
```

修改：要修改某列的检查约束，要先删除此列现有的唯一约束，再使用上面"在现有表中创建"重新定义唯一约束即可。

```
DROP CONSTRAINT   检查约束名
```

5. 默认约束（DEFAULT）

在创建表时创建：在建立字段时创建。

```
字段名 数据类型 CONSTRAINT 默认约束名   DEFAULT 默认值
```

例如：将 sex 字段的默认值设置为女。

```
sex char(2)CONSTRAINT DEF_sex DEFAULT '女'
```

在现有表中创建：

```
ALTER TABLE 数据表名
ADD CONSTRAINT   默认约束名
DEFAULT 默认值
```

修改：要修改某列的默认约束，要先删除此列现有的默认约束，再使用上面"在现有表中创建"重新定义唯一约束即可。

删除：

```
ALTER TABLE 数据表名
DROP CONSTRAINT   默认约束名
```

6. 外键约束（FOREIGN KEY）

在创建表时创建：在建立字段后创建。

```
CONSTRAINT   外键约束名   FOREIGN KEY(要设为外键的字段名)
REFERENCES 主表名(主表中同外键的字段名)
```

在现有表中创建：

```
ALTER TABLE 从表名                    ——外键所在的表
ADD CONSTRAINT   外键约束名
FOREIGN KEY(外键字段名)   主表名(同外键的字段名)   ——要建立关系的表
```

例如：将 sheet1 中 ID 字段设为外键，与 sheet2 中 ID 字段建立关系。

```
ALTER TABLE   sheet1
ADD CONSTRAINT   FK_sheet12
FOREIGN KEY(ID)   sheet2(ID)
```

修改：要修表中某列的外键约束，要先删除此列现有的外键约束，再使用上面"在现有表中创建"重新定义外键约束即可。

删除：

```
ALTER TABLE 数据表名
DROP CONSTRAINT   外键约束名
```

【任务实施】

【例 2 - 7】 使用 Transact - SQL 语句在数据库 school 中创建例数据表 class 和 teacher。

class 数据表结构见表 2 – 8，teacher 数据表结构见表 2 – 9。

表 2 – 8　class 数据表结构

字段名称	说明	字段类型	字段宽度	数据约束设置
classno	班级编号	char	6	不允许空、主键
classname	班级名称	varchar	20	不允许空
classadd	班级位置	varchar	20	允许空
tno	教师编号	char	6	不允许空、外键（teacher）

表 2 – 9　teacher 数据表结构

字段名称	说明	字段类型	字段宽度	数据约束设置
tno	教师编号	char	6	不允许空、主键
tname	教师姓名	varchar	10	不允许空
tid	身份证号	char	18	允许空
tmale	性别	char	2	不允许空

【例 2 – 8】　使用 Transact – SQL 语句创建例 2 – 6 中的数据表 class 和 teacher。

（1）打开 SQL Server Management Studio 窗口，单击工具栏上的"新建查询"按钮，输入如下代码：

```
CREATE TABLE class
(classno char(6)NOT NULL PRIMARY KEY,
classname varchar(20)NOT NULL,
classadd varchar(20),
tno char(6)NOT NULL)
```

（2）单击工具栏中的"执行"按钮，如图 2 – 24 所示。

（3）右击"对象资源管理器"→"数据库"→"school"→"表"，在弹出的快捷菜单中选择"刷新"命令，即可看到已创建好的 class 表；右击 class 表，在弹出的快捷菜单中选择"设计"命令，可查看设计好的 class 表结构，如图 2 – 25 所示。

（4）重复上述步骤，创建好 teacher 表，参考代码如下：

```
CREATE TABLE teacher
(tno char(6)NOT NULL PRIMARY KEY,
tname varchar(10)NOT NULL,
tid char(18)NOT NULL,
tmale char(2)NOT NULL)
```

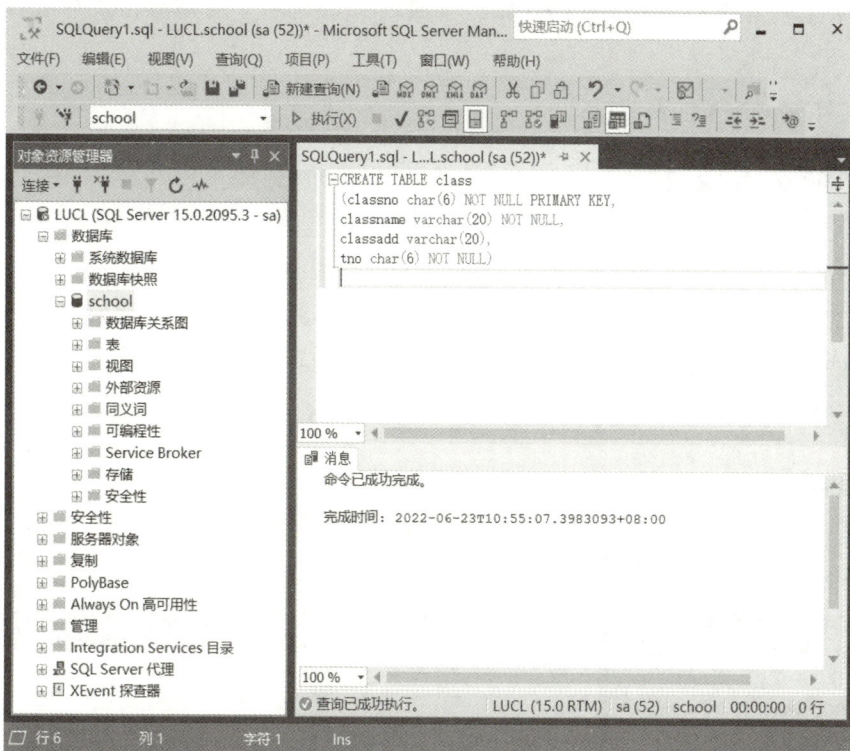

图 2 – 24　代码运行成功

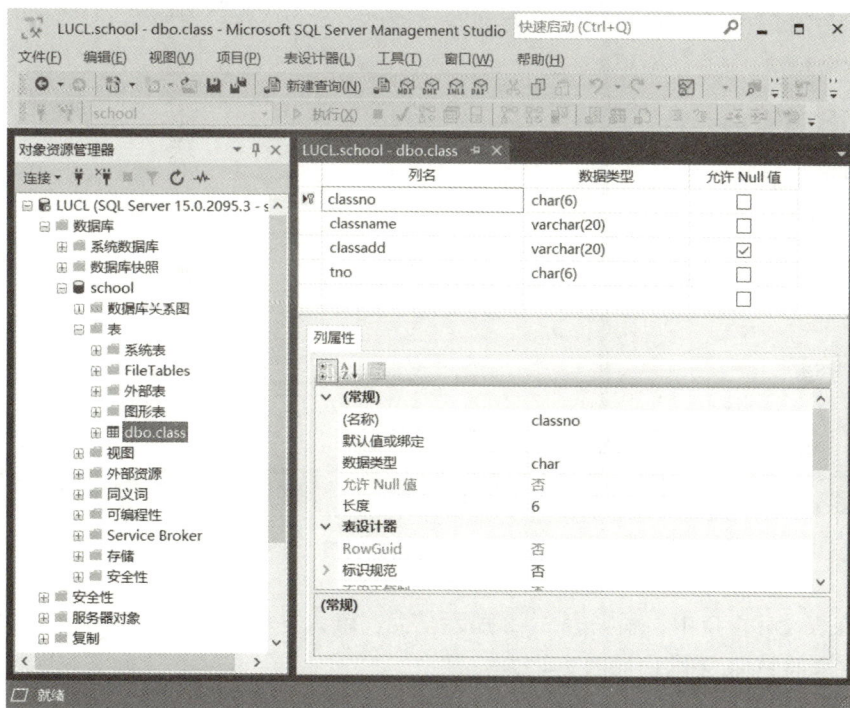

图 2 – 25　使用 Transact – SQL 语句创建的 class 表结构

（5）将 class 表中的 tno 设置成外键。可通过"表和列"对话框，查看是否正确设置外键。

```
ALTER TABLE class
ADD CONSTRAINT PK_CT
FOREIGN KEY(tno)
REFERENCES teacher(tno)
```

【例 2 - 9】 使用 SQL Server Management Studio 管理器完成例 2 - 7。

（1）登录 SQL Server Management Studio，在"对象资源管理器"窗格中，展开"数据库"→"school"→"表"节点，右击"表"节点，从弹出的快捷菜单中选择"新建表"命令，打表设计窗口，如图 2 - 26 所示。

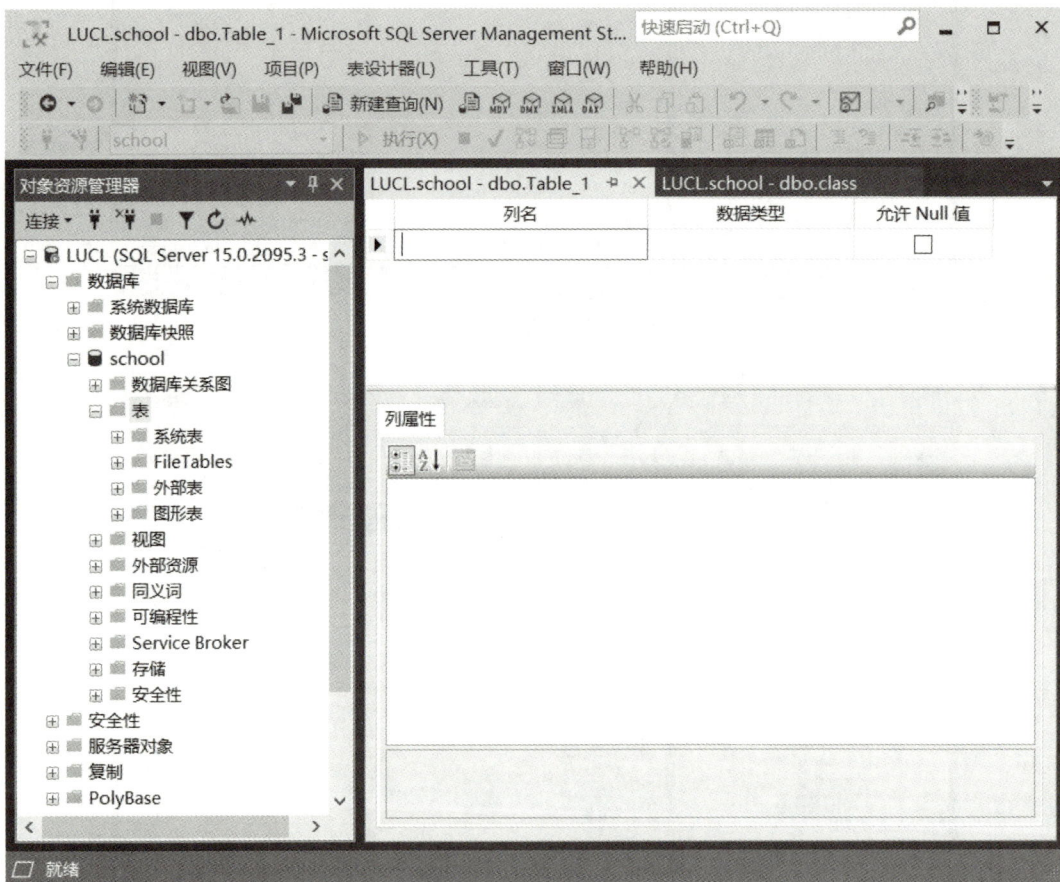

图 2 - 26　表设计窗口

（2）在表设计窗口中，根据表 2 - 8 所示信息，输入字段名、数据类型、是否为空等信息，设计完成的 class 表结构如图 2 - 27 所示。

（3）单击工具栏上的"保存"按钮，在弹出的"选择名称"对话框的"输入表名称"文本框中，输入表名"class"，单击"确定"按钮，保存该表，如图 2 - 28 所示。

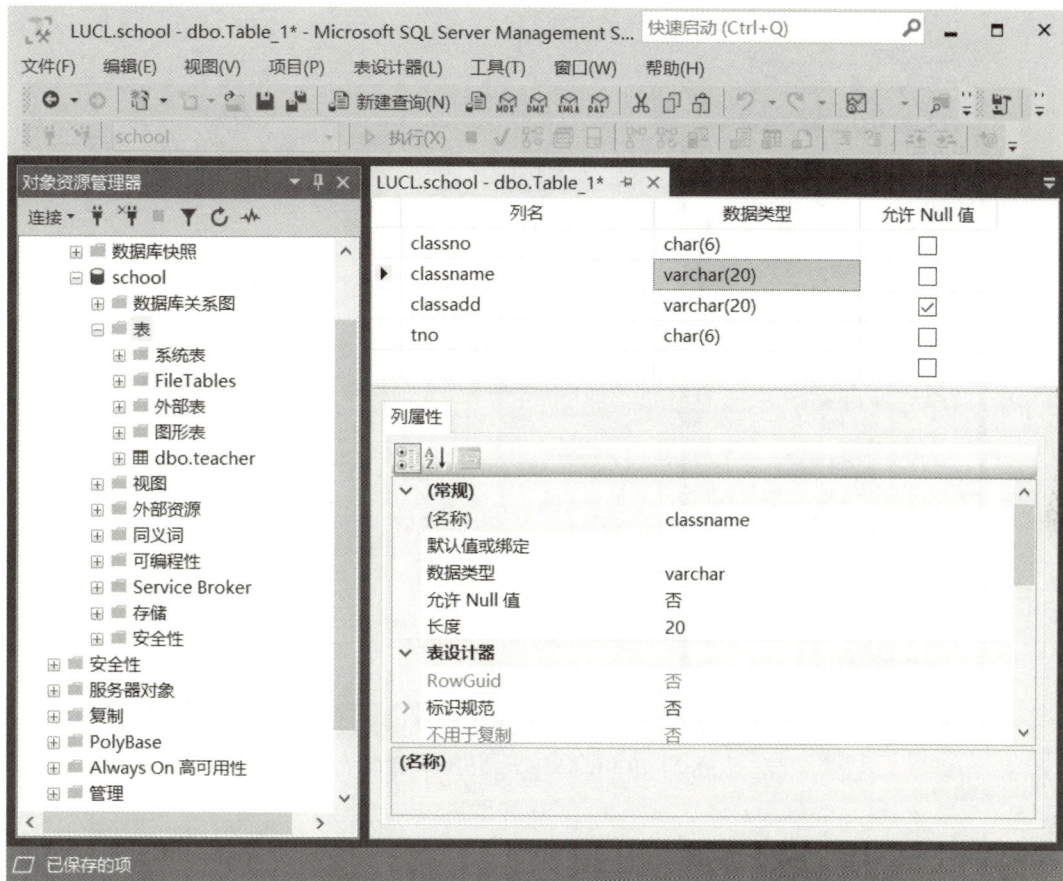

图 2-27　class 表设计

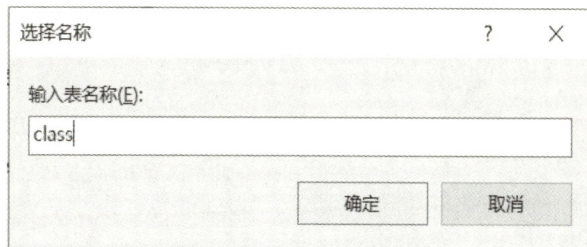

图 2-28　表名设为 class

（4）重复上述步骤，完成 teacher 表结构的创建，如图 2-29 所示。

（5）单击 class 表结构界面，右击字段"classno"，在弹出的快捷菜单中选择"设置主键"命令，将字段"classno"设置为 class 表的主键（主键字段旁边有金色的钥匙标记），如图 2-30 和图 2-31 所示。

（6）单击工具栏中的"保存"按钮，保存设置，完成主键的设置。

（7）重复上述步骤，将 teacher 表中的字段 tno 设置为主键，如图 2-32 所示。

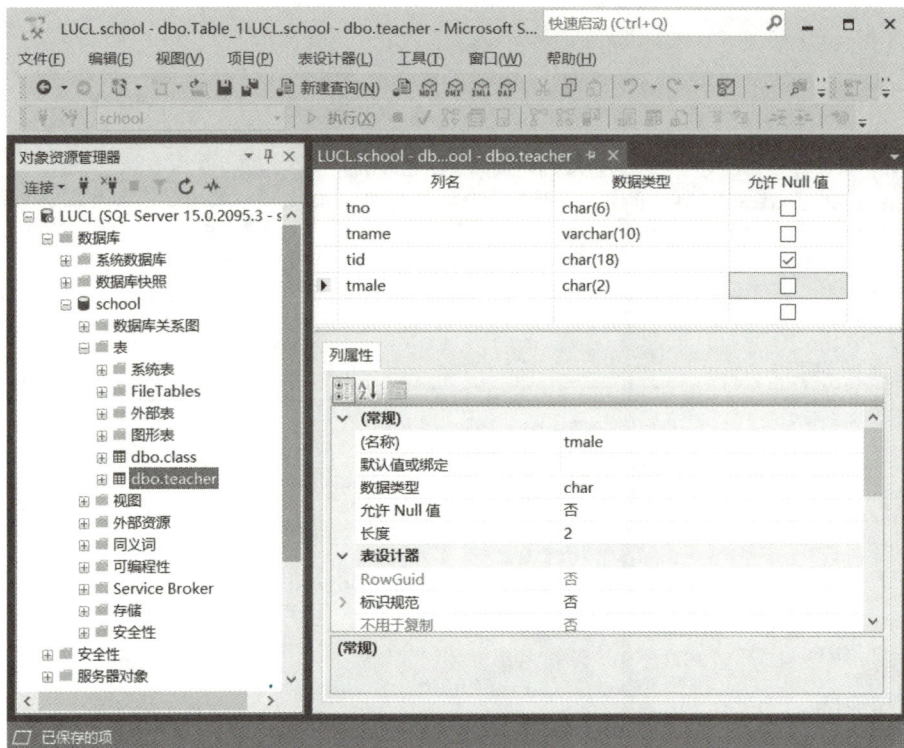

图 2 – 29　teacher 表结构设计完成

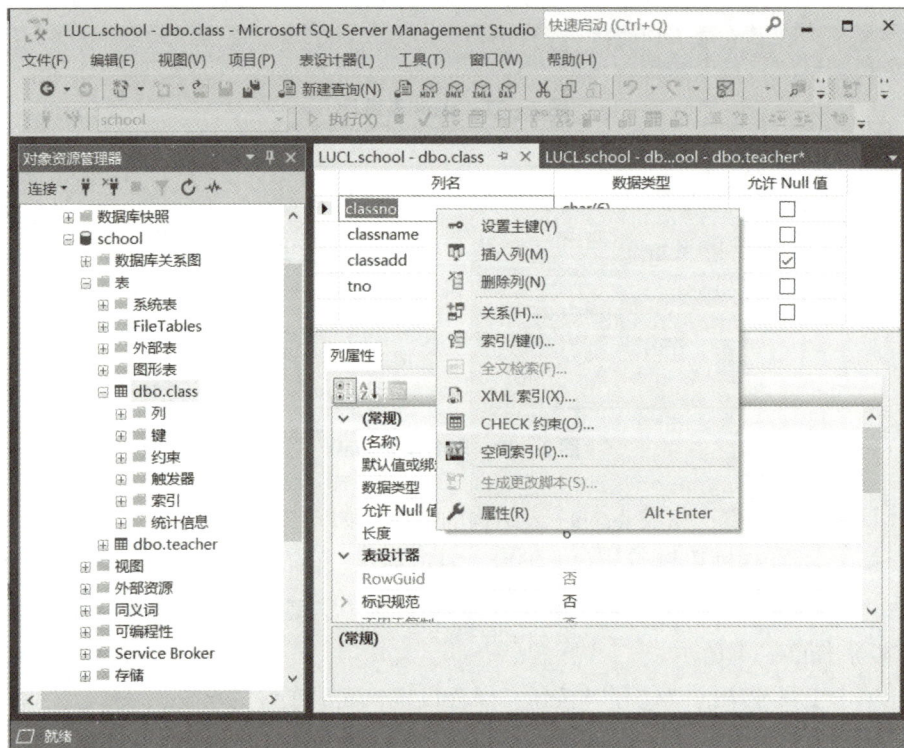

图 2 – 30　选择"设置主键"命令

图 2 - 31　字段 classno 设置为主键

图 2 - 32　字段 tno 设置为主键

（8）右击 class 表中的字段 tno，在弹出的快捷菜单中选择"关系"命令，如图 2 - 33 所示，打开"外键关系"对话框。

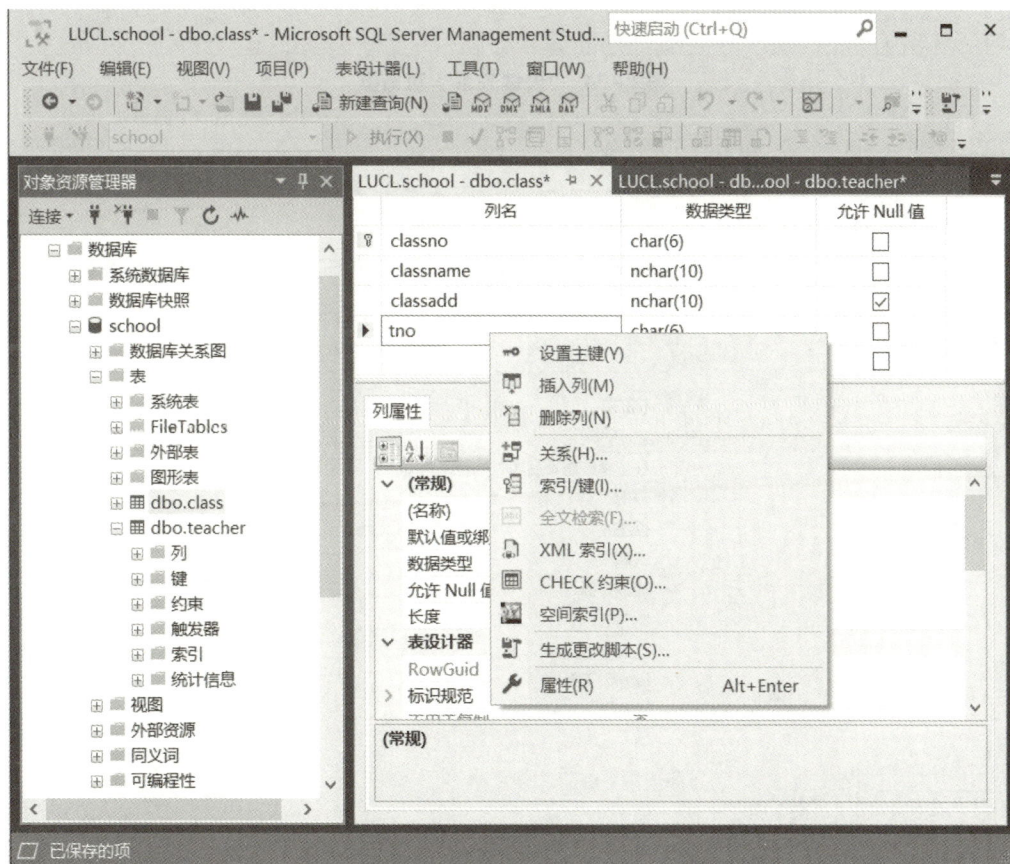

图 2 - 33　选择"关系"命令

（9）在打开的"外键关系"对话框中，如图2－34所示，单击"添加"按钮，如图2－35所示。

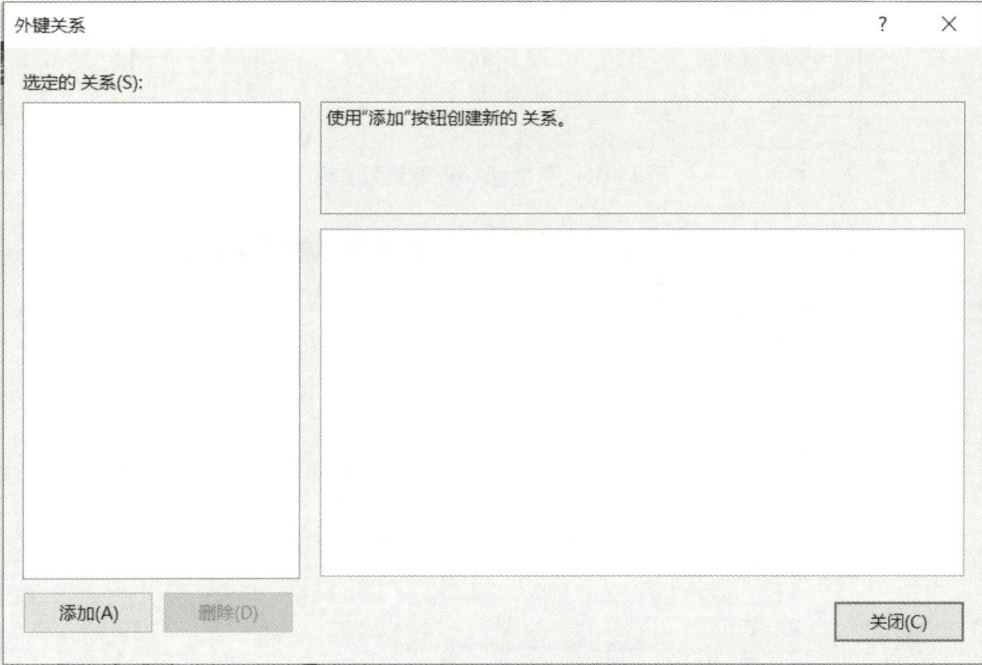

图2－34 "外键关系"对话框

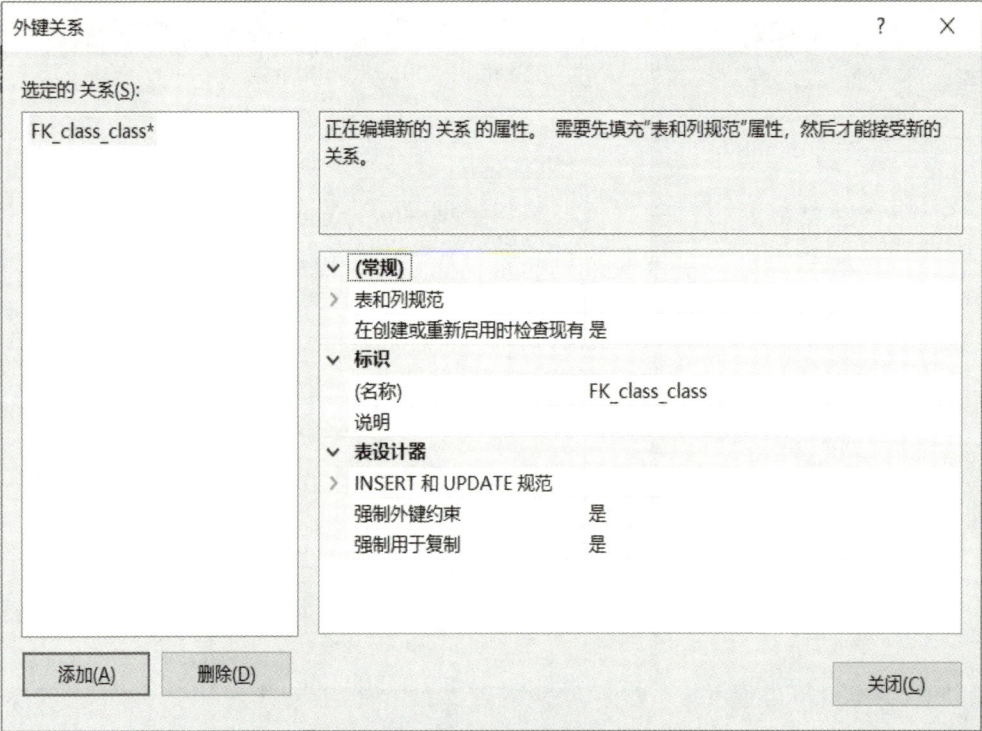

图2－35 添加关系

（10）单击"表和列规范"文本框右侧的按钮，打开"表和列"对话框，选择主键表和主键，并设置对应的外键，如图 2 - 36 所示。

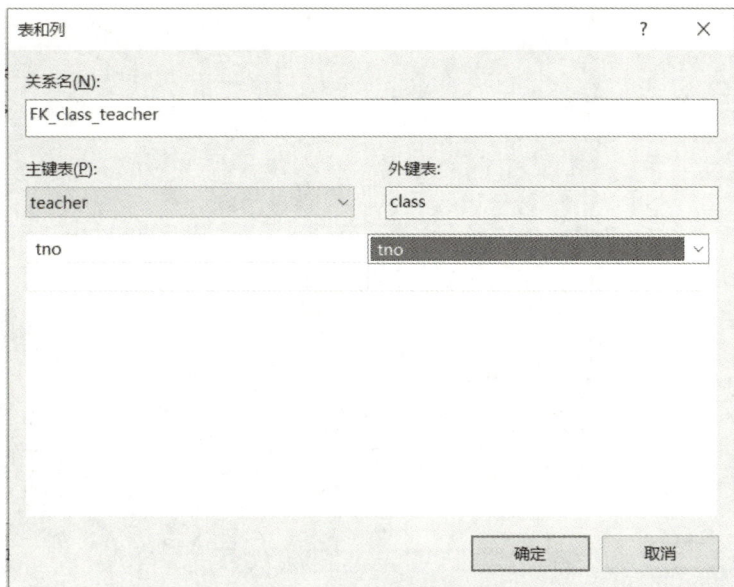

图 2 - 36　设置外键对应关系

【任务拓展】

【例 2 - 10】 通过 Transact - SQL 语句和 SQL Server Management Studio 管理器在数据库 school 中自定义数据类型 StID，要求基于 char 类型，长度为 4，不允许为空。

一、使用 Transact - SQL 语句

参考代码：

```
CREATE TYPE dbo.StID FROM char(4)NOT NULL
```

二、通过 SQL Server Management Studio 管理器

（1）在"对象资源管理器"窗格中，展开"school"→"可编程性"→"类型"，右击"类型"，从弹出的快捷菜单中选择"新建"→"用户定义的数据类型"命令，如图 2 - 37 所示。

（2）在打开的"新建用户定义数据类型"窗口的"常规"选项页中，进行如图 2 - 38 所示设置。

（3）单击"确定"按钮，完成自定义数据类型，可通过"类型"中的"用户定义数据类型"来查看，如图 2 - 39 所示。

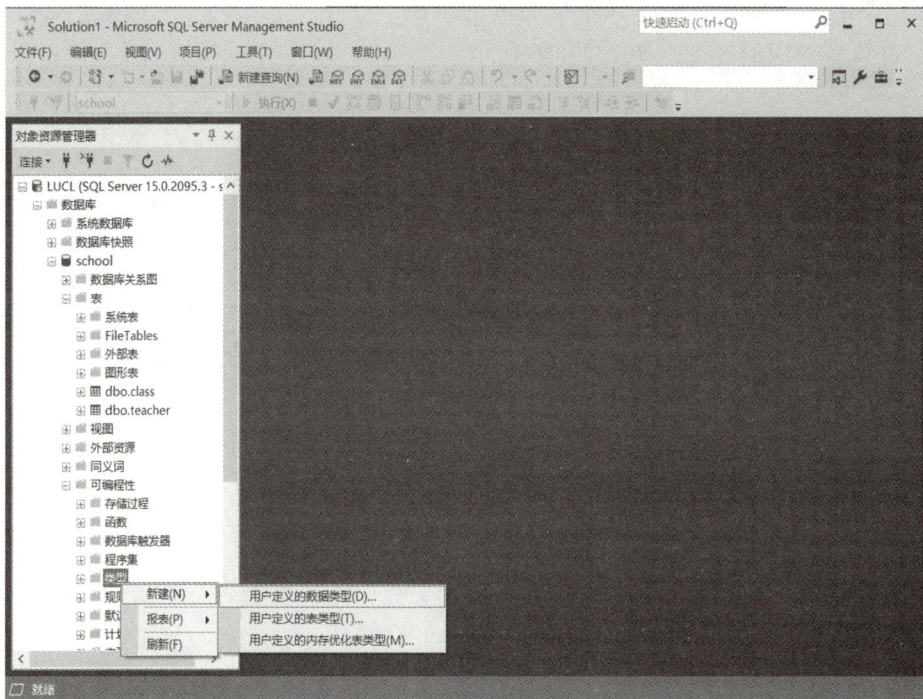

图 2 - 37　打开用户定义数据类型对话框

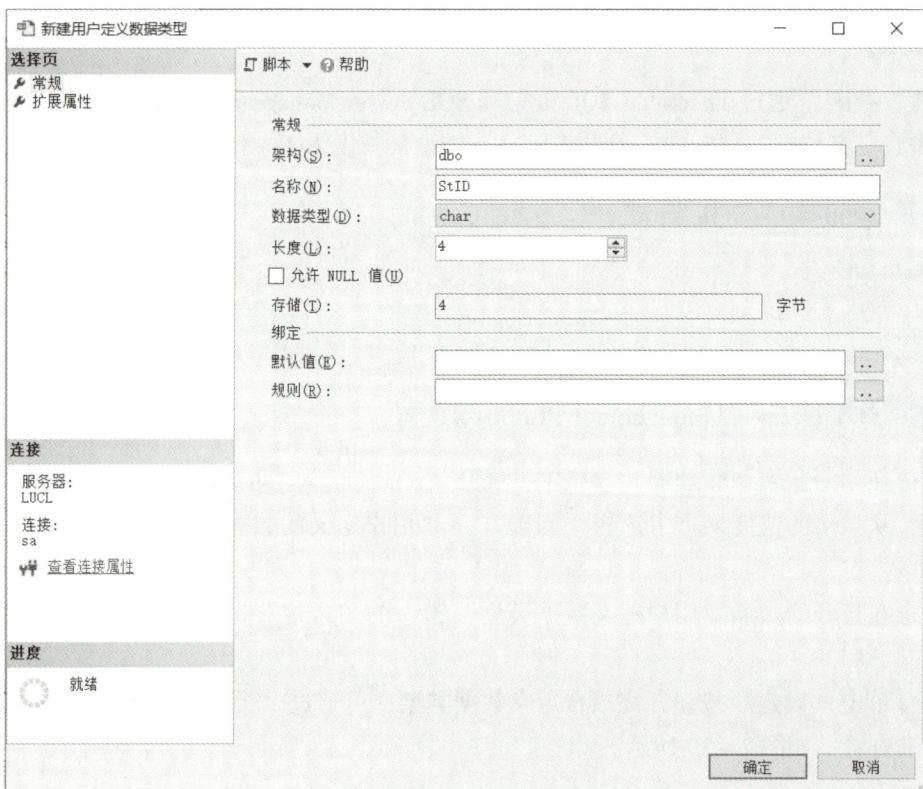

图 2 - 38　自定义数据类型

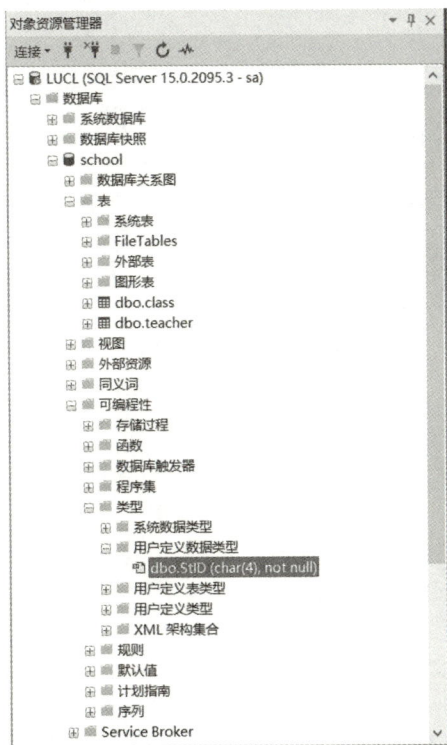

图 2-39　已建好的自定义数据类型 StID

任务四　数据表管理

【任务描述】

在数据库的使用过程中，接触最多的就是数据库中的表，用户可以根据需要随时对表的字段进行增加、修改、删除操作。本任务主要学习如何通过管理器和 Transact-SQL 语句来管理数据表。

【任务目标】

掌握数据表中字段的增加和删除。

掌握数据表中字段数据类型的修改。

掌握数据表的重命名和删除。

【相关知识】

通过 Transact-SQL 语句管理数据表的相关语法格式：

1. 添加表字段

```
USE 数据库名
ALTER TABLE 数据表名
ADD 字段名 数据类型　是否空
```

2. 删除表字段

```
USE 数据库名
ALTER TABLE 数据表名
DROP COLUMN 字段名
```

3. 修改表字段的数据类型

```
USE 数据库名
ALTER TABLE 数据表名
ALTER COLUMN 字段名 新数据类型  是否空
```

4. 修改表字段名

```
USE 数据库名
EXEC sp_rename '表名 . 原字段名','新字段名'
```

5. 数据表重命名

```
USE 数据库名
EXEC sp_rename '原表名','新表名'
```

6. 删除数据表

```
USE 数据库名
DROP TABLE 数据表名
```

【任务实施】

【例 2 - 11】 使用 SQL Server Management Studio 管理器管理数据库 school 中的数据表。

（1）在 school 数据库中新建数据表 sheet1，表结构见表 2 - 10。

表 2 - 10 sheet1 数据表结构

字段名称	说明	字段类型	字段宽度	数据约束设置
sno	学号	char	8	不允许空、主键
sname	姓名	char	10	不允许空
no	身份证号	char	18	不允许空
smale	性别	char	2	不允许空
member	是否团员	bit		允许空
birth	出生日期	date		允许空
entry	入学日期	date		允许空
classno	班级编号	char	6	不允许空、外键（class）
tno	教师编号	char	6	允许空

（2）创建成功的数据表 sheet1 结构如图 2 - 40 所示。

图 2 - 40　创建成功的 sheet1 数据表

（3）实现对 sheet1 表的管理。

①删除字段 tno。

右击字段 tno，在弹出的快捷菜单中，选择"删除列"命令，如图 2 - 41 所示。

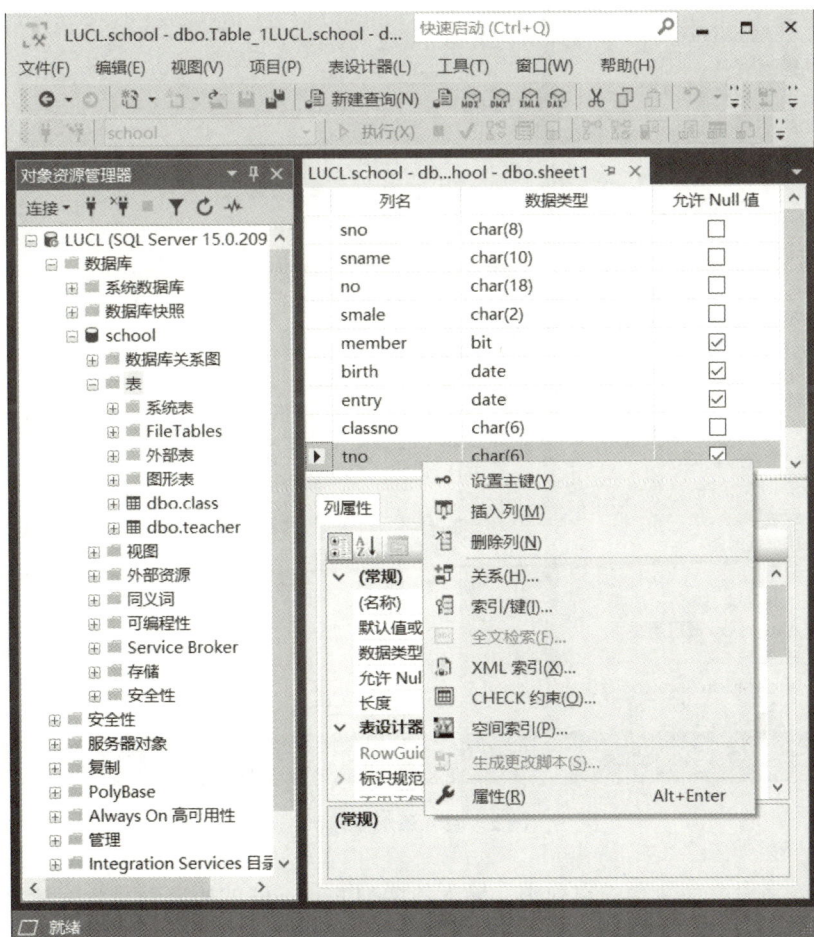

图 2 - 41　删除 tno 字段列

②添加字段，见表2-11。

表2-11　新增字段 homeadd

字段名称	说明	字段类型	字段宽度	数据约束设置
homeadd	家庭地址	varchar	50	允许空

右击字段 classno，在弹出的快捷菜单中，选择"插入列"命令，如图2-42所示。

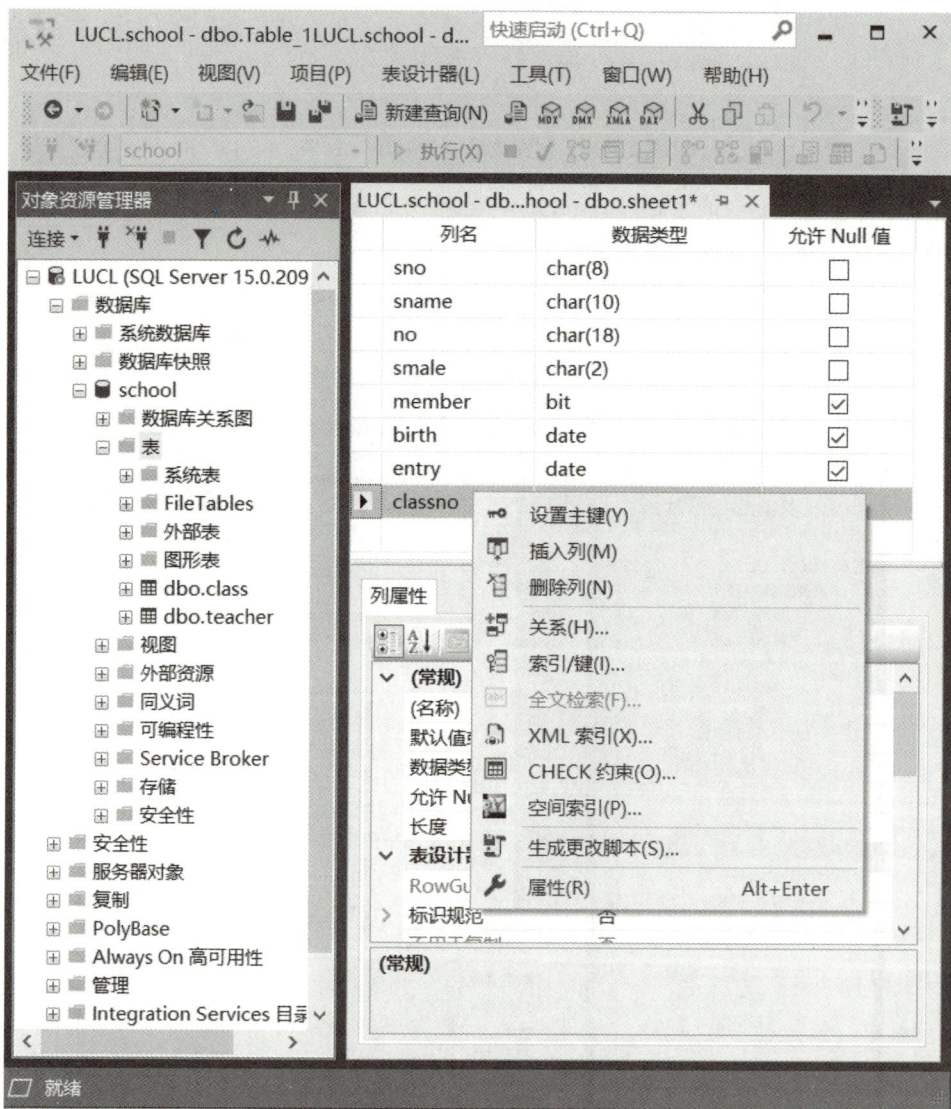

图2-42　添加字段列

在 classno 字段上面新增的空列中，输入新增列 homeadd 的所有信息，完成字段的添加，如图2-43所示。

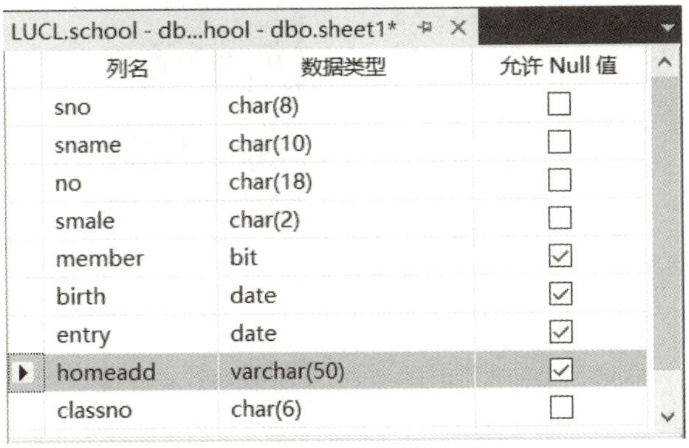
LUCL.school - db...hool - dbo.sheet1*

列名	数据类型	允许 Null 值
sno	char(8)	☐
sname	char(10)	☐
no	char(18)	☐
smale	char(2)	☐
member	bit	☑
birth	date	☑
entry	date	☑
homeadd	varchar(50)	☑
classno	char(6)	☐

图 2－43　homeadd 字段添加成功

③将字段 sname 的数据类型修改为 varchar(10)。

单击字段 sname 的数据类型，修改类型为 varchar(10)，如图 2－44 所示。

④将字段 no 的名字改为 sid。

单击字段 no 的列名，修改名称为 sid，如图 2－44 所示。

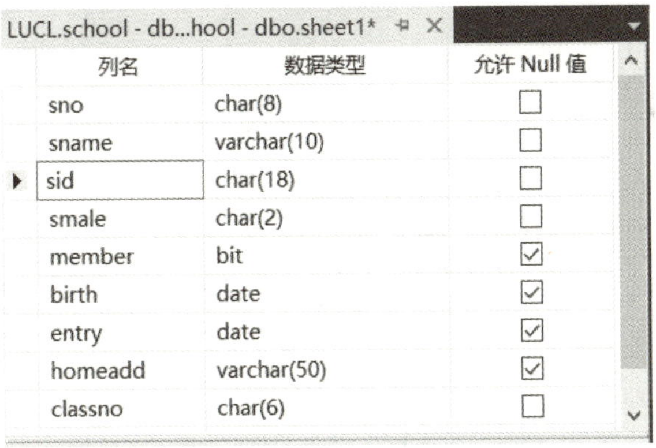
LUCL.school - db...hool - dbo.sheet1*

列名	数据类型	允许 Null 值
sno	char(8)	☐
sname	varchar(10)	☐
sid	char(18)	☐
smale	char(2)	☐
member	bit	☑
birth	date	☑
entry	date	☑
homeadd	varchar(50)	☑
classno	char(6)	☐

图 2－44　数据类型、字段名修改成功

⑤将数据表 sheet1 重新命名为 student。

右击 sheet1 数据表，在弹出的快捷菜单中，选择“重命名”命令，如图 2－45 所示。输入新表名 student，完成表的重命名。

【例 2－12】　使用 Transact－SQL 语句完成例 2－8 中对数据表 sheet1 的管理。

（1）删除字段 tno：命令执行成功后，刷新数据表后，查看表结构，可看到字段删除成功。

```
USE school
ALTER TABLE sheet1
DROP COLUMN tno
```

（2）添加表 2－12 所列字段。

图 2-45   数据表重命名为 student

表 2-12   添加字段

字段名称	说明	字段类型	字段宽度	数据约束设置
homeadd	家庭地址	varchar	50	允许空

```
USE school
ALTER TABLE sheet1
ADD homeadd varchar(50)NULL
```

（3）将字段 sname 的数据类型修改为 varchar(10)。

```
USE school
ALTER TABLE sheet1
ALTER COLUMN sname varchar(10)NOT NULL
```

（4）将字段 no 的名字改为 sid。

```
USE school
EXEC sp_rename 'sheet1.no','sid'
```

（5）将数据表 sheet1 重新命名为 student。命令成功执行后，需要刷新一下数据库 school。

```
USE school
EXEC sp_rename 'sheet1','student'
```

任务五　表数据管理

【任务描述】

表结构的定义是为了存储和管理数据，本任务主要实现向表中添加数据，并根据需要对数据进行修改和删除。

【任务目标】

掌握数据表中记录的增加和修改。

掌握数据表中记录的某个数据的修改。

【相关知识】

通过 Transact – SQL 语句管理表中数据的相关语法格式。

1. 添加记录

字段名要和字段值一一对应。

```
USE 数据库名
INSERT INTO 数据表名
(字段名1,字段名2,字段名3,…;字段名n)
VALUES(字段名值,字段值2,字段值3,…;字段值n)
```

2. 删除记录

```
USE 数据库名
DELETE FROM 数据表名 WHERE 字段名 = 字段值
```

例：删除 teacher 表中字段 tno 为 003 的记录。

```
USE school
DELETE FROM teacher WHERE tno = '003'
```

3. 修改记录中某个字段的值

```
USE 数据库名
UPDATE 数据表名
SET 要修改的字段名 = 新值
WHERE 搜索的字段名 = 字段值
```

例：将 student 表中学号为 2122 的学生的 sname 字段值修改为王二。

```
USE school
UPDATE student
SET sname = '王二'
WHERE tno = '2122'
```

【任务实施】

【例 2 – 13】 使用 SQL Server Management Studio 管理器向数据表 student 中添加数据。

（1）在"对象资源管理器"窗口中，展开数据库 school 中的"表"节点，右击 "dbo. student"数据表，在弹出的快捷菜单中选择"编辑前 200 行"命令，如图 2 – 46 所示，进入表数据录入界面，如图 2 – 47 所示。

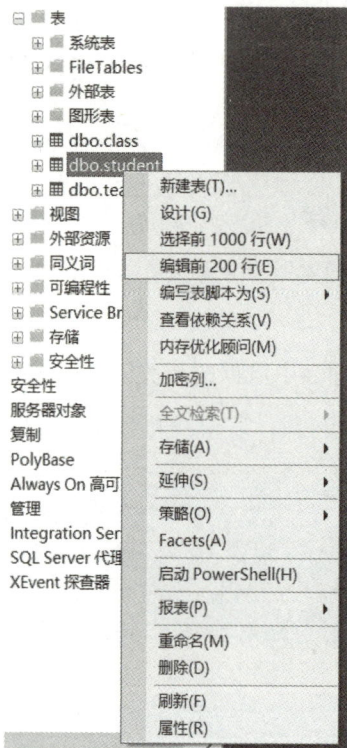

图 2 – 46　选择"编辑前 200 行"命令

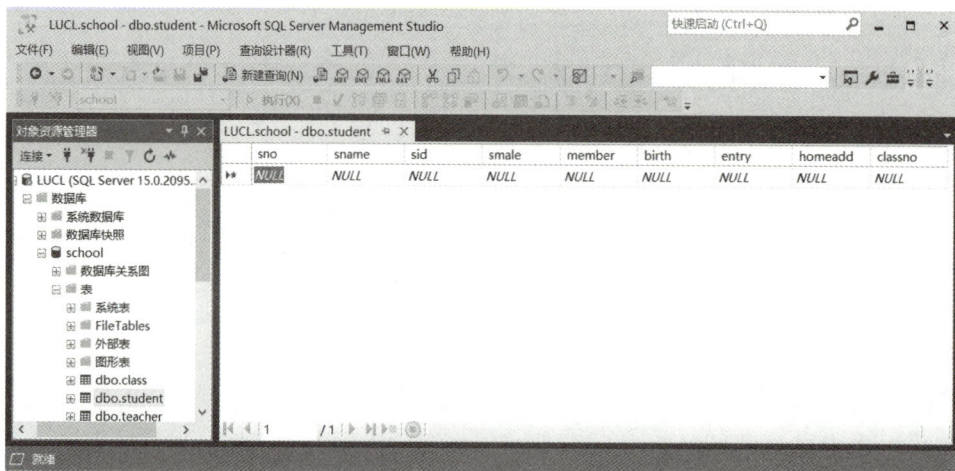

图 2 – 47　表数据录入界面

（2）添加完数据后，单击工具栏中的"执行"按钮，将添加完成的数据存储到表里。如果要修改某个数据，可直接单击数据进行修改。如需要对整条记录进行修改，可右击此记录，在弹出的快捷菜单中选择相应的命令，如图2－48所示。

图2－48　数据修改界面

（3）按照上述步骤完成数据表 student 中数据的添加，具体数据见表2－13。

【例2－14】　使用 Transact－SQL 对 student 表进行记录的添加和删除。

（1）删除字段 sno 为 17020110 的这行记录。

```
USE school
DELETE FROM student WHERE sno =16010101
```

（2）将上述删除的记录再次添加到 student 表中。

```
USE school
INSERT INTO student
(sno,sname,sid,smale,member,birth,entry,homeadd,classno)
VALUES( '16010101','张燕燕','3200002001021192324','女',1,NULL,
       '2016 /09 /01','同山县永通镇永丰村','160101')
```

【任务拓展】

通过 SQL Server Management Studio 管理器或 Transact－SQL 语句对前面任务中所建立的 class 和 teacher 数据表，实现数据的添加和管理。具体数据信息见表2－14 和表2－15。

表 2 – 13 student 表数据

sno	sname	sid	smale	member	birth	entry	homeadd	classno
16010101	张燕燕	32000020010102192324	女	TRUE		2016 – 09 – 01	同山县永通镇永丰村	160101
16010102	王知远	32000020000903711	男	FALSE		2016 – 09 – 01	云泉县花园小区	160101
16010103	李少华	32000020010531 7233	男	TRUE		2016 – 09 – 01	上城区金星镇广福村	160101
16010104	钱鹏	32000020001102387 5	男	TRUE		2016 – 09 – 01	龙湖区富才村	160101
16010105	宋景阳	32000020010618 4451	男	FALSE		2016 – 09 – 01	三合区新风小区	160101
16010106	李向秋	3200002001052 92849	女	TRUE		2016 – 09 – 01	怀乡县红旗镇胜利村	160101
16010107	王瀚文	32000020010715 2073	男	FALSE		2016 – 09 – 01	安河县李家街 5 号	160101
16010108	邓海超	32000020010310 7531	男	TRUE		2016 – 09 – 01	常南市玫瑰园小区	160101
16010109	于明杰	32000020001221 3013	男	FALSE		2016 – 09 – 01	高新区世纪嘉园	160101
16010110	何珊	32000020010120416x	女	TRUE		2016 – 09 – 01	云泉县新立镇双桥村	160101
16020101	曲晓敏	32000020010 5165284	女	TRUE		2016 – 09 – 01	三合区向阳镇雅居居苑	160201
16020102	赵凯	32000020010428 3035	男	FALSE		2016 – 09 – 01	安河县临江镇赵家村	160201
16020103	马振彬	32000020010816 1756	男	TRUE		2016 – 09 – 01	新庄县丰宁镇梧桐墅小区	160201
16020104	刘新阳	32000020010314 2070	男	TRUE		2016 – 09 – 01	常南市长原镇半岛花园	160201
16020105	江新颖	32000020010 1065569	女	TRUE		2016 – 09 – 01	龙湖区春丰家园	160201
16020106	孟振平	32000020001121 7119	男	FALSE		2016 – 09 – 01	常南市长原镇白路村	160201
16020107	杨昊宇	32000020010512 2531	男	TRUE		2016 – 09 – 01	同山县盛世家园	160201
16020108	李晓凡	32000020010711 1845	女	FALSE		2016 – 09 – 01	安河县红桥镇华东村	160201
16020109	潘旭东	32000020000831361x	男	TRUE		2016 – 09 – 01	高新区太阳城	160201
16020110	李若云	32000020010801502x	女	TRUE		2016 – 09 – 01	龙湖区明珠大厦	160201

续表

sno	sname	sid	smale	member	birth	entry	homeadd	classno
17010101	高朗	320000200204102796	男	FALSE		2017－09－01	怀乡县红旗镇坞塘村	170101
17010102	费永祥	320000200211263151	男	TRUE		2017－09－01	新庄县锦绣园	170101
17010103	项志远	320000200210196090	男	FALSE		2017－09－01	龙湖区碧水庄园	170101
17010104	吴跃	3200002001C4134536	男	TRUE		2017－09－01	同山县朝阳镇民建村	170101
17010105	丁睿	320000200111205139	男	FALSE		2017－09－01	上城区天和家园	170101
17010106	何一诺	320000200102044318	男	TRUE		2017－09－01	怀乡县世纪城	170101
17010107	乔月	320000200109216269	女	FALSE		2017－09－01	常南市乐苑	170101
17010108	周颜晴	320000200112076340	女	TRUE		2017－09－01	同山县北苑小区	170101
17010109	杨雪	320000200110285085	女	FALSE		2017－09－01	常南市长原镇白路村 170101	
17010110	范颖	320000200201178226	女	TRUE		2017－09－01	安河县前进小区	170101
17020101	薛楠	320000200202101020	女	TRUE		2017－09－01	高新区华悦府	170201
17020102	姚伟庆	320000200203245277	男	FALSE		2017－09－01	上城区金星镇吉旺村	170201
17020103	李思涵	320000200205122731	男	FALSE		2017－09－01	龙湖区紫竹公馆	170201
17020104	张辉	3200002001D100458	男	TRUE		2017－09－01	龙湖区港湾明珠小区	170201
17020105	刘新华	320000200109032291	男	FALSE		2017－09－01	三合区向阳镇梅园街 36 号	170201
17020106	陈璐璐	320000200108170684	女	TRUE		2017－09－01	新庄县丰宁镇梧桐墅小区	170201
17020107	宋卓远	320000200207311198	男	FALSE		2017－09－01	常南市玫瑰园小区	170201
17020108	何海	320000200112160550	男	TRUE		2017－09－01	上城区丁桥村	170201
17020109	吴丹	320000200110620012x	女	TRUE		2017－09－01	龙湖区碧水庄园	170201
17020110	杜晓萌	320000200111114667	女	FALSE		2018－09－01	高新区东方印象小区	170201

表 2 – 14　class 表数据

classno	classname	classadd	tno
160101	16 计算机应用技术	知达楼 305	200502
160201	16 软件技术	知达楼 306	201203
170101	17 计算机应用技术	知达楼 203	200003
170201	17 软件技术	知达楼 204	200009

表 2 – 15　teacher 表数据

tno	tname	tid	tmale
199702	赵华	320000197409082953	男
200003	李丽珊	320000197709089801	女
200009	刘培轩	320000197801152993	男
200502	李思扬	320000197912185077	男
201203	袁盛飞	320000198504023216	男
201407	宋文颖	32000019881018136x	女

【项目总结】

1. 创建和管理数据库及数据表方法

（1）代码界面：Transact – SQL 语句。

（2）图形界面：SQL Server Management Studio 管理器。

2. 数据库由文件和文件组组成，它们要遵循如下设计原则

（1）文件只能是一个文件组的成员。

（2）文件或文件组不能由一个以上的数据库使用。

（3）数据和事务日志信息不能属于同一文件或文件组。

（4）日志文件不能作为文件组的一部分，日志空间与数据空间分开管理。

3. 标识符的命名需要遵循的原则

数据库和数据库对象（表、视图、列、约束等）都有标识符，数据库对象的名称被看成是该对象的标识符。大多数对象都要求带有标识符。

（1）首字母必须是下列字符之一：字母 A ~ Z 和 a ~ z、下划线 "_"、符号 "@"、数字符号 "#"。

（2）标识符的后续字符可以是以下几种：统一码（Unicode）2.0 标准中所定义的字母、来自拉丁字母或其他国家/地区脚本的十进制数据或者是 "@" 符号、美元符号 "$"、数字符号 "#"、下划线 "_"。

（3）不允许使用 Transact – SQL 中的保留字。

（4）不区分大小写。

（5）不允许嵌入空格或其他特殊字符。

4. 数据表中数据的约束

（1）非空约束：默认情况下，允许空值，可以限定用户在此列中是否可以输入控制。

（2）主键约束：指数据表中一列或多列的组合，可以唯一标识表中的每一行。一个表只能有一个主键；主键中列的值不能为空值；主键的列中的值必须是唯一的。

（3）唯一约束：使用户的应用程序必须向列中输入唯一的值，值不能重复，但可以为空。

（4）检查约束：用来指定一个布尔操作，限制输入表中的值。

（5）默认约束：使用户定义一个值，当用户没有在某一列中输入值时，则将所定义的值自动提供给此列。

（6）外键约束：用于创建两表之间的联系。通过将保存表中主键的一列或多列添加到另一个表中，创建两个表之间的连接，这个列就成为第二个表的外键。建立外键关系的两表中的此列数据一致。

5. 数据库管理的相关操作

（1）数据库的管理包括数据库文件与文件组的添加和删除、数据库的增容和缩容、数据库的删除等。

（2）数据表的管理包括字段的增加、删除和修改，数据表的重命名和删除，添加、修改和删除数据表的记录。

6. 数据库管理系统提供的 Transact – SQL 语言

（1）标准 SQL 语言提供用于定义数据库对象的 CREATE 语句、修改数据库对象的 ALTER 语句以及删除数据库对象的 DROP 语句。

（2）在标准 SQL 语言中，使用 SELECT 语句对数据进行查询，使用 INSERT 语句插入数据，使用 UPDATE 语句更新数据，使用 DELETE 语句删除数据。

【思考练习】

一、选择题

1. 使用 SQL Server Management Studio 管理器创建数据库时：

（1）设置文件的相关格式，在（　　）选项中进行操作。

A. 选项　　　　　　　B. 常规　　　　　　　C. 文件组

（2）设置初始大小，在（　　）中进行操作。

A. 文件组　　　　　　B. 初始大小　　　　　C. 文件增长

（3）设置数据库用户的权限，在（　　）中进行操作。

A. 文件组　　　　　　B. 所有者　　　　　　C. 文件增长

2. 在 SQL Server 数据库中，主数据库文件的扩展名为（　　）。

A. . md　　　　　　　B. . ldf　　　　　　　C. . odf　　　　　　　D. . log

3. 在 SQL Server 语句创建表时，语句是（　　）。

A. DELETE TABLE　　　　　　　　　　B. CREATE TABLE

C. ADD TABLE　　　　　　　　　　　D. DROP TABLE

4. 在 Transact – SQL 语句中，关于 NULL 值，叙述正确的选项是（　　　）。

A. NULL 表示空格　　　　　　　　　　B. NULL 表示 0

C. NULL 既可以表示 0，又可以表示空格　　D. NULL 表示空值

5. SQL Server 的字符型系统数据类型主要包括（　　　）。

A. int，money，char　　　　　　　　　B. char，varchar，text

C. datetime，binary，int　　　　　　　D. char，varchar，int

6. 字符串常量使用（　　　）作为定界符。

A. 单引号　　　　　　B. 双引号　　　　　　C. 方括号　　　　　　D. 花括号

7. 下面是有关主键和外键之间关系的描述，正确的是（　　　）。

A. 一个表中最多只能有一个外键约束、一个主键约束

B. 在定义主键外键时，应该首先定义外键约束，然后定义主键约束

C. 一个表中最多只能有一个主键约束，有多个外键约束

D. 在定义主键外键时，应该首先定义主键约束，然后定义外键约束

8. 对于 DROP TABLE 命令的解释，正确的是（　　　）。

A. 删除此表，并删除数据库里所有与此表有关联的表

B. 保留数据，删除表的数据结构

C. 删除表里的数据，保留表的数据结构

D. 删除表里的数据，同时删除表的数据结构

9. 下列叙述错误的是（　　　）。

A. ALTER TABLE 语句可以删除字段　　　B. ALTER TABLE 语句可以添加字段

C. ALTER TABLE 可以修改字段数据类型　　D. ALTER TABLE 语句可以修改字段名称

10. 可使用下列操作中的（　　　）为字段输入 NULL 值。

A. 输入 NULL　　　　　　　　　　　　B. 输入 < NULL >

C. 按 Ctrl + O 组合键　　　　　　　　　D. 将字段清空

二、填空题

1. 数据库中通常包含三类文件：_____、_____和次要数据文件。

2. 使用 Transact – SQL 语句创建数据库：

（1）语句_____设置主文件；

（2）语句_____设置文件的物理路径；

（3）语句_____设置文件的初始大小；

（4）语句_____设置文件大小的最大值；

（5）语句_____设置文件的增长量。

3. 使用 Transact – SQL 语句创建数据表的语句是_____。

4. 为数据表创建索引的目的是_____。在创建表时，可用_____方法来创建唯一索引。

5. LEN 函数返回值数据类型为_____类型。

三、实践题

按要求在实例数据库里建立下列 3 张表。

1. **授课信息表，具体要求如下：**

（1）表名：teachinfo。

（2）表结构，见表 2 – 16。

表 2 – 16 teachinfo 数据表结构

字段名称	说明	字段类型	字段宽度	数据约束设置
tno	教师编号	char	6	不允许空、主键
cno	课程编号	char	6	不允许空、主键
classno	班级编号	char	6	不允许空、主键

（3）表数据，见表 2 – 17。

表 2 – 17 teachinfo 表数据

tno	cno	classno
199702	20603	160201
200003	1206	170101
200003	1206	170201
200009	1204	170201
200502	1204	170101
200502	10604	160101
201203	20605	160201
201407	10603	160101

2. **成绩表，具体要求如下：**

（1）表名：result。

（2）表结构，见表 2 – 18。

表 2 – 18 result 数据表结构

字段名称	说明	字段类型	字段宽度	数据约束设置
gno	成绩编号	int		不允许空、主键
sno	学号	char	8	不允许空、外键（student）
cno	课程编号	char	6	不允许空、外键（course）
score	成绩分数	float		允许空
grade	成绩等级	char	4	允许空

（3）表数据，见表 2 – 19。

表 2 - 19 result 表数据

gno	sno	cno	score	grade
1	16010101	10603	73	
2	16010102	10603	68	
3	16010103	10603	76	
4	16010104	10603	89	
5	16010105	10603	96	
6	16010106	10603	79	
7	16010107	10603	83	
8	16010108	10603	80	
9	16010109	10603	65	
10	16010110	10603	53	
11	16010101	10604	90	
12	16010102	10604	88	
13	16010103	10604	82	
14	16010104	10604	92	
15	16010105	10604	90	
16	16010106	10604	76	
17	16010107	10604	70	
18	16010108	10604	67	
19	16010109	10604	55	
20	16010110	10604	71	
21	16020101	20603	80	
22	16020102	20603	75	
23	16020103	20603	92	
24	16020104	20603	83	
25	16020105	20603	90	
26	16020106	20603	77	
27	16020107	20603	64	
28	16020108	20603	68	
29	16020109	20603	52	
30	16020110	20603	73	
31	16020101	20605	91	
32	16020102	20605	86	
33	16020103	20605	66	
34	16020104	20605	75	
35	16020105	20605	85	
36	16020106	20605	70	
37	16020107	20605	64	
38	16020108	20605	82	
39	16020109	20605	70	
40	16020110	20605	50	

续表

gno	sno	cno	score	grade
41	17010101	1204	90	
42	17010102	1204	76	
43	17010103	1204	95	
44	17010104	1204	84	
45	17010105	1204	82	
46	17010106	1204	79	
47	17010107	1204	90	
48	17010108	1204	86	
49	17010109	1204	91	
50	17010110	1204	90	
51	17010101	1206	88	
52	17010102	1206	90	
53	17010103	1206	85	
54	17010104	1206	79	
55	17010105	1206	82	
56	17010106	1206	74	
57	17010107	1206	53	
58	17010108	1206	65	
59	17010109	1206	85	
60	17010110	1206	67	
61	17020101	1204	89	
62	17020102	1204	76	
63	17020103	1204	94	
64	17020104	1204	90	
65	17020105	1204	81	
66	17020106	1204	73	
67	17020107	1204	77	
68	17020108	1204	69	
69	17020109	1204	90	
70	17020110	1204	87	
71	17020101	1206	80	
72	17020102	1206	63	
73	17020103	1206	90	
74	17020104	1206	87	
75	17020105	1206	64	
76	17020106	1206	76	
77	17020107	1206	80	
78	17020108	1206	50	
79	17020109	1206	86	
80	17020110	1206	93	

3. 课程表,具体要求如下:

(1) 表名:course。

(2) 表结构,见表2-20。

表 2 - 20　course 数据表结构

字段名称	说明	字段类型	字段宽度	数据约束设置
cno	课程编号	char	6	不允许空、主键
cname	课程名称	varchar	20	不允许空
credit	学分	int		不允许空
required	是否必修	bit		不允许空

(3) 表数据,见表2-21。

表 2 - 21　course 表数据

1204	计算机应用基础	4	-1
1206	物理	4	0
10603	网页设计与制作	6	-1
10604	网络操作系统	6	-1
20603	ASP. NET 网站开发	6	-1
20605	JavaScript 程序设计	6	-1

注:

①成绩等级可由成绩分数获得:含85分以上(优秀)、含75以上(良好)、含60分以上(及格)、不含60分以下(不及格)。

②成绩等级:-1为必修(true),0为选修(false)。

项目三

数据查询

　　某学校的学生成绩管理数据库创建后，可以根据不同的需求对数据进行查找和统计，比如作为学生比较关心自己的各科成绩、总成绩以及班级排名、专业排名等，作为班主任比较关心班级课程的最高分、最低分、平均分及班级的成绩排名等。这些功能都可以通过对数据库的查询实现。

　　SQL Server 提供了丰富的查询功能以满足客户的需求，可以对单张表进行查询，可以对多张表进行连接查询，可以通过聚合函数对查询结果进行统计，可以对查询结果进行必要的排序，可以使用嵌套查询和子查询完成更加强大的功能。在本项目中会为大家详细讲解各种查询的功能及实现。

【项目描述】

　　在 school 数据库中，根据客户需求能使用正确的查询语句实现对数据表的部分或全部数据进行多种形式的查询，如选择查询、投影查询；会对查询结果进行排序；能正确对相应字段分组并运用聚合函数对数据进行统计分析；会使用连接查询从多张表中查询出所需数据；能在需要的地方使用子查询完成查询要求。

【相关知识点】

　　SELECT 语句、投影查询、选择查询、子查询、连接查询的定义，常用聚合函数的作用，ORDER BY、GROU BY 子句的作用。

【项目分析】

　　根据对客户的常用需求分析，可以将项目的实现划分为以下几个任务：

　　任务一　投影查询
　　任务二　选择查询
　　任务三　排序查询结果
　　任务四　聚合、分组查询
　　任务五　连接查询
　　任务六　子查询

任务一　投影查询

【任务描述】

通过投影查询实现从数据表中查询指定列。

【任务目标】

理解基本查询的概念及其作用。

掌握如何创建和执行查询。

【相关知识】

1. SELECT 语句

查询是 SQL 语言的核心内容，在 SQL Server 中是通过 SELECT 语句实现查询数据的。SELECT 语句是 Transact – SQL 语言从数据库中获取信息的一个基本语句，是 SQL 语句中最复杂也是功能最强大的语句。SELECT 语句的作用是从服务器的数据库的一个或多个表中检索符合用户要求的数据，按照规定的格式进行整理，然后以结果集（另外一个二维表）的形式返回客户端。SELECT 语句主要是从数据库中检索行，并允许从一个或者多个数据表中选择一行或多行或列。

SELECT 语句的基本语法格式如下：

```
SELECT[ALL |DISTINCT]
      [TOP(expression)[PERCENT][WITH TIES]]
      select_list
[INTO new_table]
FROM table_name|view_name
[WHERE line_search_condition]
[GROUP BY group_by_list]
[HAVING group_search_condition]
[ORDER BY order_list[ASC|DESC]]
```

2. 投影查询

投影查询是对指定列的查询，通过 SELECT 语句的 < select_list > 项组成结果表的列。

投影查询基本语法：

```
SELECT[ALL |DISTINCT]
      [TOP(expression)[PERCENT][WITH TIES]]select_list FROM table_name
```

SELECT…FROM 子句的参数及说明见表 3 – 1。

表 3 - 1 SELECT···FROM 子句参数表

参数	描述
ALL	指定在结果集中可以包含重复行。ALL 是默认值
DISTINCT	指定在结果集中只能包含唯一行。对于 DISTINCT 关键字来说，Null 值是相等的
TOP expression［PERCENT］［WITH TIES］	只能从查询结果集返回指定的第一组行或指定的百分比数目的行。expression 可以是指定数目或百分比数目的行
＜select_list＞	要为结果集选择的列表。选择列表是以逗号分隔的一系列表达式。可在选择列表中指定的表达式的最大数目是 4 096
＜table_source＞	要从中获取数据的表的名称

3. 查询创建、执行步骤

在 Management Studio 工具栏上，单击"新建查询"按钮，以打开查询编辑器。如图 3 - 1 所示。

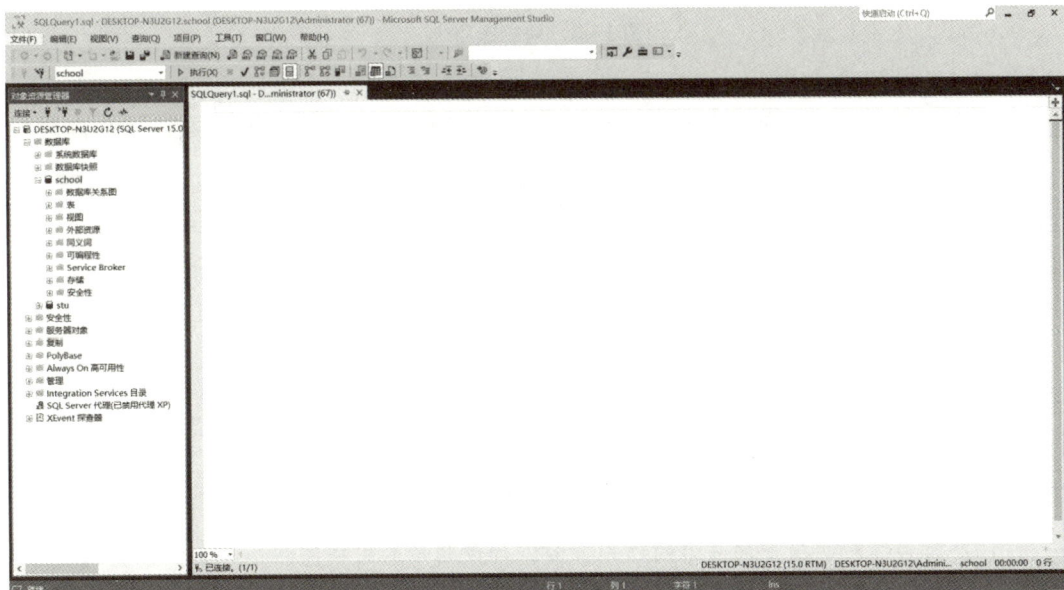

图 3 - 1 查询编辑器界面

在查询编辑器中输入查询代码，按 F5 键或单击工具栏中的"！执行"按钮执行查询。结果如图 3 - 2 所示。

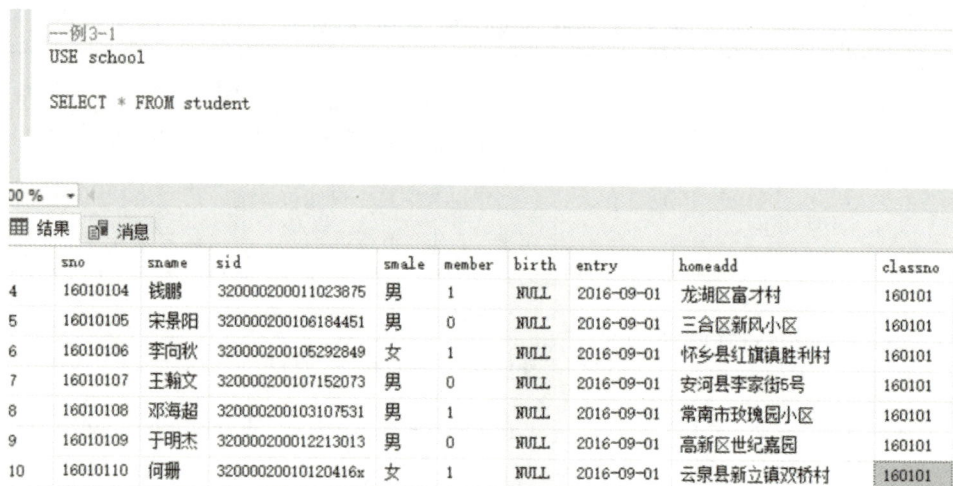

图 3-2　查询编辑、执行界面

查询的结果会在下部的结果窗口中显示，结果窗口共有 2 个选修卡，默认显示的是"结果"选项卡的内容，即以网格形式显示的查询结果。单击"消息"选项卡，如图 3-3 所示，显示的是受影响的行数，即查询结果中共多少条记录。

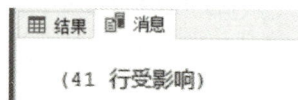

图 3-3　消息选项卡

如果查询语句有错误，在查询编辑器中会显示红色波浪线，而此时再执行查询时，会在"消息"选项卡显示错误信息以及错误所在的行，便于用户查询和修改错误，如图 3-4 所示。

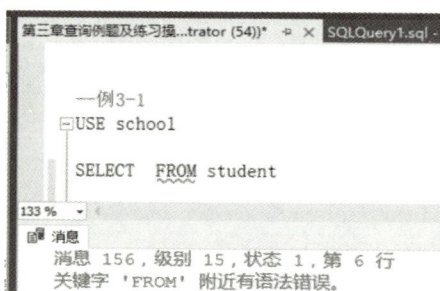

图 3-4　查询错误提示

注：有时为了对明确查询语句的作用，会添加说明性的文字即注释。如需在查询文件中添加单行注释，只需在注释内容前添加 2 条英文格式的"—"即可，如图 3-4 中的"例 3-1"，注释的内容将以绿色进行显示。如需对多行语句或文本进行注释，则可选用工具栏的"注释选中行"按钮；如要取消，则选中"取消对选中行的注释"按钮。

4. 查询文件的保存与打开

（1）查询文件的保存。

当用户第一次单击"新建查询"创建查询文件时，系统默认的文件名为

"SQLQuery1. sql",如图 3 –5 所示。

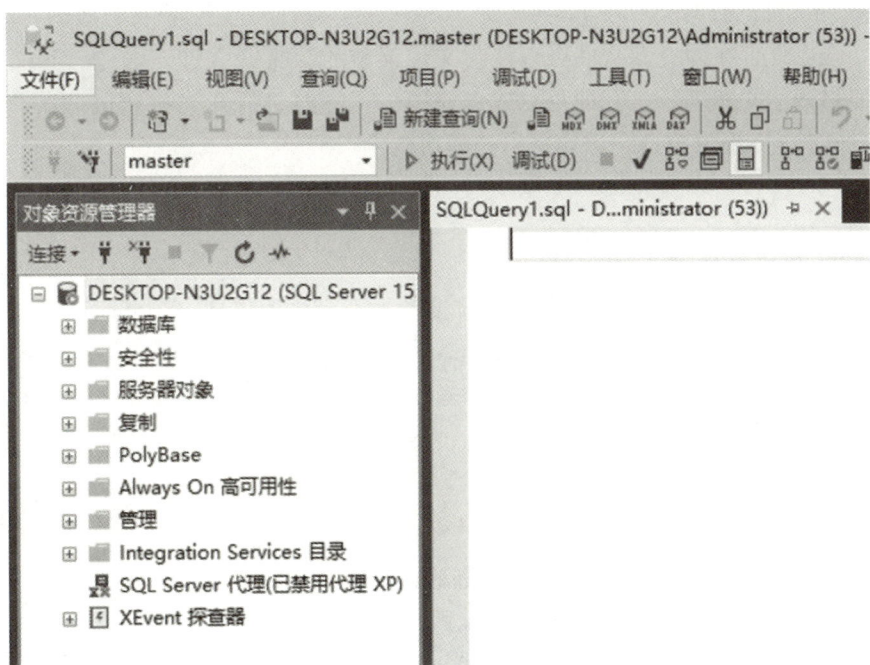

图 3 –5 新建查询窗口

当编辑完查询后,单击查询文件右上角的"×"按钮时,会弹出保存询问对话框,如图 3 –6 所示。

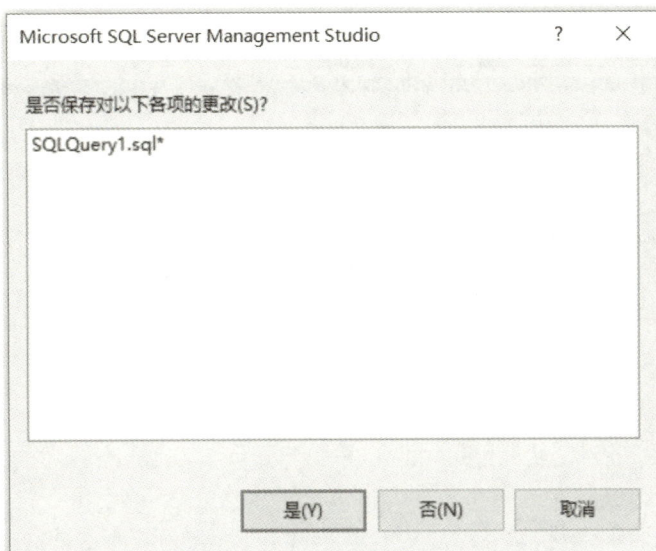

图 3 –6 保存询问对话框

如需要保存,则单击"是"按钮,在弹出的保存对话框中输入文件名并选择保存位置,单击"保存"按钮即可;如果不需要更改文件名,则使用系统默认文件名。一般情况下,为了做到见名知意,建议将文件命名为有意义的名字。单击工具栏中的"保存"按钮,或者选择文件菜单的"保存"命令，均会弹出"保存"对话框，实现对文件的保存。

（2）查询文件的打开。

打开一个已经存在的查询文件可以使用文件菜单的"打开文件"命令，到文件保存的位置选中要打开的文件进行打开即可；或者使用工具栏的"打开"按钮也可以；还可以直接拖动查询文件到 SSMS 窗口，以实现打开的功能。

【任务实施】

1. 查询表中所有列

【例 3 – 1】 查询 school 数据库中 student 表中所有学生的信息。

```
    USE school
SELECT *
FROM student
```

注：用"*"可以表示表中所有的列。

2. 查询表中指定的列

【例 3 – 2】 查询 school 数据库中 student 表中所有学生的学号、姓名、性别信息。

```
USE school
SELECT sno,sname,smale
FROM student
```

部分查询结果如图 3 – 7 所示。

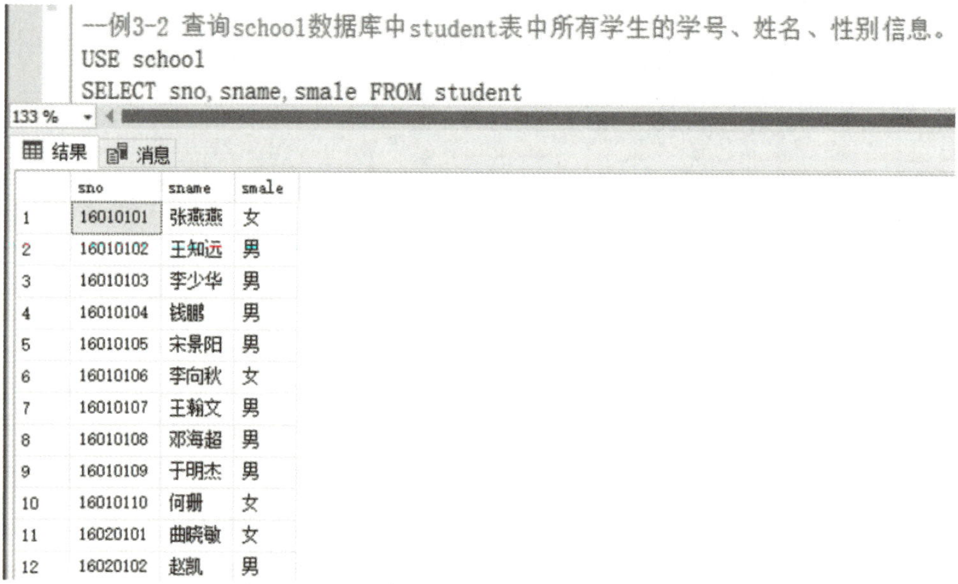

图 3 – 7 例 3 – 2 部分查询结果

注：使用 SELECT 语句选择一个表中的指定列时，各列名之间要以逗号分隔。

3. 使用 DISTINCT 关键字去掉重复行

查询结果有时会有重复记录出现，如图 3 – 8 所示。

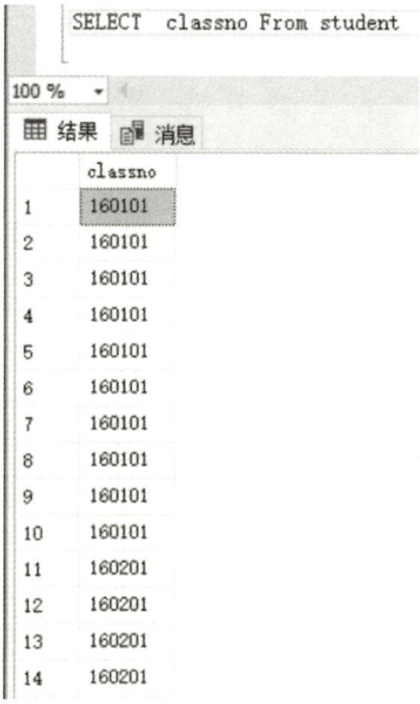

图 3 – 8　有重复记录的查询结果

在查询结果中去掉重复记录需使用 DISTINCT 关键字。

【例 3 – 3】　查询 school 数据库中 student 表中学生的班级有哪些, 要求去掉重复记录。

```
USE school
SELECT DISTINCT classno
From student
```

查询结果如图 3 – 9 所示。

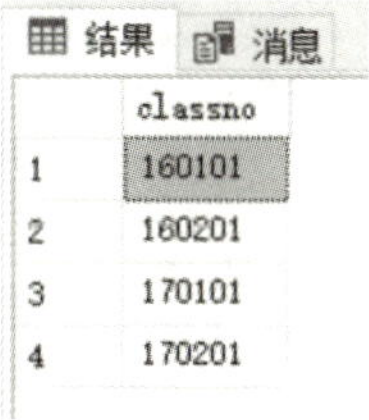

图 3 – 9　DISTINCT 关键字示例

4. 利用 TOP n 输出前 n 行

在实际工作中, 可能根据某种排序后, 只需要显示前多少条数据, 这时可以使用 TOP n 选项指定返回结果集的前 n 行, 或者加上 TOP n PERCENT 返回结果集的一部分, n 为结果集中返回的行的百分比。

语法格式:

```
SELECT[TOP(n)][PERCENT]select_list FROM table_name
```

【例 3 – 4】　查询 course 表的前 2 行记录。

```
USE school
SELECT TOP 2 *
FROM course
```

查询结果如图 3 – 10 所示。

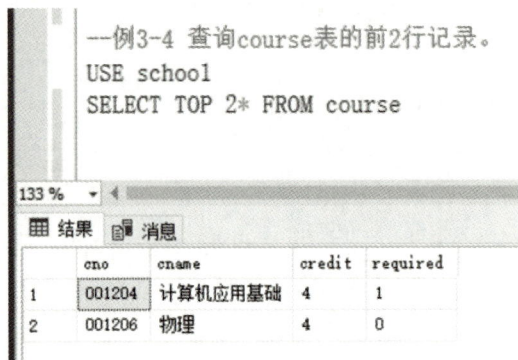

图 3 – 10   例 3 – 4 查询结果

【例 3 – 5】   查询 course 表的前 40% 行记录。

```
USE school
SELECT top 40 percent *
FROM course
```

查询结果如图 3 – 11 所示。

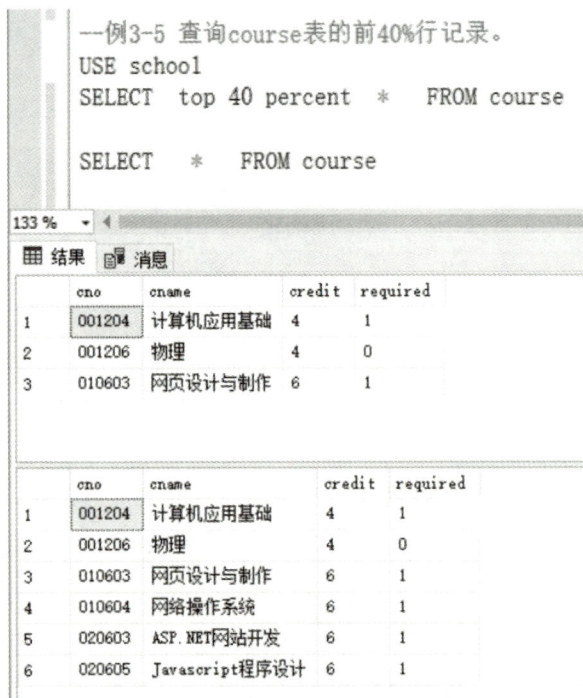

图 3 – 11   例 3 – 5 查询结果

由对照查询可以看出，course 表中共有 6 条记录，因此，前 40% 显示前三条记录。

5. 修改查询结果中的列标题

有时查询结果没有列标题或列标题不能准确表达查询结果，这时可以使用别名修改列标题，让执行结果更加容易理解和操作。

常用的方式有以下三种：

```
字段名　别名
字段名　AS 别名
别名 = 字段名
```

注：列标题别名只在定义的语句中有效，即只是显示标题。

【例3-6】　查询 course 表中所有课程的课程号、课程名信息，结果中各列的标题分别指定为课程编号和课程名称。

```
USE school
SELECT cno 课程编号,cname 课程名称 FROM course 或
SELECT cno as 课程编号,cname as 课程名称 FROM course 或
SELECT 课程编号 = cno,课程名称 = cname FROM course
```

以上三种方式的执行结果相同，如图 3-12 所示。

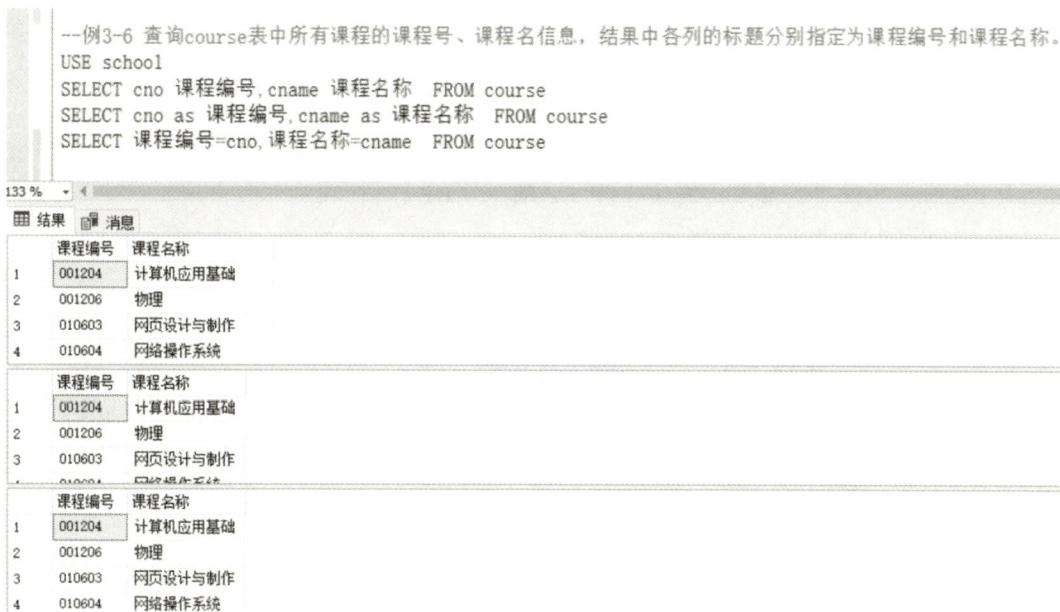

图 3-12　修改列标题的三种方式

6. 计算列值

在进行数据查询时，经常需要对查询到的数据进行再次计算处理，如常见的算术运算包括加（+）、减（-）、乘（*）、除（/）。计算列是通过对某些列的数据进行计算得来的结果，没有列名。如需要列名，可通过 as 为其指定别名。

语法格式：

```
SELECT column1 arithmetic operators column2
FROM table_name
```

注： 列名也可以与任何数值进行算术计算。

【例3－7】 期末成绩占总评的40%，请查询 result 表中的期末成绩，并输出其折算后的成绩。

```
USE school
SELECT sno,cno,score * 0.4 as 折算成绩
FROM result
```

任务二　选择查询

【任务描述】

根据 WHERE 子句指定条件从数据表中查询相应数据。

【任务目标】

理解 WHERE 子句的作用，掌握查询执行的步骤。

会使用算术运算符、关系运算符、逻辑运算符、字符串运算符正确书写查询条件。

【相关知识】

选择查询就是指定查询条件，只从表中提取或显示满足该查询条件的记录，是对行的查询。为了选择表中满足查询条件的某些行，要使用 WHERE 子句。

选择查询的基本语法：

```
SELECT  select_list
FROM  table_list
WHERE search_conditions
```

查询执行时，首先通过 WHERE 子句查询出符合指定条件的记录，然后选取出 SELECT 语句指定的列。查询语句的书写顺序是固定的，不能随意更改。WHERE 子句必须紧跟在 FROM 子句之后，书写顺序发生改变的话，会造成执行错误。

WHERE 子句的查询条件可以是关系表达式或关系表达式通过逻辑运算符（AND、OR、NOT）连接而成的逻辑表达式。查询条件表达式中的字符型和日期类型值要放到单引号内，数值类型的值可直接使用。常用的运算有关系运算、字符串运算、逻辑运算、指定范围或指定列值及未知值的运算。

【任务实施】

1. 利用关系运算符查询

关系运算符为：

＝（等于）

!=或<>(不等于)

>(大于)

>=(大于等于)

<(小于)

<=(小于等于) 等。

利用关系运算符可以让表中值与指定的值或表达式进行比较。字符串之间按排序规则规定的顺序比较大小。而日期时间类型数据的比较，日期时间越早，其值越小。

在使用大于等于（>=）或者小于等于（<=）作为查询条件时，一定要注意不等号（<、>）和等号（=）的位置不能颠倒，如果写成（=<）或者（=>），就会出错。

小于某个日期就是在该日期之前。想要实现在某个特定日期（包含该日期）之后的查询条件时，可以使用代表大于等于的>=运算符。

【例3-8】 查询result表中成绩大于等于90的学生的学号、课程号和成绩。

```
USE school
SELECT sno,cno,score
FROM result
WHERE score >=90
```

查询结果如图3-13所示。

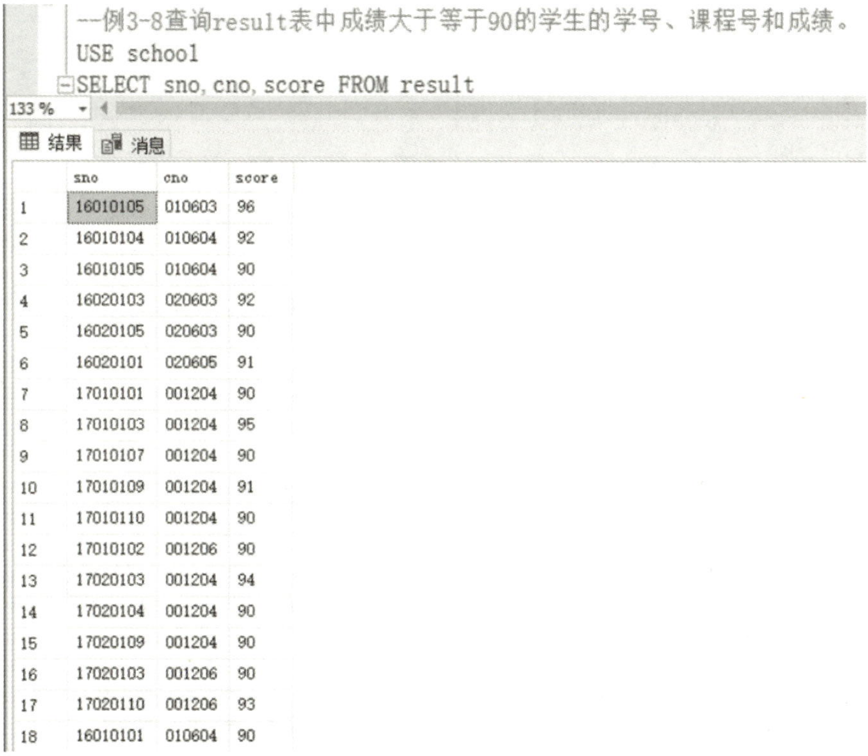

	sno	cno	score
1	16010105	010603	96
2	16010104	010604	92
3	16010105	010604	90
4	16020103	020603	92
5	16020105	020603	90
6	16020101	020605	91
7	17010101	001204	90
8	17010103	001204	95
9	17010107	001204	90
10	17010109	001204	91
11	17010110	001204	90
12	17010102	001206	90
13	17020103	001204	94
14	17020104	001204	90
15	17020109	001204	90
16	17020103	001206	90
17	17020110	001206	93
18	16010101	010604	90

图3-13　例3-8查询结果

【例3-9】 在class表中查询班号为160101的班级名称。

```
USE school
SELECT classname
FROM class
WHERE classno = '160101'
```

【例 3 – 10】 查询 course 表中必修课的课程名及学分信息。

```
USE school
SELECT cname,credit
FROM course
WHERE required = 1
```

【例 3 – 11】 查询 student 表中 2016 年 9 月 3 日之前入学的学生信息。

```
SE school
SELECT  *
FROM student
WHERE entry < '2016 – 9 – 3'
```

查询结果如图 3 – 14 所示。

```
——例3-11查询student表中2016年9月3日之前入学的学生信息。
USE school
SELECT *
FROM student
WHERE entry<'2016-9-3'
```

133 % ▼

⊞ 结果   消息

	sno	sname	sid	smale	member	birth	entry	homeadd	classno
1	16010101	张燕燕	320000200102192324	女	1	NULL	2016-09-01	同山县永通镇永丰村	160101
2	16010102	王知远	320000200009303711	男	0	NULL	2016-09-01	云泉县花园小区	160101
3	16010103	李少华	320000200105317233	男	1	NULL	2016-09-01	上城区金星镇广福村	160101
4	16010104	钱鹏	320000200011023875	男	1	NULL	2016-09-01	龙湖区富才村	160101
5	16010105	宋景阳	320000200106184451	男	0	NULL	2016-09-01	三合区新风小区	160101
6	16010106	李向秋	320000200105292849	女	1	NULL	2016-09-01	怀乡县红旗镇胜利村	160101
7	16010107	王翰文	320000200107152073	男	0	NULL	2016-09-01	安河县李家街5号	160101
8	16010108	邓海超	320000200103107531	男	1	NULL	2016-09-01	常南市玫瑰园小区	160101
9	16010109	于明杰	320000200012213013	男	0	NULL	2016-09-01	高新区世纪嘉园	160101
10	16010110	何珊	32000020010120416x	女	1	NULL	2016-09-01	云泉县新立镇双桥村	160101
11	16020101	曲晓敏	320000200105165284	女	1	NULL	2016-09-01	三合区向阳镇雅居花苑	160201
12	16020102	赵凯	320000200104283035	男	0	NULL	2016-09-01	安河县临江镇赵家村	160201
13	16020103	马振彬	320000200108161756	男	1	NULL	2016-09-01	新庄县丰宁镇梧桐墅小区	160201
14	16020104	刘新阳	320000200103142070	男	1	NULL	2016-09-01	常南市长原镇半岛花园	160201
15	16020105	江新颖	320000200101065569	女	1	NULL	2016-09-01	龙湖区春丰家园	160201
16	16020106	孟振平	320000200011217119	男	0	NULL	2016-09-01	常南市长原镇白路村	160201
17	16020107	杨昊宇	320000200105122531	男	1	NULL	2016-09-01	同山县盛世家园	160201
18	16020108	李晓凡	320000200107111845	女	0	NULL	2016-09-01	安河县红桥镇华东村	160201
19	16020109	潘旭东	32000020000831361x	男	1	NULL	2016-09-01	高新区太阳城	160201
20	16020110	季若云	32000020010801502x	女	1	NULL	2016-09-01	龙湖区明珠大厦	160201

图 3 – 14   例 3 – 11 查询结果

2. 利用逻辑运算符查询

逻辑运算符为：

```
Not  非(求反)
And  与
Or   或
```

选择条件中的逻辑表达式，可以将对某两个值的比较看作一个子条件，多个子条件之间可以用逻辑运算符 AND、OR、NOT 连接，最终构成更为复杂的选择条件。

逻辑运算符对比较运算符等返回的真值进行操作。AND 运算符要求两侧都是真值时返回真，除此之外都返回假。OR 运算符要求两侧只要有一个不为假就返回真，只有当其两侧都为假时才返回假。NOT 运算符只是单纯地将真转换为假，将假转换为真。真值表（truth table）见表 3-2。

表 3-2　真值表

AND				OR				NOT	
A	B	A AND B		A	B	A OR B		A	NOT A
真	真	真		真	真	真		真	假
真	假	假		真	假	真		假	真
假	真	假		假	真	真			
假	假	假		假	假	假			

【例 3-12】　查询 course 表，列出学分在 4 分及以下所有必修课程的课程编号、课程名称和学分数。

```
USE school
SELECT cno,cname,credit
FROM course
WHERE required =1 and credit <=4
```

查询结果应该是 required 的值为 1 并且 credit 小于等于 4 的记录，如图 3-15 所示。

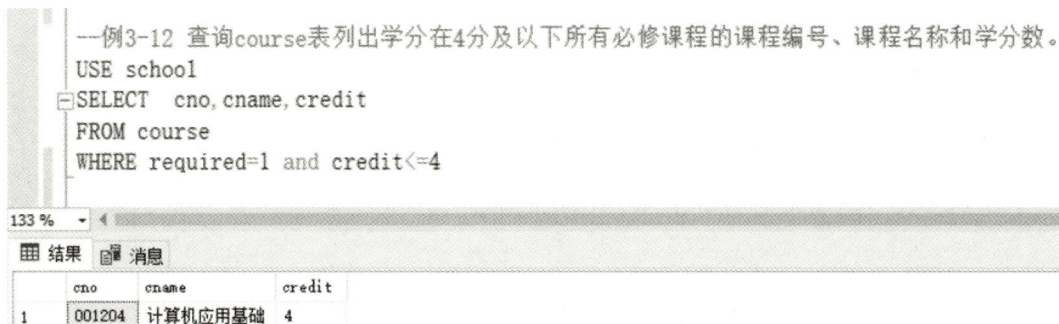

```
--例3-12 查询course表列出学分在4分及以下所有必修课程的课程编号、课程名称和学分数。
USE school
SELECT  cno,cname,credit
FROM course
WHERE required=1 and credit<=4
```

133 %

结果　消息

	cno	cname	credit
1	001204	计算机应用基础	4

图 3-15　例 3-12 查询结果

【例3−13】 查询 student 表中 2018 年 9 月 1 日和 2016 年 9 月 1 日入学的学生信息。

```
USE school
SELECT *
FROM student
WHERE entry = '2018 − 9 − 1' or entry = '2016 − 9 − 1'
```

本题在完成时，要认真分析题目要求，"2018 年 9 月 1 日和 2016 年 9 月 1 日"虽然看起来是"与"的条件，但是仔细分析就会发现，没有一个日期会既是 2018 年 9 月 1 日又是 2016 年 9 月 1 日，因此，如果要满足题目的查询要求，查询条件应该是 2 个，并且它们之间是或的关系。

【例3−14】 查询 student 表中不是团员的学生信息。

```
USE school
SELECT *
FROM student
WHERE not member = 1
```

3. 利用字符串运算符查询

使用 [NOT]LIKE 关键字（模糊查找），通过与指定模式匹配的字符串、日期或时间值进行比较来选择符合条件的行。使用 LIKE 进行搜索时，搜索条件也与通配符相结合，搜索条件中可包含 4 种通配符的任意组合，见表 3−3。

表 3−3　LIKE 运算符的通配符

通配符	含义	举例
%	包含零个或多个字符的任意字符串	LIKE 'A%' 返回以"A"开始的任意字符串。LIKE '%ab' 返回以"ab"结束的任意字符串。LIKE '%bc%' 返回包含"bc"的任意字符串
_	任何单个字符	LIKE 'a_b' 返回以"a"开头，以"b"结束的三个字符的字符串
[ ]	代表指定范围内的单个字符，[ ] 中可以是单个字符（如 [acef]），也可以是字符范围（如 [a−f]）	LIKE '[ABC]%' 返回以"A""B"或"C"开始的任意字符串
[^]	代表不在指定范围内的单个字符，[^] 中可以是单个字符（如 [^acef]），也可以是字符范围（如 [^a−f]）	LIKE 'A[^B]%' 返回以"A"开始且第二个字符不是"B"的任意长度的字符串

【例3−15】 在 student 表中查询姓王的同学的班级、姓名和性别。

```
USE school
SELECT classno,sname,smale
FROM student
WHERE sname LIKE '王%'
```

查询结果如图 3 – 16 所示。

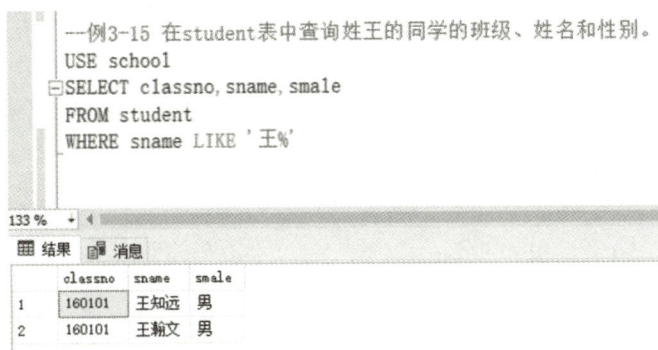

```
--例3-15 在student表中查询姓王的同学的班级、姓名和性别。
USE school
SELECT classno, sname, smale
FROM student
WHERE sname LIKE '王%'
```

```
133 % ▾ ◀
▦ 结果  ▦ 消息
   classno  sname  smale
1  160101   王知远   男
2  160101   王翰文   男
```

图 3 – 16　例 3 – 15 查询结果

【例 3 – 16】　在 student 表中查询学号最后一位是 1、2、3、4 的学生信息。

```
USE school
SELECT *
FROM student
WHERE sno LIKE '% [1 - 4]'
```

【例 3 – 17】　在 student 表中查询身份证号最后一位不是 X 的学生信息。

```
USE school
SELECT *
FROM student
WHERE sid LIKE '% [^x]'
```

4. 使用 BETWEEN 关键字查询

在 WHERE 子句中，可以使用 BETWEEN 搜索条件检索指定范围内的行。BETWEEN 表达式等价于 >= 和 <= 的逻辑表达式；NOT BETWEEN 表达式等价于 > 和 < 的逻辑表达式。如 "x BETWEEN 0 AND 60" 相当于表达式 "x >=0 AND x <=60"。x NOT BETWEEN 0 AND 100 相当于表达式 "x <0 OR x >100"。

【例 3 – 18】　在 result 表中查询成绩在 80 ~ 90 之间的成绩信息。

```
USE school
SELECT *
FROM result
WHERE score BETWEEN 80 AND 90
```

【例 3 – 19】　在 result 表中查询不在 60 ~ 80 分的成绩信息。

```
USE school
SELECT *
FROM result
WHERE score NOT BETWEEN 60 AND 80
```

5. 使用 IN 关键字查询

在 WHERE 子句中，同 BETWEEN 关键字一样，为了更方便地限制检索数据的范围，引入了 IN 关键字。使用 IN 搜索条件相当于用 OR 连接两个比较条件，如 "x IN（0，60）"相当于表达式 "x =0 OR x =60"。

使用 IN 关键字语法格式为：

```
表达式[NOT]IN(表达式1,表达式2[,··表达式n])
```

【例 3 – 20】 在 result 表中查询成绩为 70、80、90 分的成绩信息。

```
USE school
SELECT *
FROM result
WHERE score in(70,80,90)
```

等价于：

```
USE school
SELECT *
FROM result
WHERE score =70 or score =80 or score =90
```

两个查询的对比查询结果（部分）如图 3 – 17 所示。

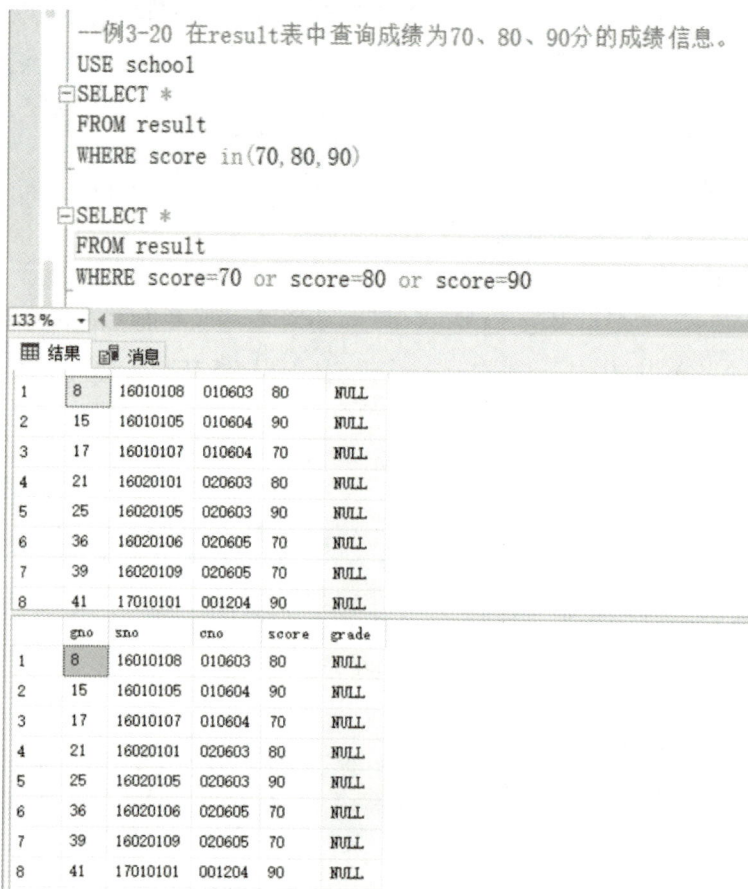

图 3 – 17   例 3 – 20 查询结果

6. 空值查询

在 WHERE 子句中不能使用比较运算符对空值进行判断，即不能表示为"=NULL"或"<>NULL"，只能使用空值表达式来判断某个表达式（列值）是否为空值："IS NULL"或"IS NOT NULL"。

语法格式：

```
COLUMN IS[NOT]NULL
```

【例 3 - 21】　在 student 表中查询学生出生日期是 NULL 的学生信息。

```
USE school
SELECT *
FROM student
WHERE birth IS NULL
```

任务三　排序查询结果

【任务描述】

使用 ORDER BY 子句将查询结果按字段进行升序或降序排列。

【任务目标】

理解 ORDER BY 子句的作用。

掌握如何使用 ASC、DESC 对查询结果进行正确排序。

理解按照多列排序的执行过程。

【相关知识】

在实际操作中，如需要对查询结果进行排序，则需使用 ORDER BY 子句。ORDER BY 子句允许按一个或多个（最多为 31 个）列对查询结果进行排序。每个排序都可以是升序（ASC）或降序（DESC）的。如果未指定任何排序方式，则缺省为 ASC。

在 ORDER BY 子句中可以同时指定多个排序项。排序可以依照某个属性的值，若属性值相等，则根据第二个属性的值，依此类推。

ORDER BY 子句包含的列并不一定出现在选择列表中。

ORDER BY 子句可以通过指定列名、函数值和表达式的值进行排序。

ORDER BY 子句不可以使用 text、ntext 或 image 类型的列。

【任务实施】

【例 3 - 22】　在 result 表中查询学生成绩信息，要求按学号升序、成绩降序排序。

```
USE school
SELECT *
FROM result
ORDER BY sno,score DESC
```

等价于：

```
USE school
SELECT *
FROM result
ORDER BY sno ASC,score DESC
```

对比查询结果如图 3－18 所示。

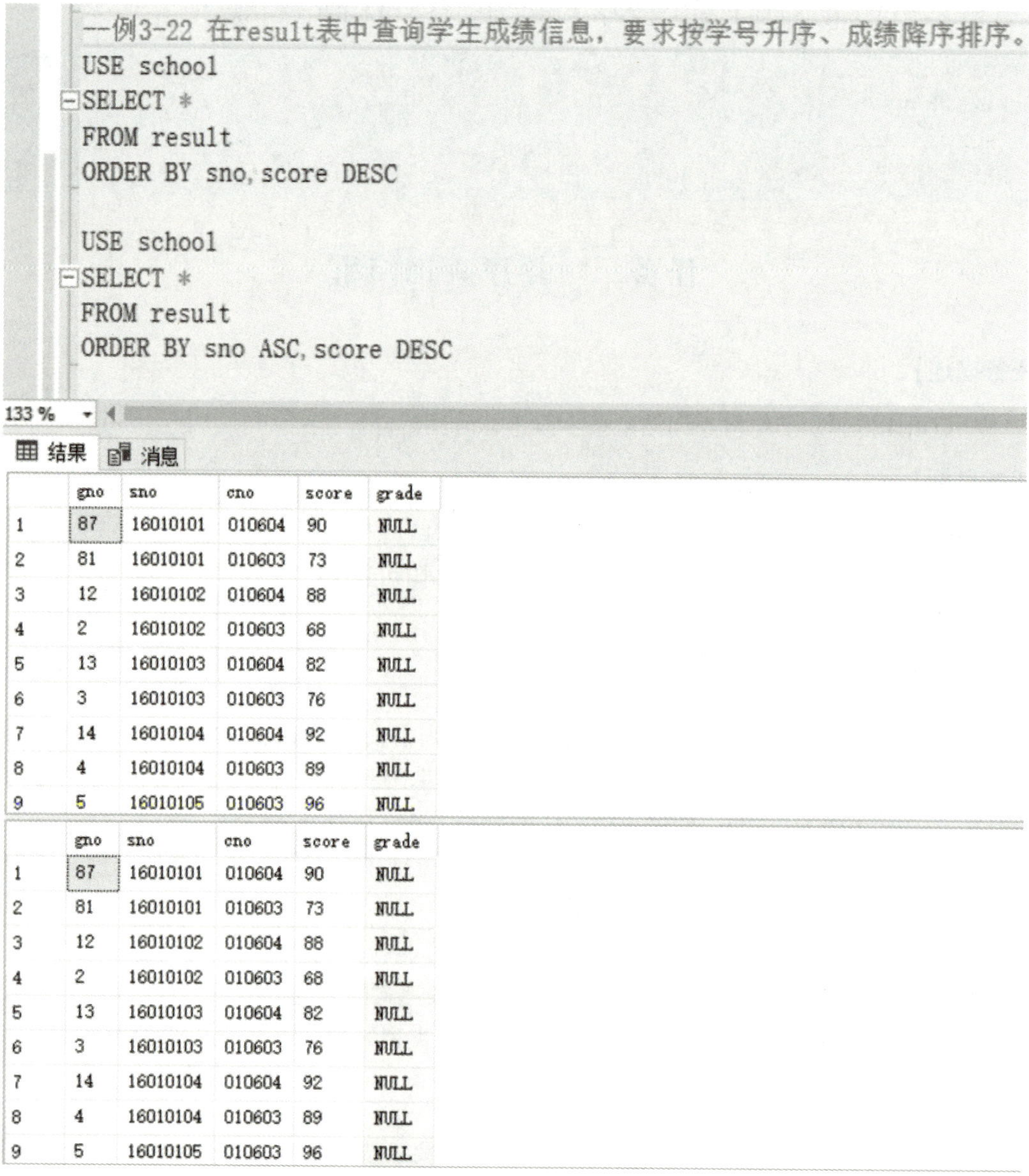

图 3－18　排序查询结果

【例 3－23】　查询 student 表中"女"学生的姓名和入学时间，并按姓名升序排列。

```
USE school
SELECT sname,entry
FROM student
WHERE smale = '女'
ORDER BY sname
```

【例 3 – 24】　使用 TOP 关键字查询 course 表中学分最高的前两门课。

```
USE school
SELECT TOP 2 cname,credit
FROM course
ORDER BY credit DESC
```

任务四　聚合、分组查询

【任务描述】

使用 GROUP BY 子句进行分组查询。使用常用聚合函数对分组数据进行统计。使用 HAVING 子句对分组查询结果进行进一步筛选。

【任务目标】

理解 GROUP BY 子句的作用。

会使用 GROUP BY 子句进行分组查询。

了解常见聚合函数的作用，会正确使用聚合函数进行数据统计。

理解 HAVING 子句的作用。

会使用 HAVING 子句对分组查询结果进行进一步筛选。

【相关知识】

1. GROUP BY 子句

如果需要按某一列数据的值进行分类，在分类的基础上再进行查询（例如，求每个班级的学生人数），前面的方法是无法实现的。这个时候需要使用 GROUP BY 子句对 WHERE 筛选出的结果进行分组，再进行统计查询。

GROUP BY 子句主要用于根据字段对查询结果进行分组。GROUP BY 子句可以将执行 WHERE 子句得到的查询结果按属性列或属性列组合在行的方向上进行分组，每组在属性列或属性列组合上具有相同的聚合值。出现在查询的 SELECT 列表中的每一列都必须同时出现在 GROUP BY 子句中。

2. 聚合函数

GROUP BY 子句通常与聚合函数一起使用，用于对分组后的数据进行统计。聚合函数是用于获取累计值的函数。用于实现数据集合的汇总或是求平均值等各种运算。聚合函数不能被用于 SELECT 语句的 WHERE 子句中。常见聚合函数见表 3 – 4。

表 3 – 4　常见聚合函数

函数名	功能
SUM(列名)	返回一个数字列的总和
AVG(列名)	对一个数字列计算平均值
MIN(列名)	返回一个数字、字符串或日期列的最小值
MAX(列名)	返回一个数字、字符串或日期列的最大值
COUNT(列名)	返回一个列中的数据项数
COUNT(*)	返回找到的行数

3. HAVING 子句

使用 GROUP BY 子句和聚合函数对数据进行分组后，可以使用 HAVING 子句对分组数据进行进一步的筛选。因此，HAVING 子句仅用于带有 GROUP BY 子句的查询语句中。格式如下：

```
[HAVING <查询条件 >]
```

其中，<查询条件 >与 WHERE 子句的查询条件类似，但 HAVING 子句中可以使用聚合函数，而 WHERE 子句中不行。WHERE 子句应用于每一行，而 HAVING 子句应用于分组的聚合值。

因此，当 WHERE、GROUP BY 和 HAVING 子句都被使用时，要注意它们的作用和执行顺序。WHERE 用于筛选 FROM 子句指定的数据记录，GROUP BY 用于对 WHERE 的结果进行分组，HAVING 则是对 GROUP BY 以后的分组数据进行过滤。

【任务实施】

【例 3 – 25】 统计 student 表中男生和女生的人数。

```
USE school
SELECT smale,count(smale)人数
FROM student
GROUP BY smale
```

查询结果如图 3 – 19 所示。

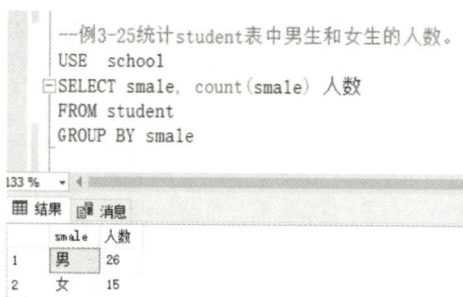

图 3 – 19　例 3 – 25 查询结果

【例 3 – 26】 统计 160101 班的学生人数。

```
USE school
SELECT classno,count( * )人数
FROM student
GROUP BY classno
HAVING classno = '160101'
```

【例 3 – 27】 求每门课的平均分。

```
USE school
SELECT cno,AVG(score)平均分
FROM result
GROUP BY cno
```

【例 3 – 28】 求课程编号为 020605 的课程的最高分和最低分。

```
USE school
SELECT cno,MAX(score)最高分,MIN(score)最低分
FROM result
GROUP BY cno
HAVING cno = '020605'
```

【例 3 – 29】 求学号为 17020101 学生各科成绩的总分和平均分。

```
USE school
SELECT sno,SUM(score)总分,AVG(score)平均分
FROM result
GROUP BY sno
HAVING sno = '17020101'
```

【例 3 – 30】 查询选课不少于 2 门且成绩都超过 80 分的学生的学号及其选课的门数。

```
USE school
SELECT sno,COUNT(cno)选修课程数
FROM result
WHERE score >80
GROUP BY sno
HAVING COUNT(cno) >=2
```

【例 3 – 31】 查询平均成绩在 80 分以上的学生的学号和成绩。

```
USE school
SELECT sno,AVG(score)平均分
FROM result
GROUP BY sno
HAVING AVG(score) >90
```

任务五 连接查询

【任务描述】

使用连接查询实现从多张表中查询数据。

【任务目标】

理解笛卡尔积的概念。

掌握连接查询的分类。

理解内连接、各种外连接查询的过程，明确返回的结果。

能正确书写查询语句完成连接查询。

【相关知识】

连接查询是对多个表进行查询，是由一个笛卡尔乘积运算再加一个选择运算构成的查询。笛卡尔积是关系代数里的一个概念，两个集合 X 和 Y 的笛卡尔积（Cartesian product），又称直积，表示为 X × Y，第一个对象是 X 的成员而第二个对象是 Y 的所有可能有序对的其中一个成员。假设集合 A = {a,b}，集合 B = {0,1,2}，则两个集合的笛卡尔积为 {(a,0),(a,1),(a,2),(b,0),(b,1),(b,2)}。笛卡尔积在 SQL 中的实现方式即是表示两个表中的每一行数据的任意组合，如图 3 - 20 所示。

关系R

A	B	C
a	b	c
d	b	a
c	a	b

关系R

D	E	F
d	e	f
d	b	c
f	e	a

R×S

A	B	C	D	E	F
a	b	c	d	e	f
a	b	c	d	b	c
a	b	c	f	e	a
d	b	a	d	e	f
d	b	a	d	b	c
d	b	a	f	e	a
c	a	b	d	e	f
c	a	b	d	b	c
c	a	b	f	e	a

图 3 - 20 笛卡尔积

连接查询分为内连接、外连接和交叉连接三种。

【任务实施】

一、内连接

内连接是最为常用的一种连接，是使用比较运算符比较要连接列中值的连接，其效果是只返回条件匹配的数据行。内连接根据连接条件不同，可以分为等值连接和不等值连接。内连接操作是查找两个表的交集，关系图如图 3 – 21 所示。

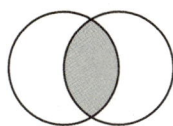

内连接（join）

图 3 – 21　内连接关系图

1. 等值连接

等值连接，是指表之间通过"等于"关系连接起来，也就是使用等于操作符（=），产生一个连接临时表，然后对该临时表进行处理后生成最终结果。

①在 WHERE 子句中给出等值连接条件。

在 WHERE 子句中给出连接条件，在 FROM 子句中指定要连接的表，其格式如下：

```
SELECT column_name1,column_name 2,…
FROM table_name1,table_name2,…
WHERE join_conditions
```

对于连接的多个表，通常存在公共列，为了区别是哪个表中的列，在连接条件中通过表名前缀指定连接列。例如，"student. sno"表示 student 表的 sno（学号）列，"result. sno"表示 result 表的 sno（学号）列，由此来区别连接列所在的表。连接 n 个表至少需要 n – 1 个连接条件，例如连接三个表，至少需要两个连接条件。

【例 3 – 32】　查询李少华同学所有课程的成绩。

```
USE school
SELECT student.sno,sname,cno,score
FROM student,result
WHERE student.sno = result.sno and student.sname = '李少华'
```

②INNER JOIN、JOIN。

语法格式如下：

```
SELECT column_name(s)
FROM table_name1
INNER JOIN table_name2
ON table_name1.column_name = table_name2.column_name
```

效果与①相同。

【例 3 – 33】　使用 INNER JOIN 实现例 3 – 32。

```
USE school
SELECT  student.sno,student.sname,result.cno,result.score
FROM  result INNER JOIN student
ON result.sno = student.sno
WHERE student.sname = '李少华'
```

两种方法实现的效果相同，如图 3 – 22 所示。

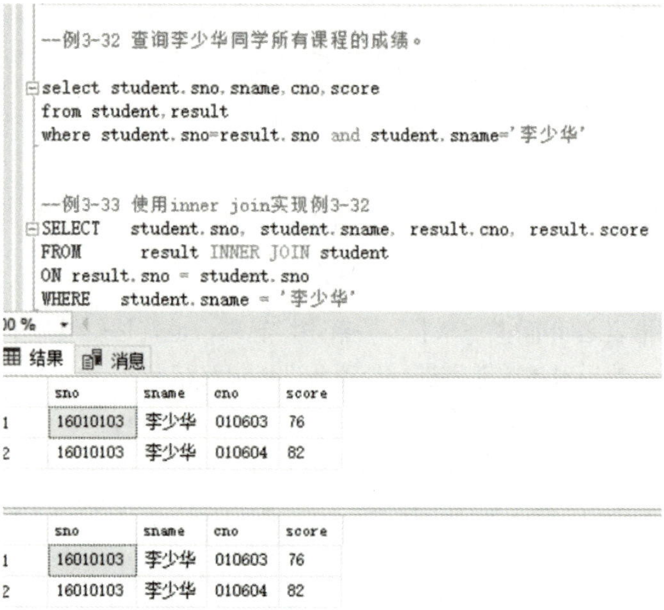

```
--例3-32 查询李少华同学所有课程的成绩。

select student.sno,sname,cno,score
from student,result
where student.sno=result.sno  and student.sname='李少华'


--例3-33 使用inner join实现例3-32
SELECT    student.sno, student.sname, result.cno, result.score
FROM       result INNER JOIN student
ON result.sno = student.sno
WHERE    student.sname = '李少华'
```

	sno	sname	cno	score
1	16010103	李少华	010603	76
2	16010103	李少华	010604	82

	sno	sname	cno	score
1	16010103	李少华	010603	76
2	16010103	李少华	010604	82

图 3 – 22　等值连接的实现比较

2. 不等值连接

where 或者 on 后面列比较不是用 = ，而是用 < > 、> 、< 、> = 、< = 、like、in、between on、not 等。

首先使用以下语句创建 grade 表，输入绩点数据，不及格绩点为 0，60 ~ 69 分绩点为 1，70 ~ 79 分绩点为 2，80 ~ 89 分绩点为 3，90 ~ 100 分绩点为 4。

```
USE school
CREATE TABLE grade(low int,upp int,rank int)
INSERT INTO grade VALUES(90,100,4)
INSERT INTO grade VALUES(80,89,3)
INSERT INTO grade VALUES(70,79,2)
INSERT INTO grade VALUES(60,69,1)
INSERT INTO grade VALUES(0,59,0)
```

【例 3 – 34】　查询学号为 17010102 的学生的所有成绩及绩点。

```
USE school
SELECT sno,cno,score,rank AS '绩点'
FROM result,grade
WHERE score BETWEEN low AND upp and sno = '17010102'
ORDER BY rank
```

二、外连接

外连接是对内连接的扩充，除了返回条件匹配的数据，那些不满足的数据也会返回。根据连接表的顺序，可分为左（外）连接、右（外）连接和全（外）连接。

1. 左（外）连接：LEFT JOIN/LEFT OUTER JOIN

以左表为基表连接右表，在右表中若没有匹配到基表中的数据，则返回 NULL，即从左表返回所有的行，如果右表中没有匹配，对应的列返回 NULL。左（外）连接的关系图如图 3 – 23 所示。

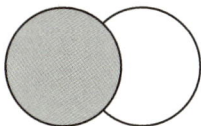

图 3 – 23　左（外）连接的关系图

语法格式如下：

```
SELECT column_name(s)
FROM table_name1
LEFT JOIN table_name2
ON table_name1.column_name = table_name2.column_name
```

【例 3 – 35】　查询所有学生的学号、姓名、课程号及成绩。

首先使用以下语句向 student 表中插入一条记录：

```
USE school
INSERT INTO student(sno,sname,sid,smale,classno)VALUES('20010102','李帅',
'320000200304194598','男','160101')
```

student 表中有李帅的记录，而 result 表中没有，在对两表进行左（外）连接时，会出现李帅的信息，但 result 表中的字段会以 NULL 的形式进行显示，如图 3 – 24 所示。

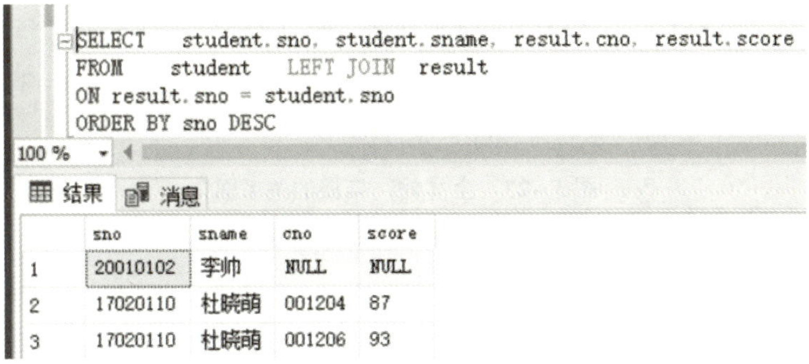

图 3 – 24　左（外）连接查询

2. 右（外）连接：RIGHT JOIN/RIGHT OUTER JOIN

右（外）连接是左（外）连接的反向连接，以右表为基表连接左表，在左表中若没有匹配到基表中的数据，则返回 NULL，即从右表返回所有的行，如果左表中没有匹配，对应的列返回 NULL。右（外）连接的关系图如图 3 – 25 所示。

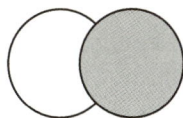

语法格式如下：

图 3 – 25　右（外）连接的关系图

```
SELECT column_name(s)
FROM table_name1
RIGHT JOIN table_name2
ON table_name1.column_name = table_name2.column_name
```

【例 3 - 36】 使用右（外）连接实现例 3 - 35，将 student 表作为右表。

student 表作为右表是基表，李帅的信息显示在结果中，因为是右（外）连接，左边 result 表中没有李帅的相应信息，只能显示 NULL，结果如图 3 - 26 所示。

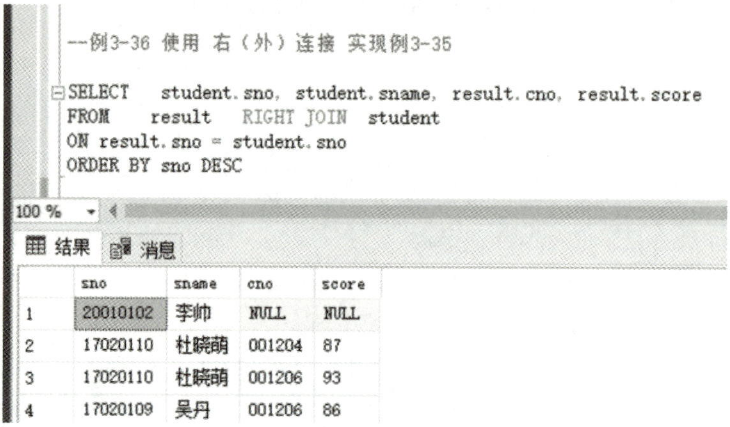

图 3 - 26　右（外）连接查询

3. 全（外）连接：FULL JOIN/FULL OUTER JOIN

等同于 LEFT JOIN 结果集 UNION RIGHT JOIN 结果集，即只要其中一个表中存在匹配，则返回行。全（外）连接的关系图如图 3 - 27 所示。

图 3 - 27　全（外）连接的关系图

```
SELECT column_name(s)
FROM table_name1
FULL JOIN table_name2
ON table_name1.column_name = table_name2.column_name
```

【例 3 - 37】 查询所有学生的个人信息及成绩信息。

```
USE school
SELECT  *
FROM  result  FULL JOIN student
ON result.sno = student.sno
```

与左（外）连接查询、右（外）连接查询、全（外）连接查询的对照如图 3 - 28 所示。

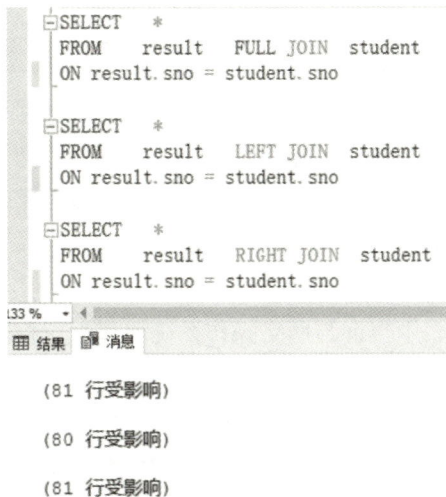

(81 行受影响)

(80 行受影响)

(81 行受影响)

图 3－28 三种外连接查询对照图

三、交叉连接：CROSS JOIN（可用 "," 代替）

等同于笛卡尔积，所以不常用。语法格式为：

```
select * from table1 CROSS JOIN table2;<=> select * from table1,table2;
```

任务六 子查询

【任务描述】

根据需要使用子查询即查询的嵌套完成对数据表的复杂查询。

【任务目标】

理解子查询的概念及其作用。

理解相关子查询及无关子查询的概念与区别。

掌握 SOME、ANY、ALL、IN、EXISTS 运算符的作用。

能正确使用子查询来查询数据，理解子查询的执行过程。

【相关知识】

当一个查询是另一个查询的条件时，被称为子查询。例如，对列值与某个查询结果集中的值进行比较。为了表示复杂的查询，T－SQL 允许 SELECT 多层嵌套使用，最多可以嵌套 32 层。子查询除了可以用在 SELECT 语句中，也可以用在 INSERT、UPDATE、DELETE 语句中。子查询的 SELECT 查询总使用圆括号括起来，不能包含 COMPUTE 子句。

【任务实施】

1. 无关子查询

无关子查询在外部查询之前执行，不包含对外部查询的任何引用。其执行过程是：首先执行内部查询，查询出来的结果并不被显示出来，而是传递给外层语句（也称主查询），并作为外层语句的查询条件来使用。然后执行外部查询，并显示整个结果。

（1）能确切知道子查询返回的是单值时，可以用 >、<、=、>=、<=、!= 或 <> 等比较运算符。

【例 3-38】 在 course 表中查询与网络操作系统课程学分相同的课程信息。

```
USE school
SELECT *
FROM course
WHERE credit = (SELECT credit
FROM course
WHERE cname = '网络操作系统')
```

在本例中，先通过子查询查询出网络操作系统这门课的学分，再将该学分作为主查询 WHERE 子句的查询条件进行查询。

（2）SOME、ANY、ALL 和 IN 子查询。

如果一个子查询返回的值不止一个，可以将 SOME、ANY、ALL 和 IN 引入子查询。各运算符的作用见表 3-5。

表 3-5　子查询运算符

运算符	说明
ALL	满足子查询中所有值的记录。 用法：<字段> <比较符> ALL(<子查询>)
ANY	满足子查询中任意一个值的记录。 用法：<字段> <比较符> ANY(<子查询>)
IN	字段内容是子查询中的内容。 用法：<字段> IN(<子查询>)
SOME	满足集合中的某一个值，功能与用法等同于 ANY。 用法：<字段> <比较符> SOME(<子查询>)

①使用 IN。

IN 适用于子查询返回结果是一个集合，该集合可以为空或者含有多个值。子查询返回结果之后，外部查询利用这些结果。

【例 3-39】 在 school 库中查询选修了 001204 号课程的学生学号、姓名和所在班级。

```
USE school
SELECT sno,sname,classno
FROM student
WHERE sno IN
(SELECT sno FROM result
WHERE cno = '001204')
```

②使用 ANY 或 ALL。

子查询返回结果是一个集合时，也会使用 ANY 或 ALL 运算符，ANY 或 ALL 通常会与关系运算符一起使用，例如，>ANY(子查询) 表示大于该集合中任意一个值时为真，而 >ALL(子查询) 表示大于该集合中所有值时为真。

【例 3 - 40】　查询课程号为 010603 的学生的课程号、学号和分数，只输出分数至少高于课程号为 001204 的学生分数之一的记录。

```
SELECT cno,sno,score
FROM result
WHERE cno = '010603' and score >ANY
(SELECT score FROM result
WHERE cno = '001204')
```

2. 相关子查询

在前边的例子中，子查询都仅执行一次，并将得到的值代入外部查询的 WHERE 子句中进行计算，无关子查询是独立于外部查询的子查询。而在有些查询中，子查询的执行依赖于外部查询，需要依靠外部查询获得值，这时子查询是重复执行的，为外部查询可能选择的每一行均执行一次，因此，这样的子查询被称为重复子查询，也叫相关子查询。

相关子查询的执行过程：

➢ 子查询为外部查询的每一行执行一次，外部查询将子查询引用的列的值传给子查询。

➢ 如果子查询的任何行与其匹配，外部查询就返回结果行。

➢ 再回到第一步，直到处理完外部表的每一行。

【例 3 - 41】　在 school 库中查询成绩比该课的平均成绩低的学生的学号、课程号、成绩。

```
USE school
SELECT sno,cno,score
FROM result a
WHERE score<(SELECT avg(score)FROM result b WHERE b.cno = a.cno)
```

【任务拓展】

SQL Server 查询的可视化操作

SQL Server 提供了可视化查询操作，避免了重复拼写一些无意义的 SQL 语句。

1. 单表查询

【例 3 - 42】　查询 class 表中所有班级的班号及班级名称信息。

首先需要单击工具栏中的"新建查询"按钮，打开查询编辑器。在查询编辑器空白位置单击右键，在快捷菜单中选择"在编辑器中设计查询"，打开"添加表"对话框，如图 3 – 29 所示。

图 3 – 29 "添加表"对话框

选择本例所需的数据表 class，单击"添加"按钮即可添加所需查询的数据表。添加完成后，单击"关闭"按钮。

在查询设计器窗口中，选择数据表中所需字段，对于本例来说，就是 classno 和 classname，所选字段就会出现在查询设计器中间部分，在此还可以对数据表进行细节的操作，如设置字段别名、排序、分组等。而在"查询设计器"窗口下部则会自动生成查询语句。单击"确定"按钮，查询语句就会显示在"查询设计器"窗口中，如图 3 – 30 所示。再按照任务一中介绍的步骤对其进行保存、执行即可。

2. 多表查询

多表查询的步骤与单表查询的步骤大致相同，只是在选择数据表时，需根据需要选择多张数据表，如图 3 – 31 所示。

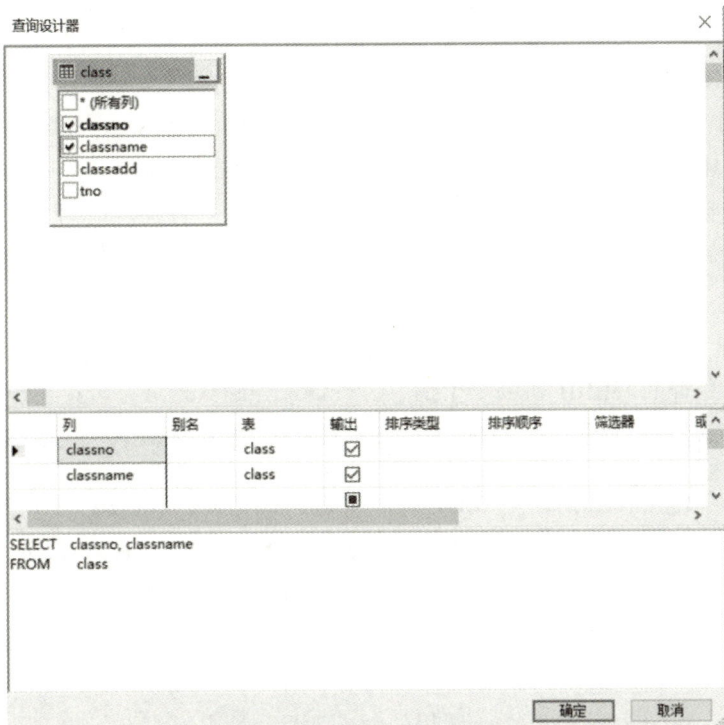

图 3 – 30　"查询设计器"窗口

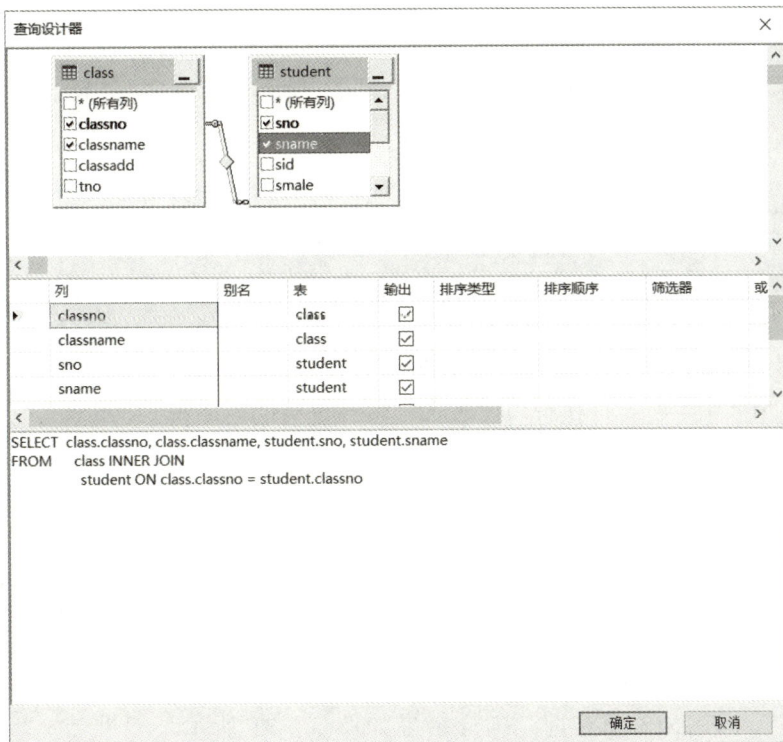

图 3 – 31　"查询设计器"窗口（多表查询）

【知识拓展】

（NOT）EXISTS 子查询

EXISTS（NOT EXISTS）子句的返回值是一个 BOOL 值。EXISTS 内部有一个子查询语句（SELECT…FROM…），子查询语句返回一个结果集。EXISTS 子句根据子查询语句的结果集空或者非空，返回一个布尔值。结果集非空，返回 TRUE；否则，返回 FALSE。即 EXISTS 用于检查子查询是否至少会返回一行数据，该子查询实际上并不返回任何数据，而是返回值 TRUE 或 FALSE。

使用 EXISTS（NOT EXISTS）子查询的，大多数情况是相关子查询，也可能是无关子查询。

【例 3 - 43】 查询 180101 班的学生信息，查询前先确认班级是否存在。

```
SELECT * FROM student WHERE EXISTS(SELECT * FROM class where classno = '180101')
```

该查询中，先使用 SELECT * FROM class where classno = '180101'子句查询班级 180101 是否存在，根据数据库信息，班级中没有 180101 班，因此，EXISTS 子句返回结果为 FALSE，WHERE 子句的条件为假，整个查询语句查询出的结果为空。

该查询在执行时与外层查询无关，EXISTS 子查询只执行一次，因而为无关子查询。

以下是 EXISTS（包括 NOT EXISTS）子句用于相关子查询的情况。

【例 3 - 44】 查询选修了 001204 课程的学生学号和姓名。

普通查询如下：

```
SELECT sno,sname
FROM student
WHERE sno IN(SELECT sno FROM result WHERE cno = '001204')
```

使用 EXISTS 子句如下：

```
SELECT sno,sname
FROM student
WHERE EXISTS(SELECT * FROM result WHERE cno = '001204' and result.sno = student.sno)
```

EXISTS 执行的流程为首先执行外层查询，再执行内层查询。先取出外层表中的第一行，再执行内层查询，将外层表的第一行代入，若内层查询为真，则返回外层表中的第一行，接着取出第二行，执行相同的算法。一直到扫描完外层整表。也可以理解为：将外查询表的每一行代入内查询作为检验，如果内查询返回的结果取非空值，则 EXISTS 子句返回 TRUE，这一行可作为外查询的结果行，否则不能作为结果。NOT EXISTS 的执行刚好相反。

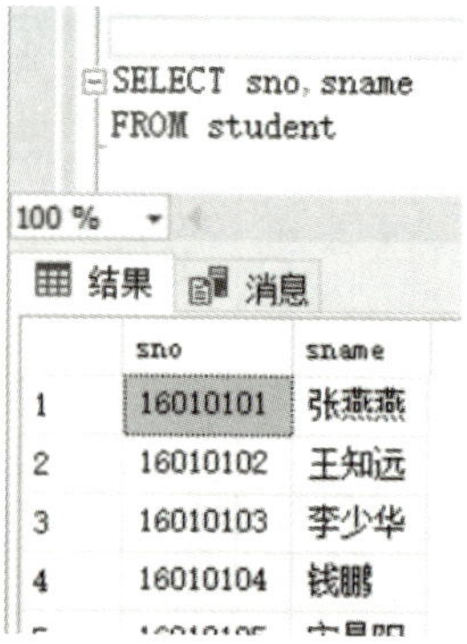

在该查询中，先取得 student 的第一行，如图 3 - 32 所示。将学号 160101 代入 EXISTS 子查询，执行结果如图 3 - 33 所示。EXISTS 返回 FALSE，因而第一条记录不返回，不会出现在结果集

图 3 - 32　外部查询结果图

中，查询结果如图 3 – 34 所示。

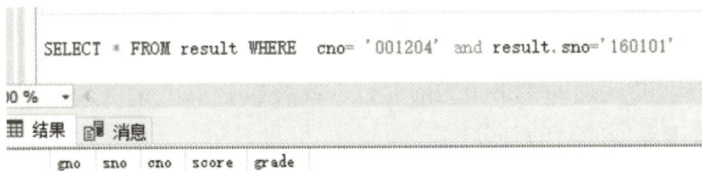

```
SELECT * FROM result WHERE  cno= '001204' and result.sno='160101'
```

图 3 – 33　中间查询结果图

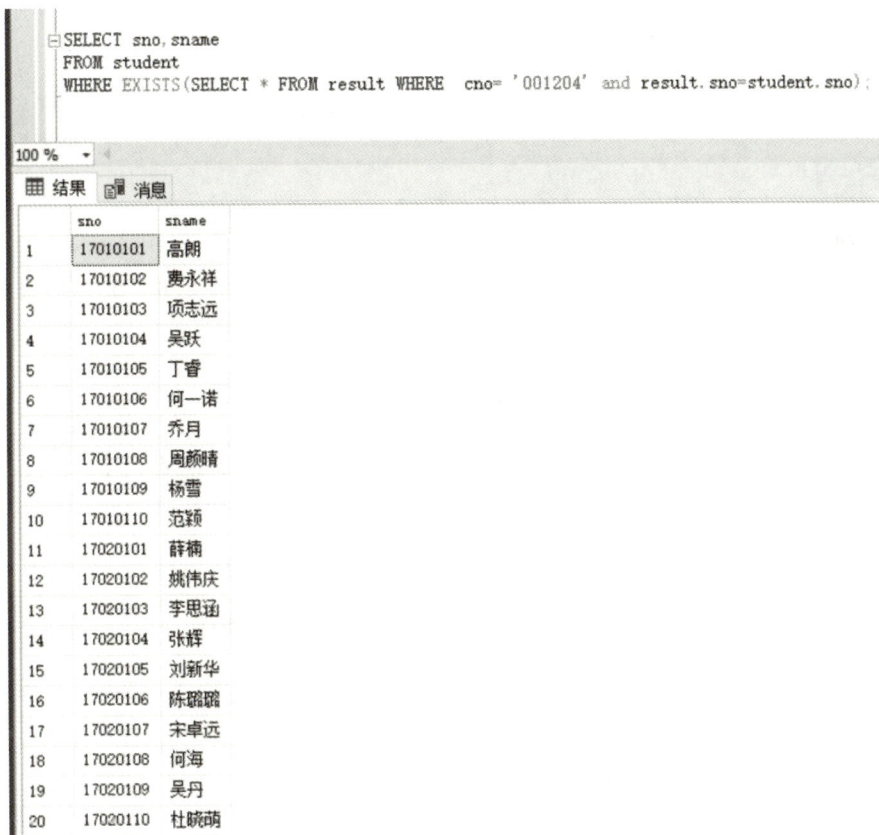

```
SELECT sno,sname
FROM student
WHERE EXISTS(SELECT * FROM result WHERE  cno= '001204' and result.sno=student.sno);
```

	sno	sname
1	17010101	高朗
2	17010102	费永祥
3	17010103	项志远
4	17010104	吴跃
5	17010105	丁睿
6	17010106	何一诺
7	17010107	乔月
8	17010108	周颜晴
9	17010109	杨雪
10	17010110	范颖
11	17020101	薛楠
12	17020102	姚伟庆
13	17020103	李思涵
14	17020104	张辉
15	17020105	刘新华
16	17020106	陈璐璐
17	17020107	宋卓远
18	17020108	何海
19	17020109	吴丹
20	17020110	杜晓萌

图 3 – 34　最终查询结果图

【项目总结】

本项目为使用查询根据客户需求到数据表中查找相应数据，并返回结果。本项目共分为六个任务，每个任务中所涉及的知识点如下。

一、投影查询

（1）SELECT 语句。SELECT 语句从服务器的数据库的一个或多个表中检索符合用户要求的数据，并以结果集（另外一个二维表）的形式返回客户端。

（2）投影查询。投影查询是对指定列的查询，通过 SELECT 语句的 < select_list > 项组成结果表的列。

（3）用"*"可以表示表中所有的列，要在查询结果中去掉重复记录，需使用 DISTINCT 关键字。

（4）利用 TOP n 输出前 n 行。

使用 TOP n 选项指定返回结果集的前 n 行，或者加上 TOP n PERCENT 返回结果集的一部分，n 为结果集中返回的行的百分比。

（5）修改查询结果中的列标题。

常用的方式有以下三种：

```
字段名  别名
字段名  AS 别名
别名 = 字段名
```

二、选择查询

1. 选择查询的概念

选择查询就是指定查询条件，只从表提取或显示满足该查询条件的记录，是对行的查询。为了选择表中满足查询条件的某些行，要使用 WHERE 子句。

2. 选择查询的执行顺序

查询执行时，首先通过 WHERE 子句查询出符合指定条件的记录，然后再选取出 SELECT 语句指定的列。查询语句的书写顺序是固定的，不能随意更改。WHERE 子句必须紧跟在 FROM 子句之后，书写顺序发生改变的话，会造成执行错误。

3. 利用关系运算符查询

关系运算符为 =（等于）、! = 或 <>（不等于）、>（大于）、> =（大于等于）、<（小于）、<=（小于等于）等。

利用关系运算符可以让表中的值与指定的值或表达式进行比较。字符串之间按排序规则规定的顺序比较大小。而日期时间类型数据的比较，日期时间越早，其值越小。

4. 利用逻辑运算符查询

逻辑运算符为 NOT（非（求反））、AND（与）、OR（或）。

逻辑运算符对比较运算符等返回的真值进行操作。AND 运算符要求两侧都是真值时返回真，除此之外都返回假。OR 运算符要求两侧只要有一个不为假就返回真，只有当其两侧都为假时，才返回假。NOT 运算符只是单纯地将真转换为假，将假转换为真。真值表（truth table）见表 3 - 2。

5. 利用字符串运算符查询

使用 LIKE 进行搜索时，搜索条件也与通配符相结合，% 表示包含零个或多个字符的任意字符串，_表示任何单个字符，[ ] 代表指定范围内的单个字符，[^] 代表不在指定范围内的单个字符。

6. 使用 BETWEEN 关键字查询

在 WHERE 子句中，可以使用 BETWEEN 搜索条件检索指定范围内的行。BETWEEN 表达式等价于 >= 和 <= 的逻辑表达式；NOT BETWEEN 表达式等价于 > 和 < 的逻辑表达式。

7. 使用 IN 关键字查询

为了更方便地限制检索数据的范围，引入了 IN 关键字。使用 IN 搜索条件相当于用 OR 连接两个比较条件，如 "x IN(0,60)" 相当于表达式 "x =0 OR x =60"。

8. 空值查询

使用空值表达式来判断某个表达式（列值）是否为空值："IS NULL" 或 "IS NOT NULL"。

三、排序查询结果

对查询结果进行排序，则需使用 ORDOR BY 子句。ORDER BY 子句允许按一个或多个（最多为 31 个）列对查询结果排序。每个排序都可是升序（ASC）或降序（DESC）的。如果未指定任何排序方式，则缺省为 ASC。

四、聚合、分组查询

1. GROUP BY 子句

GROUP BY 子句主要用于根据字段对行分组。GROUP BY 子句可以将执行 WHERE 子句得到的查询结果按属性列或属性列组合在行的方向上进行分组，每组在属性列或属性列组合上具有相同的聚合值。出现在查询的 SELECT 列表中的每一列都必须同时出现在 GROUP BY 子句中。

2. 聚合函数

聚合函数是用于获取累计值的函数。用于实现数据集合的汇总或是求平均值等各种运算。

SUM（列名）用于求和，AVG（列名）用于求平均值，MIN（列名）用于求最小值，MAX（列名）用于求最大值，COUNT（列名）用于计数。

3. HAVING 子句

使用 GROUP BY 子句和聚合函数对数据进行分组后，可以使用 HAVING 子句对分组数据进行进一步的筛选。

五、连接查询

1. 笛卡尔积

笛卡尔积是关系代数里的一个概念，两个集合 X 和 Y 的笛卡尔积（Cartesian product），又称直积，表示为 X×Y，第一个对象是 X 的成员而第二个对象是 Y 的所有可能有序对的其中一个成员。假设集合 A = {a,b}，集合 B = {0,1,2}，则两个集合的笛卡尔积为 {(a,0), (a,1),(a,2),(b,0),(b,1),(b,2)}。笛卡尔积在 SQL 中的实现方式即是表示两个表中的每一行数据任意组合。

2. 内连接

内连接是最为常用的一种连接，是使用比较运算符比较要连接列中值的连接，其效果是只返回条件匹配的数据行。内连接根据连接条件不同，可以分为等值连接和不等值连接。

（1）等值连接。

等值连接，是指表之间通过"等于"关系连接起来，也就是使用等于操作符（=），产生一个连接临时表，然后对该临时表进行处理后生成最终结果。可以在 WHERE 子句中给出等值连接条件，也可以使用 INNER JOIN、JOIN。对于连接的多个表，通常存在公共列，为了区别是哪个表中的列，在连接条件中通过表名前缀指定连接列。

（2）不等值连接。

where 或者 on 后面列比较不是用 =，而是用 < >、>、<、> =、< =、like、in、between on、not 等。

3. 外连接

（1）左（外）连接：LEFT JOIN／LEFT OUTER JOIN。

以左表为基表连接右表，在右表中若没有匹配到基表中的数据，则返回 NULL，即从左表返回所有的行，如果右表中没有匹配，对应的列返回 NULL。

（2）右（外）连接：RIGHT JOIN／RIGHT OUTER JOIN。

右（外）连接是左（外）连接的反向连接，以右表为基表连接左表，在左表中若没有右匹配到基表中的数据，则返回 NULL，即从右表返回所有的行，如果左表中没有匹配，对应的列返回 NULL。

（3）全（外）连接：FULL JOIN／FULL OUTER JOIN。

左表和右表都不做限制，返回左表和右表中的所有行。当某行在另一表中没有匹配行时，则另一表中的列返回空值。

4. 交叉连接：CROSS JOIN（可用"，"代替）

等同于笛卡尔积，所以不常用。

六、子查询

1. 无关子查询

无关子查询在外部查询之前执行，不包含对外部查询的任何引用。

（1）能确切知道子查询返回的是单值时，可以用 >、<、=、> =、< =、! = 或 < > 等比较运算符。

（2）SOME、ANY、ALL 和 IN 子查询。

如果一个子查询返回的值不止一个，可以将 SOME、ANY、ALL 和 IN 引入子查询。ALL 返回满足子查询中所有值的记录，ANY 返回满足子查询中任意一个值的记录，IN 返回字段内容在子查询中的结果中的记录，SOME 的功能与用法等同于 ANY。

2. 相关子查询

相关子查询的执行依赖于外部查询，需要依靠外部查询获得值，是重复执行的，为外部查询可能选择的每一行均执行一次。

相关子查询的执行过程：

➢ 子查询为外部查询的每一行执行一次，外部查询将子查询引用的列的值传给子查询。

➢ 如果子查询的任何行与其匹配，外部查询就返回结果行。

➢ 再回到第一步，直到处理完外部表的每一行。

3. （NOT）EXISTS 子查询

EXISTS（NOT EXISTS）子句的返回值是一个布尔值。EXISTS 内部有一个子查询语句（SELECT…FROM…），子查询语句返回一个结果集。EXISTS 子句根据子查询语句的结果集空或者非空，返回一个布尔值。结果集非空，返回 TRUE；否则，返回 FALSE。即 EXISTS 用于检查子查询是否至少会返回一行数据，该子查询实际上并不返回任何数据，而是返回值 TRUE 或 FALSE。使用 EXISTS(NOT EXISTS)子查询的，大多数情况是相关子查询，也可能是无关子查询。

【思考练习】

一、选择题

1. 现有订单表 orders 包含用户信息 userid、产品信息 productid，以下（　　）语句能够返回至少被订购过两回的产品的产品信息 productid。

A. select productid from orders where count（productid）>1

B. select productid from orders where max（productid）>1

C. select productid from orders where having count（productid）>1 group by productid

D. select productid from orders group by productid having count（productid）>1

2. 在数据库表 employee 中查找字段 empid 中以两个数字开头、第三个字符是下划线"_"的所有记录。以下正确的语句是（　　）。

A. SELECT ＊ FROM employee WHERE empid LIKE '[0 - 9][0 - 9]_%'

B. SELECT ＊ FROM employee WHERE empid LIKE '[0 - 9][0 - 9]_[%]'

C. SELECT ＊ FROM employee WHERE empid LIKE '[0 - 9]9[_]%'

D. SELECT ＊ FROM employee WHERE empid LIKE '[0 - 9][0 - 9][_]%'

3. 下面（　　）函数返回的是满足给定条件的平均值。

A. Max(col_name)　　　　　　　　　　B. Avg(col_name)

C. Sum(col_name)　　　　　　　　　　D. COUNT(col_name)

4. 检索序列号 Prono 列为空的所有记录（　　）。

A. select ＊ from Tab_ProInfor where Prono = " "

B. select ＊ from Tab_ProInfor where Prono = 0

C. select ＊ from Tab_ProInfor where Prono is null

D. select ＊ from Tab_ProInfor where Prono = "0"

5. 以下（　　）是系统数据库。

A. SQL Server　　　　B. tempdb　　　　C. systemdb　　　　D. model11

6. 现有书目表 book 包含字段 price(float)，现在查询一条书价最高的书目的详细信息，以下语句正确的是（　　）。

A. select top 1 ＊ from book order by price asc

B. select top 1 ＊ from book order by price desc

C. select top 1 * from book where price = (select min(price)from book)

D. select top 1 * from book where price = max(price)

7. 在以下聚合函数中，除（   ）外，在计算中均忽略空值。

A. SUM( )　　　　　　B. MIN( )　　　　　　C. AVG( )　　　　　　D. COUNT(*)

8. 在 SQL Server 查询中，以下除（   ）外的三种方式引入子查询列表具有相同的效果。

A. IN　　　　　　　　B. = ANY　　　　　　C. = ALL　　　　　　D. = SOME

9. 要查询 book 表中所有书名中以"计算机"开头的书籍的价格，可用（   ）语句。

A. SELECT price FROM book WHERE book_ name = '计算机 * '

B. SELECT price FROM book WHERE book_ name LIKE '计算机 * '

C. SELECT price FROM book WHERE book_ name = '计算机% '

D. SELECT price FROM book WHERE book_ name LIKE '计算机% '

10. SQL Server 2019 是一个（   ）的数据库系统。

A. 网状型　　　　　　B. 层次型　　　　　　C. 关系型　　　　　　D. 以上都不是

二、数据库操作

练习 3 - 1　查询 school 数据库中 class 表中所有班级信息。

练习 3 - 2　查询 school 数据库中 teacher 表中所有教师的教师编号、姓名、性别信息。

练习 3 - 3　查询 school 数据库中 result 表中有哪些学生的成绩信息（学号），要求去掉重复记录。

练习 3 - 4　查询 result 表的前 2 行记录。

练习 3 - 5　查询 teacher 表的前 40% 行记录。

练习 3 - 6　查询 teachinfo 表中所有教师的教师编号、所教课程及班级的编号，结果中各列的标题分别指定为教师编号、课程编号、班级编号。

练习 3 - 7　课程设置调整，所有课程学分均需增加 1 个学分，请输出调整后的课程名称及学分。

练习 3 - 8　查询 result 表中不及格的学生的学号、课程号和成绩。

练习 3 - 9　在 course 表中查询学分是 6 的课程编号及名称。

练习 3 - 10　查询 teacher 表中所有女教师的信息。

练习 3 - 11　查询 student 表中 2017 年 9 月 1 日及之后入学的学生信息。

练习 3 - 12　查询 student 表中 160101 班所有男生的学号、姓名、班级及家庭住址信息。

练习 3 - 13　查询 teacherinfo 表中 170101 班和 170201 班的任课老师的信息，要求去掉重复记录。

练习 3 - 14　查询 course 表中不是必修课的课程信息。

练习 3 - 15　在 student 表中查询姓吴，名字只有 2 个字的同学的班级、姓名和性别。

练习 3 - 16　在 student 表中查询每班学号最后两位是 01 和 10 的学生信息。

练习 3 - 17　在 student 表中不居住在同山县的学生信息。

练习 3 - 18　在 result 表中查询不及格的成绩信息。

练习 3 – 19　在 result 表中查询 90 分以下的成绩信息。

练习 3 – 20　在 result 表中查询成绩为 50、70、75 分的成绩信息。

练习 3 – 21　在 result 表中查询学生 grade 是 NULL 的学生信息。

练习 3 – 22　在 course 表中查询课程名称及学分信息，要求按学分降序排序。

练习 3 – 23　查询 student 表中男生的学号、姓名和入学时间，并按入学日期降序排列。

练习 3 – 24　使用 TOP 关键字查询 result 表中课程编号为 010603 的课程的前五名成绩。

练习 3 – 25　统计 teacher 表中男教师和女教师的人数。

练习 3 – 26　统计 result 表中学号为 16010110 的不及格门数。

练习 3 – 27　求课程编号为 010604 的课程的平均分。

练习 3 – 28　求课程编号为 020603 的课程的最高分和最低分。

练习 3 – 29　求课程编号为 020605 的课程的总分和平均分。

练习 3 – 30　在 teacherinfo 表中查询教授不少于 2 门课的教师信息。

练习 3 – 31　查询教授 170201 班的教师编号及姓名、性别。

练习 3 – 32　查询赵华老师所教授课程的名称及班级。

练习 3 – 33　使用 INNER JOIN 实现练习 3 – 32。

练习 3 – 34　在 result 表中查询课程编号为 010603 的课程中成绩低于该课程平均分的学生成绩信息。

练习 3 – 35　在 teacherinfo 表中查询与教师编号为 200003 的老师教授相同班级的教师信息。

项目四

索引和视图

学生成绩管理数据库创建后，可以对数据实现多方面、多形式的查询。但是在执行条件查询时，系统是逐行查找，直到查询到满足条件的记录，那么有没有什么方法可以提高查询的效率呢？

使用字典查询汉字时，首先是在拼音音节索引或部首检字表中检索到要查询汉字所在页码，然后直接定位到相应页码即可查询所需内容，大大提高了查询效率。在数据库中也可以通过索引来提高查询效率。

另外，对学生成绩管理数据库中的数据，能否便捷地使用其中的一些常用数据呢？能否将各个部门所关注的数据进行提取？可以通过视图来实现这些需求。

【项目描述】

在 school 数据库中，为表创建索引，提高数据查询效率；使用视图为不同用户提供各自感兴趣的数据信息。

【相关知识点】

索引基本知识、创建及管理；视图基本知识、创建、使用及维护。

【项目分析】

该项目的完成划分为以下几个任务：

任务一　设计索引

任务二　创建索引

任务三　使用索引

任务四　管理与维护索引

任务五　创建视图

任务六　使用视图

任务七　管理视图

任务一　设计索引

【任务描述】

当数据量较大时，为 student 表设计索引，以提高数据查询效率。

【任务目标】

理解索引的概念及其优缺点。

掌握设计索引的原则及索引的常见类型。

能根据表数据及查询需求设计索引。

实现 student 表索引设计。

【相关知识】

一、索引概念

想要在一本书中查找一个短语"primary key"，如果没有相应索引，则要按照书页的顺序依次来查找。利用短语索引就可以快速查询到短语所在位置。

书籍中的目录或索引包含关键字和其所在的页码。数据库中的索引与书籍中的目录和索引相似。数据库中的索引是一种依赖于表建立的、存储在数据库中的独立文件，对表中一列或多列的值进行排序的一种结构，记录了排序列在表中的物理存储位置，可实现表中数据的逻辑排序。

二、索引优缺点

在设计数据库时，通过创建唯一的索引，能够在索引和信息之间形成一对一的映射式的对应关系，增加数据的唯一性特点；索引能够提高数据查询速度，符合数据库建立的初衷；索引能够加快表与表之间的连接速度，这对于提高数据的参考完整性方面具有重要作用；在信息检索过程中，若使用分组及排序子句进行时，通过建立索引能有效减少检索过程中所需的分组及排序时间，提高检索效率。

虽然用户可通过索引的建立来提高查询效率，但是不能为表创建过多索引。因为增加索引也有不利的方面。在数据库建立过程中，需花费较多的时间去建立并维护索引，特别是随着数据总量的增加，所花费的时间将不断递增；在数据库中创建的索引需要占用一定的物理存储空间，这其中就包括表所占的数据空间以及所创建的每一个索引所占用的物理空间，如果有必要建立起聚簇索引，所占用的空间还将进一步增加；在对表中的数据进行修改时，例如对其进行增加、删除或者是修改操作时，索引还需要进行动态的维护，降低了数据库维护效率。

三、设计索引

使用多个索引可以提高更新少而数据量大的查询的性能，对数据量少的表进行索引可能不会产生优化效果，因为查询优化器在遍历用于搜索数据的索引时，花费的时间可能比执行简单的表扫描还长，并且当表中数据更新时，索引还需维护。例如：当一个表的数据总量非常小，以至可以放入一个单独的页面（8 KB）时，逐行查找可能比索引查找工作得更好，则不需要创建索引。

在设计索引时，要综合考虑系统的整体性能，考虑是否在某列上创建索引时，应考虑下列设计索引的建议：

（1）检查 where 子句和连接条件列。在 where 子句或连接条件中频繁使用的列上建索引，以避免逐行查找。

（2）使用窄索引。为了得到最好的性能，尽量在索引中使用较少的列，还应当避免宽数据类型的列。窄索引可以在 8 KB 的索引页面中容纳比宽索引更多的行，减少 I/O 数量（读取更少的 8 KB 页面）；减少内存中索引页面所需的逻辑读操作；减少数据库存储空间。

（3）检查列的唯一性。不在小范围的可能值的列（如性别）上创建索引，因为小范围的值可能引起"全表扫描"或者"聚集索引扫描"，不能使用索引有效地减少返回的行。使 where 子句中的列具有大量的唯一行（或者高选择性），以限制访问的行数。应该在这些列上创建索引，以帮助访问小的结果集。

（4）检查列数据类型。对数值型列创建索引会很快，因为尺寸小，算术操纵很容易。字符型尺寸大，并且需要字符串匹配操作，通常开销更大。

（5）考虑列顺序。查询利用了索引的列顺序来执行操作。索引应该将高选择性的列放在前面，即作为引导列，能尽快筛选数据，减少数据量。

（6）考虑索引类型。根据聚集索引和非聚集索引的特点及需求设计索引。

四、索引类型

在 SQL Server 中，按照索引的结构，可以划分为聚集索引和非聚集索引；按照索引实现的功能，可以划分为唯一索引和不唯一索引。

1. 聚集索引

在聚集索引中，表中各行记录存放的物理顺序与索引逻辑顺序相同，索引的顺序决定了表中行的存储顺序。因表中行的物理排序只能有一种方式，所以每个表只能有一个聚集索引。

新华字典中字典正文排列顺序与"汉语拼音音节索引"顺序是相同的，所以汉语拼音音节索引对于新华字典就是聚集索引。

由于聚集索引的顺序与数据行存放的物理顺序相同，所以聚集索引适合范围搜索。当查询到范围开始的行后，可以快速查询到后面的行。例如：按学号创建聚集索引，利于按学号范围查询学生信息。

如果表中没有创建其他的聚集索引，则创建主键时，在表的主键列上自动创建聚集索引。例如，在 class 表中，没有创建其他聚集索引，当设置 classno 为主键时，系统自动创建相应聚集索引，如图 4-1 所示。

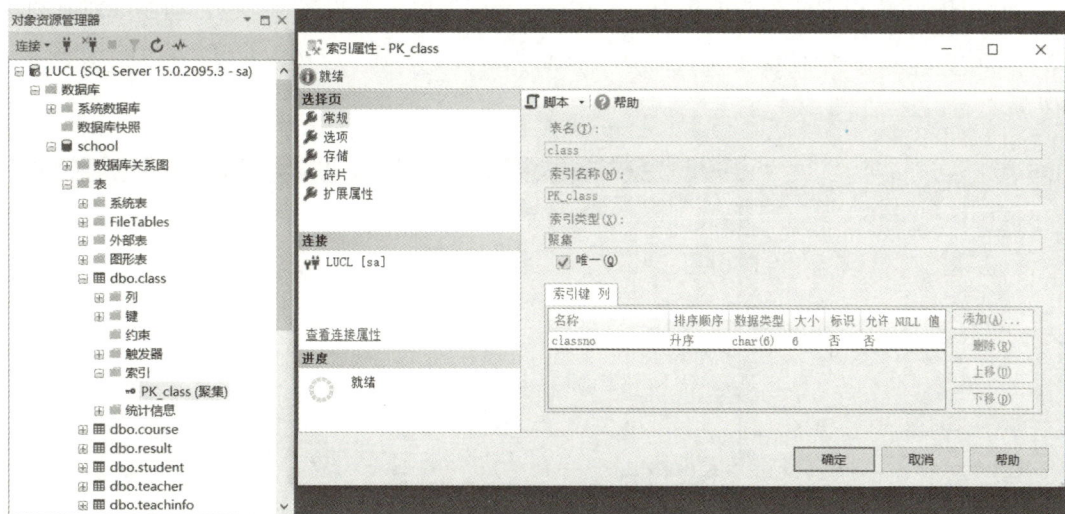

图 4－1   自动创建的聚集索引

2. 非聚集索引

在非聚集索引中，索引中的逻辑顺序与表中行的物理顺序并不相同，索引仅仅记录指向表中行的位置指针，这些指针本身是有序的，通过这些指针可以在表中快速定位数据。非聚集索引的存储是与表分离的，可以为一个表的多个常用查询列分别创建非聚集索引。

如图 4－2 所示，非聚集索引列的键值指向原来聚集索引列，从而获取查询数据。

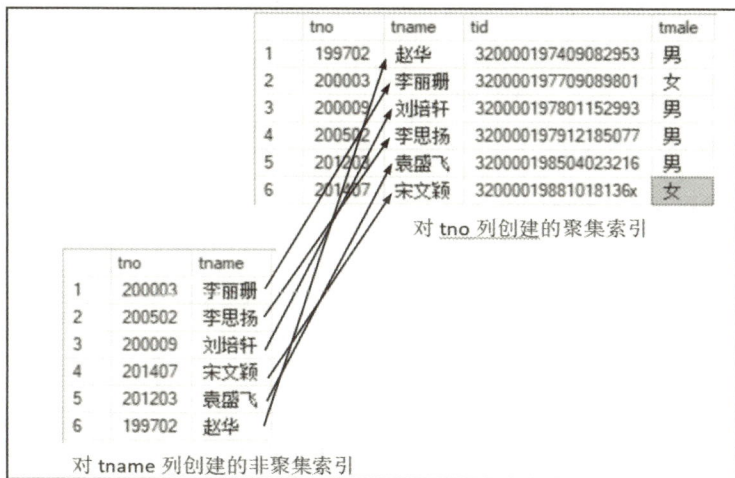

图 4－2   非聚集索引

新华字典中检字表（按部首排列）索引顺序与字典正文排列顺序不同，所以检字表索引对于新华字典就是非聚集索引。

非聚集索引的顺序与数据行存放的物理顺序不同，所以非聚集索引适用于直接匹配单个条件的查询，不太适用于返回大量结果的查询。例如：按学生姓名创建非聚集索引，利于按姓名查询学生信息。

为表创建的索引默认为非聚集索引，在一列上设置唯一性约束时，也自动在该列上创建非聚集索引。例如，在 student 表中，在 sname 列上创建索引，默认为非聚集索引，如图 4 - 3 所示。

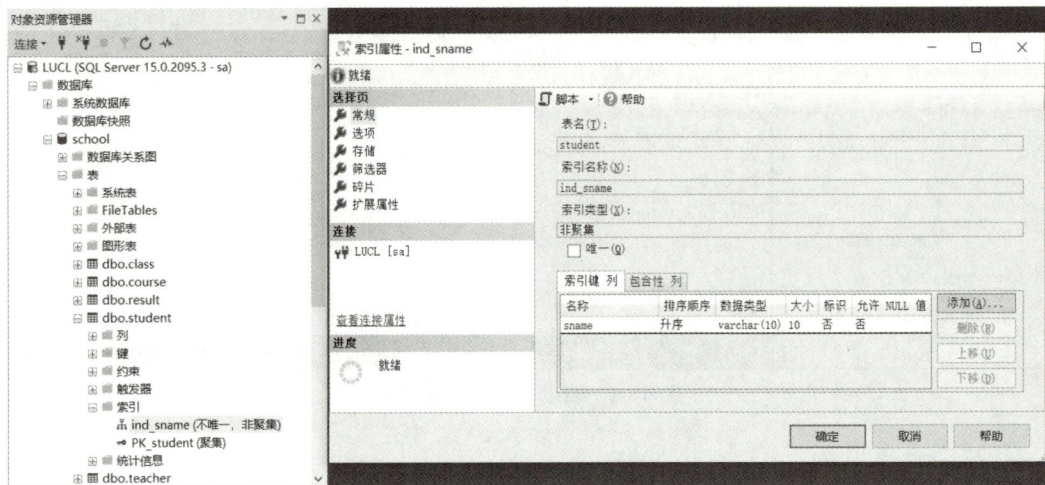

图 4 - 3　创建的索引默认为非聚集索引

适用于创建聚集索引或非聚集索引的情况见表 4 - 1。

表 4 - 1　适用于创建聚集索引和非聚集索引的情况列表

索引需求	适用于聚集索引	适用于非聚集索引
读取大范围数据	√	×
读取少量数据	×	√
经常被排序的列	√	√
频繁更新的列	×	√
频繁修改索引的列	×	√

3. 唯一索引

唯一索引可以确保索引列不包含重复的值。唯一索引可以只包含一个列（该列取值不重复），也可由多个列共同构成（多个列的组合取值不重复）。聚集索引和非聚集索引都可以是唯一索引。

在创建主键和唯一性约束的列上会自动创建唯一索引。例如：在 student 表中的身份证号码列创建 UNIQUE 约束，执行"ALTER TABLE student ADD UNIQUE(sid)"命令后，系统会自动在该列上创建唯一索引，如图 4 - 4 所示。

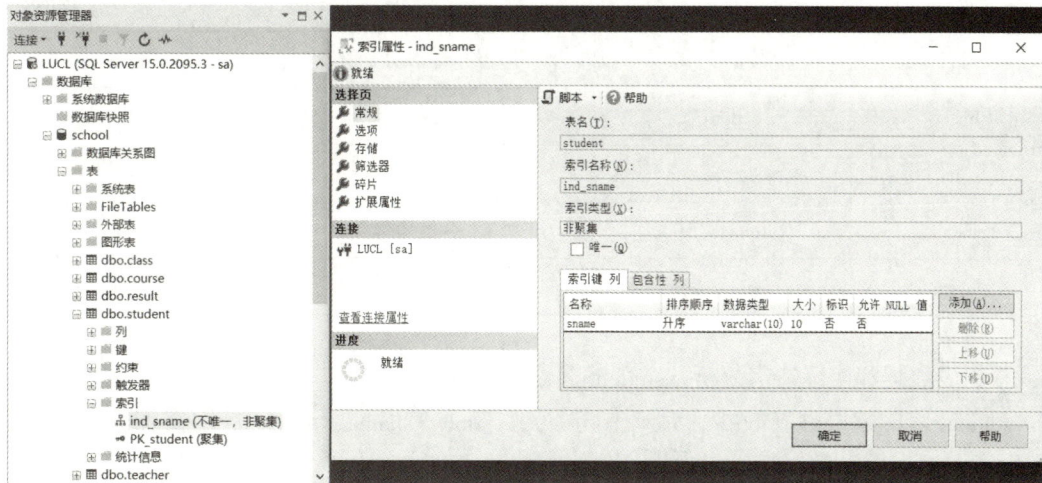

图 4 - 4　创建唯一约束的列上自动创建唯一索引

【任务实施】

为 student 表设计索引。

首先，根据前面知识来简单归纳一下实际应用中设计索引时需要注意的问题。

（1）下列情况不建议创建索引：

- 数据更新性能比查询性能要求要高的情况下不要创建索引。
- 不要盲目地给表创建太多索引。
- 不经常使用的列不要创建索引。
- 不要给高重复值的列创建索引。
- 不要给 img、text 等宽数据类型使用索引。

（2）下列情况建议创建索引：

- 经常要用于查询的列。
- 经常要用于排序（order by）、分组（group by）的列。
- 有值唯一性限制的列。

student 表结构见表 4 - 2。

表 4 - 2　**student 表结构**

列名	数据类型	是否允许 NULL 值	备注
sno	char（8）	否	学号/主键
sname	varchar（10）	否	姓名
sid	char（18）	否	身份证号
smale	char（2）	否	性别
member	bit	是	是否团员

列名	数据类型	是否允许 NULL 值	备注
birth	date	是	出生日期
entry	date	是	入学日期
homeadd	varchar（50）	是	家庭住址
classno	char（6）	否	班级编号

根据表数据和实际需求分析，student 表索引设计如下：

student 表的数据更新较少，适合创建索引；sno、sname、sid 等常用查询列适合创建索引。

smale、member、entry、classno 等高重复值的列不适合创建索引；homeadd 列数据量大，不适合创建索引。

sno 列为表的主键，所以系统自动为 sno 创建聚集索引 PK_student。可以为 sname 列创建不唯一、非聚集索引，因为姓名是常用查询列，并且可能存在同名学生；还可以为 sid 创建唯一、非聚集索引，因为身份证号不能有重复值。

任务二　创建索引

【任务描述】

根据任务一设计的索引创建索引，为 sname 列创建非聚集索引，为 sid 列创建唯一、非聚集索引。

【任务目标】

掌握创建索引的语法格式。

能根据设计的索引创建常见类型索引。

实现对 student 表的 sname 列、sid 列创建索引。

【相关知识】

创建索引语句 CREATE INDEX 的语法格式如下：

```
CREATE[UNIQUE][CLUSTERED |NONCLUSTERED]INDEX index_name
ON table_name |view_name(column_name[ASC |DESC][,…n])
```

[UNIQUE]：为表或视图创建唯一索引。唯一索引不允许两行具有相同的索引键值。视图的聚集索引必须唯一。如果要创建唯一索引的列有重复值，则必须先删除重复值。

[CLUSTERED | NONCLUSTERED]：指定创建的索引为聚集索引或非聚集索引。CLUSTERED 表示指定创建的索引为聚集索引。创建索引时，键值的逻辑顺序决定表中对应

行的物理顺序。NONCLUSTERED 表示指定创建的索引为非聚集索引。创建一个指定表的逻辑排序的索引。对于非聚集索引，数据行的物理排序独立于索引排序。

index_name：指定所创建索引的名称。

table_name：指定创建索引的表的名称。

view_name：指定创建索引的视图的名称。

column_name：索引所基于的一列或多列的列名。若指定两个或多个列名，可为指定列的组合值创建组合索引。

[ASC|DESC]：指定特定索引列的升序或降序排序方向，ASC 指定为升序，DESC 指定为降序。

【提示】　当使用 CREATE INDEX 时，如果未指定 CLUSTERED 和 NONCLUSTERED，那么默认为 NONCLUSTERED。索引列的排序方向默认值为 ASC（升序）。

【任务实施】

（1）为 student 表 sname 列创建非聚集索引，运行结果如图 4 - 5 所示。

```
CREATE INDEX ind_sname
ON student(sname)
```

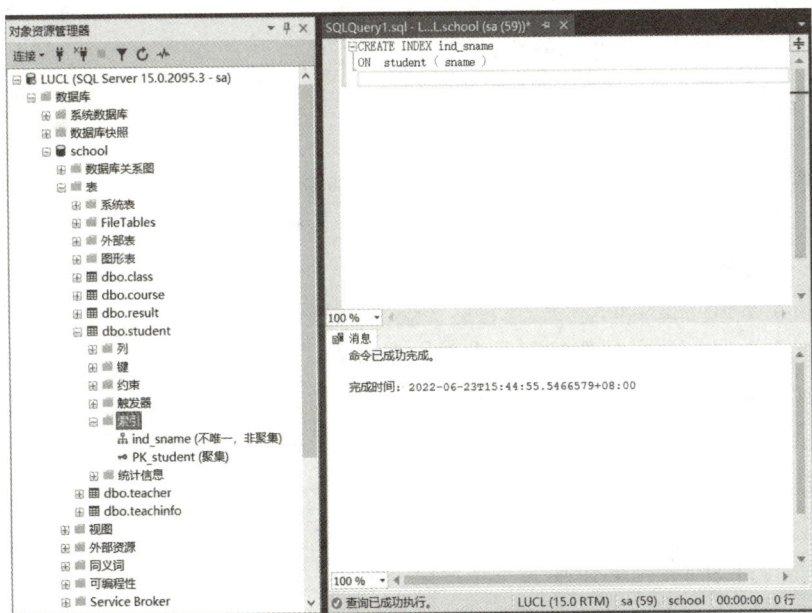

图 4 - 5　为 student 表 sname 列创建非聚集索引

（2）为 student 表 sid 列创建唯一、非聚集索引，运行结果如图 4 - 6 所示。

```
CREATE UNIQUE INDEX ind_sid
ON student(sid)
```

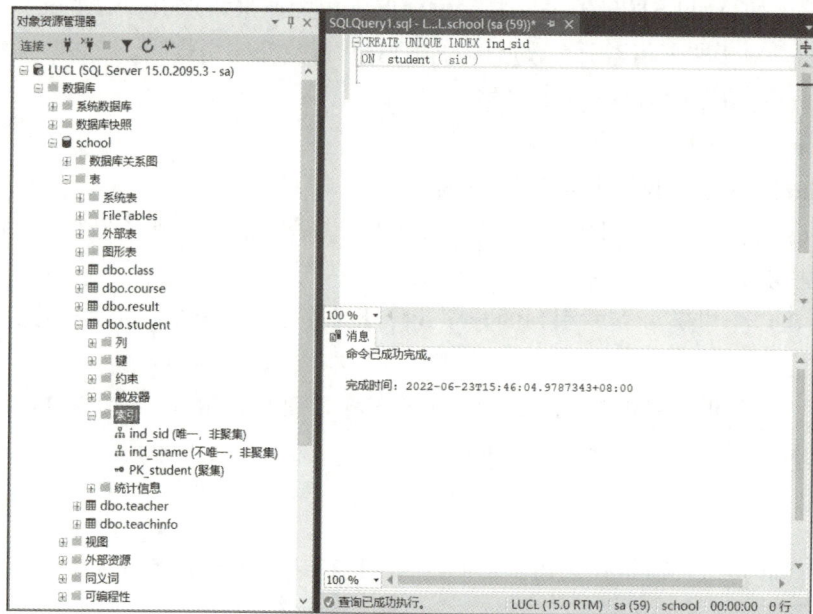

图 4-6　为 student 表 sid 列创建唯一、非聚集索引

【任务拓展】

使用 SSMS 新建索引向导创建索引。

（1）为 student 表 sname 列创建非聚集索引。

操作步骤：

①在对象资源管理器窗口中，选择要创建索引的表 student。

②右击"索引"选项，在快捷菜单中选择"新建索引"子菜单，选择"非聚集索引"命令，打开"新建索引"窗口。

③在"新建索引"窗口的"索引名称"文本框中输入索引名称"ind_sname"。

④在"索引类型"中自动选择索引类型"非聚集"。

⑤在"索引键列"选项中单击"添加"按钮，打开"从 dbo. student 中选择列"对话框，选择要创建索引的列 sname，单击"确定"按钮。sname 列信息就添加到索引键列的列表中后，可以选择其"排列顺序"。

⑥单击"新建索引"窗口中的"确定"按钮，执行创建索引操作，如图 4-7 所示。

（2）为 student 表 sid 列创建唯一、非聚集索引。

操作步骤：

①在对象资源管理器窗口中，选择要创建索引的表 student。

②右击"索引"选项，在快捷菜单中选择"新建索引"子菜单，选择"非聚集索引"命令，打开"新建索引"窗口。

③在"新建索引"窗口的"索引名称"文本框中输入索引名称"ind_sid"。

④在"索引类型"中自动选择索引类型"非聚集"。

⑤勾选"唯一"选项。

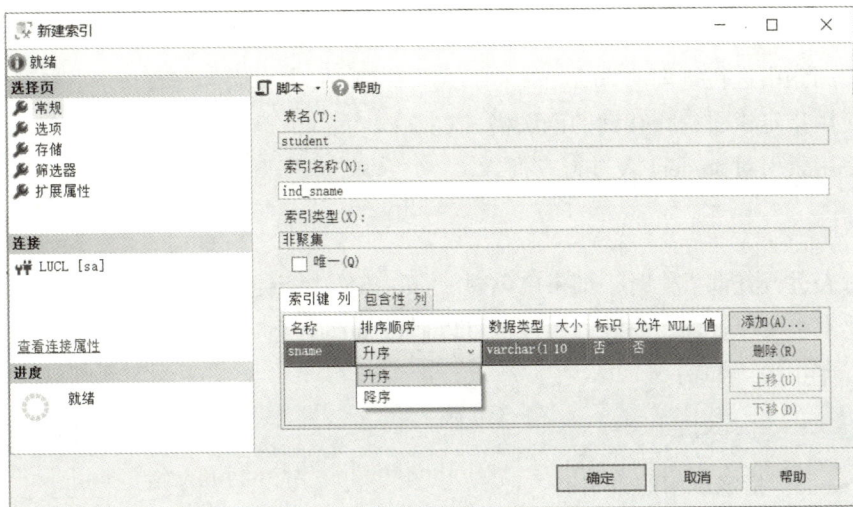

图 4 - 7　使用 SSMS 向导为 student 表 sname 列创建非聚集索引

⑥在 "索引键列" 选项中单击 "添加" 按钮，打开 "从 dbo. student 中选择列" 对话框，选择要创建索引的列 sid，单击 "确定" 按钮。sid 列信息就添加到索引键列的列表中。

⑦单击 "新建索引" 窗口中的 "确定" 按钮，执行创建索引操作，如图 4 - 8 所示。

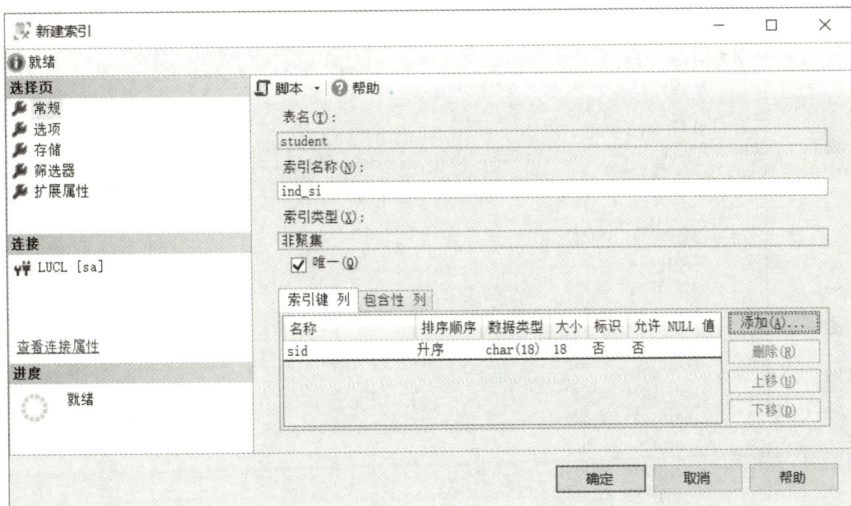

图 4 - 8　使用 SSMS 向导为 student 表 sid 列创建唯一、非聚集索引

任务三　使用索引

【任务描述】

利用已创建索引进行查询操作。使用索引 PK_student 查询所有 16 级学生姓名。使用索引查询 "姓名" 为 "何珊" 的学生成绩。

【任务目标】

掌握使用索引进行查询的方法。

了解使用指定索引进行查询的语法格式。

实现使用索引对 student 表进行查询。

【相关知识】

用户对表进行查询操作时，如果已创建 where 条件中所使用索引列的相应索引，系统会自动调用此索引实现查询。另外，用户也可以通过 WITH 子句指定索引。

WITH 子句语法格式：

```
WITH( INDEX = index_name)
```

index_name：指定调用的索引名。

【任务实施】

（1）使用索引 PK_student 查询所有 16 级学生姓名，运行结果如图 4-9 所示。

```
SELECT sno,sname FROM student
WITH( INDEX = PK_student)
WHERE sno LIKE '16% '
```

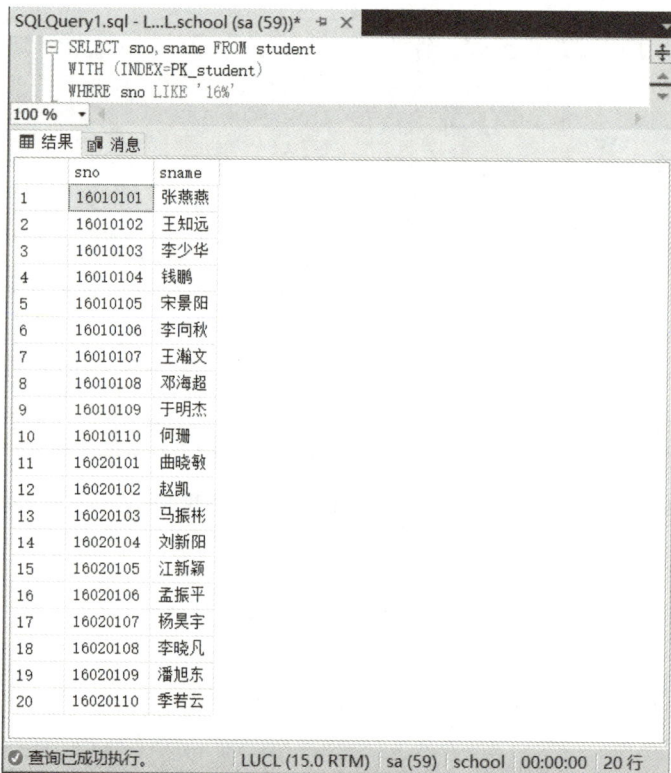

图 4-9　使用索引 PK_student 查询所有 16 级学生姓名

也可以将 WITH 子句省略，直接写成如下格式：

```
SELECT sno,sname FROM student
WHERE sno LIKE '16%'
```

此时系统会自动调用相应索引进行查询，如图 4-10 所示。

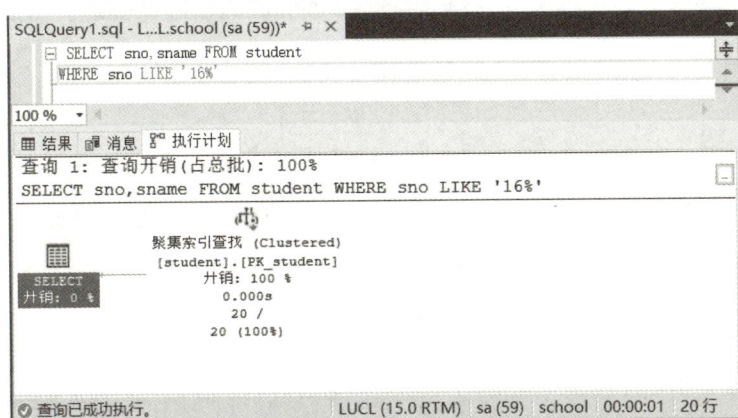

图 4-10　系统自动调用聚集索引查找

（2）使用索引查询"姓名"为"何珊"的学生成绩，运行结果如图 4-11 所示。

```
SELECT student.sname,result.cno,result.score
FROM result,student
WITH( INDEX = ind_sname)
WHERE student.sname ='何珊' AND student.sno = result.sno
```

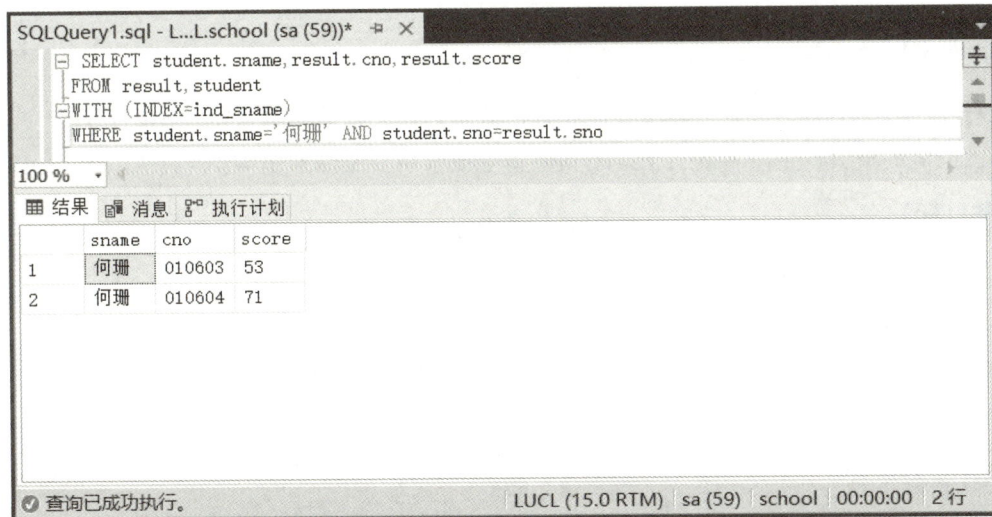

图 4-11　使用索引查询"姓名"为"何珊"的学生成绩

同样，可以省略 WITH 子句，直接写成如下格式：

```
SELECT student.sname,result.cno,result.score
FROM result,student
WHERE student.sname = '何珊' AND student.sno = result.sno
```

此时系统会自动调用相应索引进行查询，如图 4 – 12 所示。

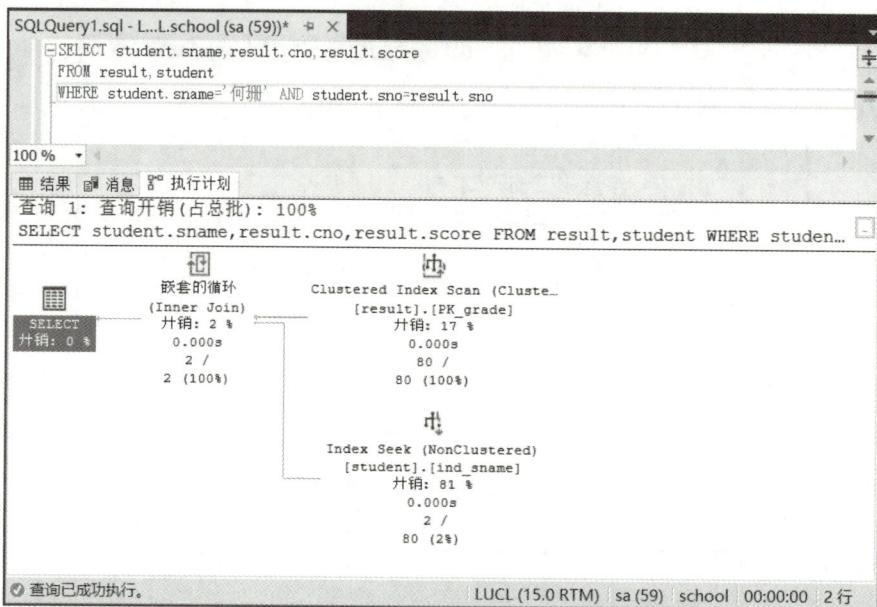

图 4 – 12　系统自动调用索引查询

任务四　管理与维护索引

【任务描述】

对于已创建的索引，除了利用其提高查询效率之外，还要对其进行基本的管理，如查看表中已创建的索引、重命名索引、禁用和重新生成索引、删除索引等。

【任务目标】

了解查看索引、重命名索引、禁用和重新生成索引、删除索引的作用。

能对索引实现基本管理，如查看、重命名、禁用和重新生成、删除等操作。

实现对 student 表中索引的查看、重命名、禁用和重新生成、删除等操作。

【相关知识】

1. 查看索引

通过查看索引可以显示表中存在的索引的名称、索引类型、索引列等信息。查看索引 SP_HELPINDEX 语法格式：

```
SP_HELPINDEX table_name
```

table_name：已创建索引的表名。

2. 重命名索引

重命名索引可将用户提供的新名称替换当前的索引名称。指定的名称在表或视图中必须是唯一的。索引重命名 SP_RENAME 语法格式：

```
SP_RENAME 'table_name.index_oldname','index_newname','INDEX'
```

table_name：已创建索引的表名。

index_oldname：索引当前名称。

index_newname：索引新名称。

3. 禁用和重新生成索引

禁用索引可防止用户访问该索引，对于聚集索引，还可防止用户访问基础表数据。可以使用 ALTER INDEX DISABLE 语句手动禁用索引。ALTER INDEX 语句禁用索引语法格式：

```
ALTER INDEX index_name ON table_name DISABLE
```

index_name：被禁用的索引名。

table_name：索引所在的表名。

索引被禁用后，一直保持禁用状态，直到它重新生成或删除。重新生成索引可以启用索引，还可以用来消除索引碎片。

对数据执行插入、更新或删除操作时，SQL Server 数据库引擎都会自动维护索引。随着时间的推移，这些修改可能会导致索引中的信息分散在数据库中（含有碎片）。当索引包含的页中的逻辑排序（基于键值）与数据文件中的物理排序不匹配时，也会存在索引碎片。过多的索引碎片可能会降低查询性能，导致应用程序响应缓慢。

用户可通过重建索引来重新组织索引数据的存储，消除索引碎片。重新生成索引将删除该索引并创建一个新索引。此过程中将删除碎片，并对索引行重新排序。这样可以减少获取所请求数据所需的页读取数，从而提高磁盘性能。

重新生成索引 ALTER INDEX 语句语法格式：

```
ALTER INDEX index_name |ALL ON table_name REBUILD
```

index_name：重新生成的索引名。

ALL：与表相关的所有索引。

table_name：索引所在的表名。

【提示】　重命名索引不会导致重新生成索引。

4. 删除索引

索引创建后，如果需要频繁地对数据进行更新操作，会降低数据修改效率，而且存储索引需要占用额外的空间，增加了数据库的空间开销。因此，当一个索引不再需要时，可以将其从数据库中删除，以回收它当前使用的磁盘空间。

删除索引 DROP INDEX 语句语法格式：

```
DROP INDEX table_name.index_name
```

table_name：指定的表名。

index_name：要删除的索引名。

【任务实施】

（1）查看 student 表中已创建的索引，运行结果如图 4 – 13 所示。

```
SP_HELPINDEX student
```

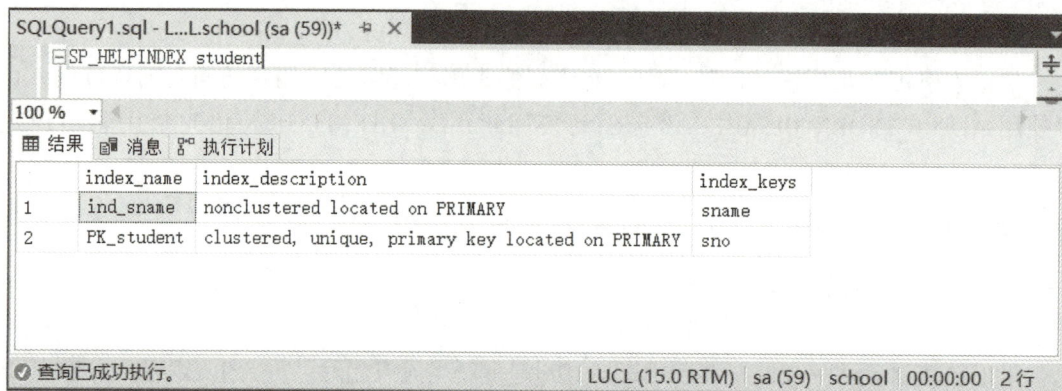

图 4 – 13 查看 student 表中已创建的索引

（2）将索引 ind_sname 重命名为 index_sname，运行结果如图 4 – 14 所示。

```
SP_RENAME 'student.ind_sname','index_sname','INDEX'
```

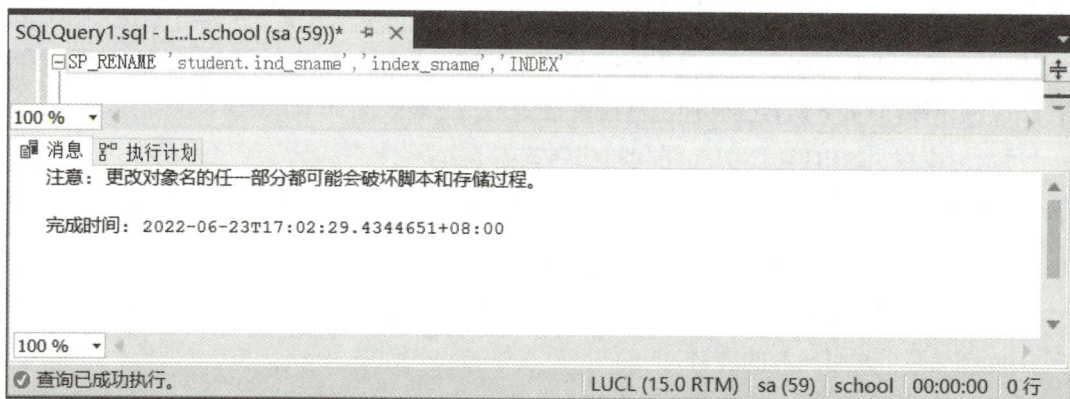

图 4 – 14 将索引 ind_sname 重命名为 index_sname

（3）禁用索引 index_sname，再重新生成索引 index_sname，运行结果如图 4 – 15、图 4 – 16 所示。

```
ALTER INDEX index_sname ON student DISABLE
```

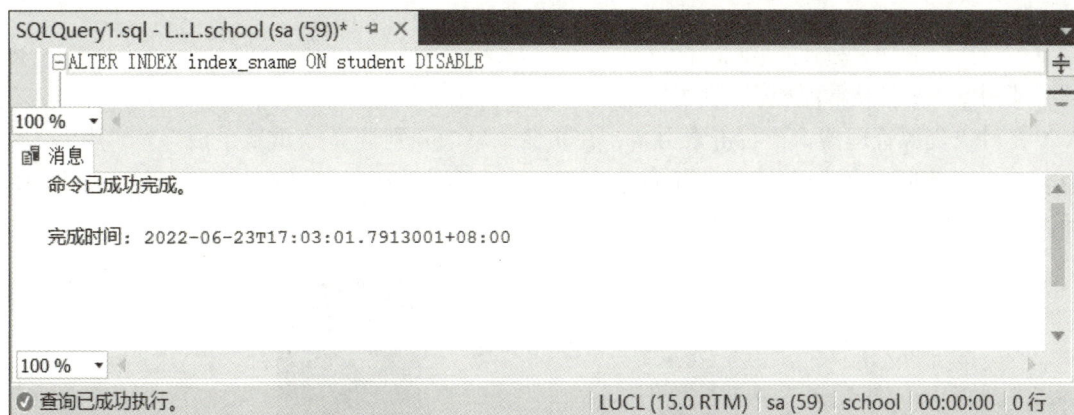

图 4 – 15 禁用索引 index_sname

```
ALTER INDEX index_sname ON student REBUILD
```

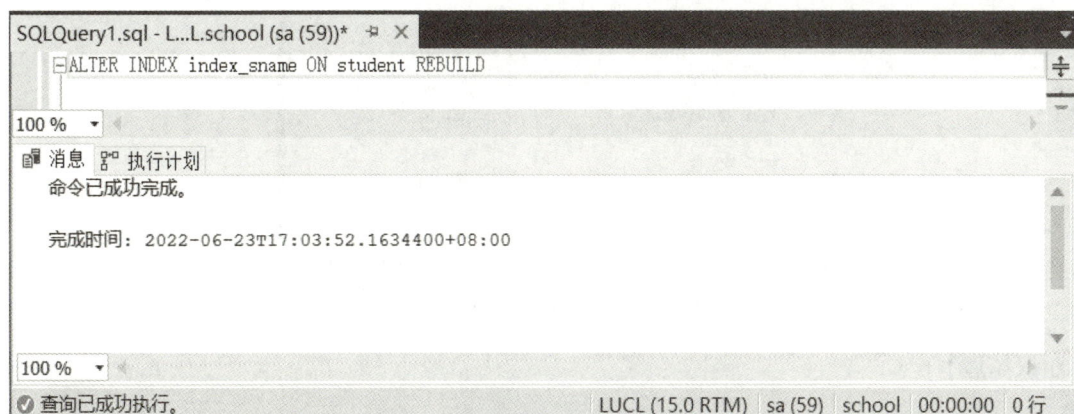

图 4 – 16 重新生成索引 index_sname

（4）删除索引 ind_sid，运行结果如图 4 – 17 所示。

```
DROP INDEX student.ind_sid
```

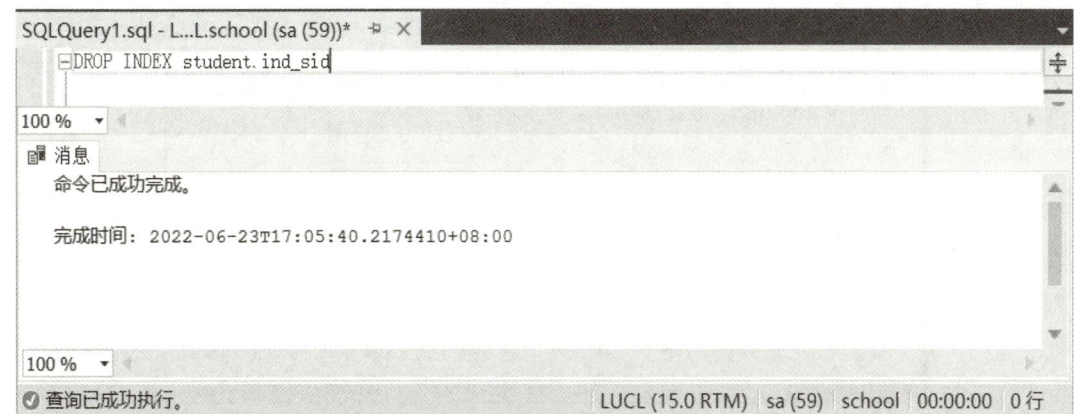

图 4 – 17 删除索引 ind_sid

【任务拓展】

使用 SSMS 向导管理和维护索引。

在对象资源管理器中，右击索引名，在快捷菜单中分别选择"重新生成""禁用""重命名"和"删除"等命令，在打开的相应窗口中单击"确定"按钮，即可实现相应操作，如图 4－18 所示。

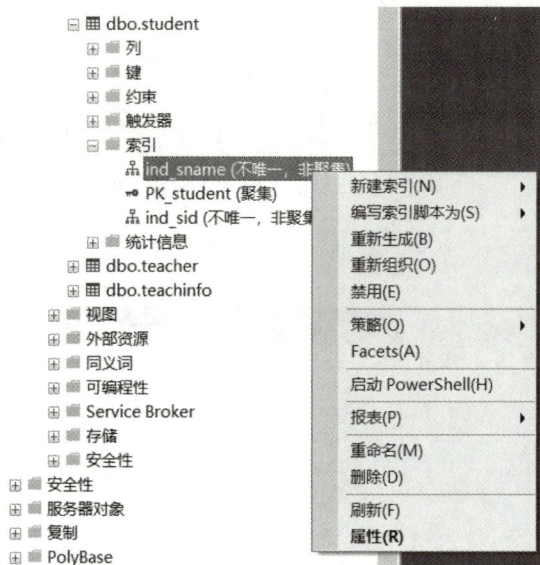

图 4－18　使用 SSMS 向导管理和维护索引

【知识拓展】

解决索引碎片可以使用 ALTER INDEX REBUILD 语句重建索引，也可以使用 ALTER INDEX REORGANIZE 语句重新组织索引。重新组织索引不会重建索引，也不会生成新的页，仅仅是整理数据。

例如：对 index_sname 索引重新组织，运行结果如图 4－19 所示。

```
ALTER INDEX index_sname ON student REORGANIZE
```

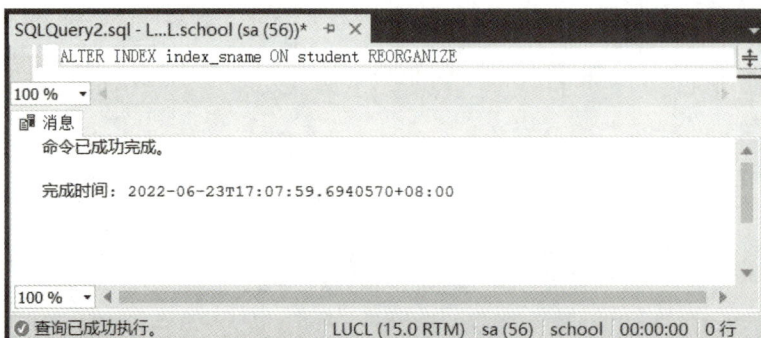

图 4－19　对 index_sname 索引重新组织

任务五　创建视图

【任务描述】

学校各部门对学生信息关注的侧重点不同，分别创建学工处和教务处视图，便于各部门查询管理。学工处常用视图包含学号、姓名、身份证号、性别、是否团员、家庭住址、班级编号等属性；教务处常用视图包含教师编号、姓名、身份证号、性别、所授课程编号、班级名称及课程名称等属性。

【任务目标】

理解视图的概念、作用。

能根据需求创建视图。

实现对 student 表和 teacher 表视图的创建。

【相关知识】

一、视图的概念

对于同一数据库中的数据，不同角色或部门所关注的数据信息是有差异的。例如，学生成绩管理数据库，学工处教师关注学生基本信息及学生成绩；教务处教师除关注学生成绩外，还要关注教师及授课情况。可以根据需求，专门为各类用户分别创建视图，实现简化操作。

视图是基于 SQL 语句结果集的可视化的虚拟表，其内容由查询定义。视图并不在数据库中以存储的数据值集形式存在。从数据库系统内部来看，视图中的行和列数据是由一张或多张表的查询数据组成的，并且是在引用视图时动态生成。从数据库系统外部来看，视图就如同一张表，对表能够进行的一般操作都可以应用于视图。

二、视图的作用

（1）使用视图可以为用户定制数据，使用户只关心他们感兴趣的某些特定数据和他们所负责的特定任务。

（2）使用视图简化了用户数据操作。经常使用的查询被定义为视图后，隐藏了表结构，使得用户访问数据时，不再需要知道表的结构及其之间的关系，简化了用户访问数据操作。

（3）使用视图提供有效的安全机制。视图能够实现让不同的用户以不同的方式看到不同或相同的数据集，用户权限可以被限制在特定的行和列数据。用户只能查询和修改他们所能见到的数据，其他数据则既看不见，也取不到。视图提供了保护表数据的安全机制。

（4）使用视图增强逻辑数据的独立性。逻辑独立性是指用户的应用程序与数据库的逻辑结构是相互独立的。视图可以使应用程序和数据库表在一定程度上独立。创建视图后，应用程序可以建立在视图之上，从而将程序与数据库表分割开来。

【提示】 表中存储的是实际数据，而视图中保存的是从表中取出数据所使用的 SELECT 语句，所以使用视图可以节省存储设备的容量。

三、创建视图

创建视图 CREATE VIEW 语句语法格式：

CREATE VIEW view_name AS query – expression

view_name：视图的名称。

query – expression：视图所基于的 SELECT 语句，可以含有 GROUP BY、HAVING、ORDER BY 等子句。

【任务实施】

（1）创建 view_students 视图，包含学号、姓名、身份证号、性别、是否团员、家庭住址、班级编号，运行结果如图 4 – 20 所示。

```
CREATE VIEW view_students AS
SELECT sno,sname,sid,smale,member,homeadd,classno FROM student
```

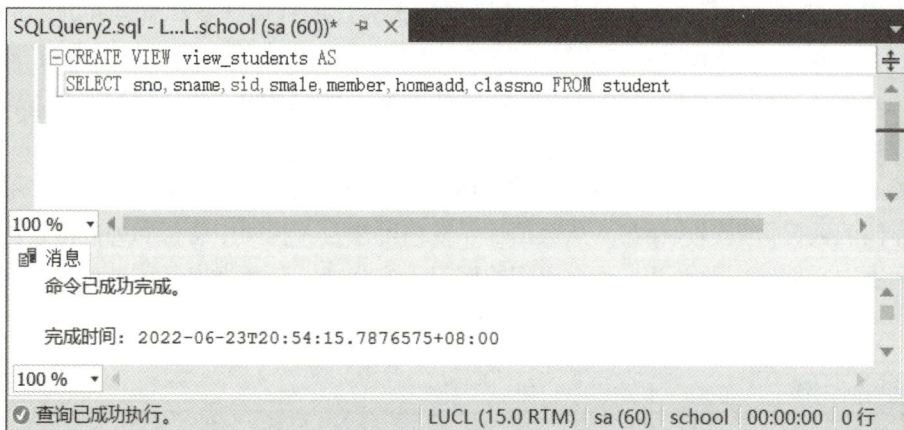

图 4 – 20　创建 view_students 视图

（2）创建 view_teachers 视图，包含教师编号、姓名、身份证号、性别、所授课程编号、班级名称及课程名称，运行结果如图 4 – 21 所示。

```
CREATE VIEW view_teachers AS
SELECT  teacher.tno, teacher.tname, teacher.tid, teacher.tmale, teachinfo.cno,
class.classname,course.cname
FROM class,teacher,teachinfo,course
WHERE class.tno = teacher.tno AND teacher.tno = teachinfo.tno AND teachinfo.cno =
course.cno
```

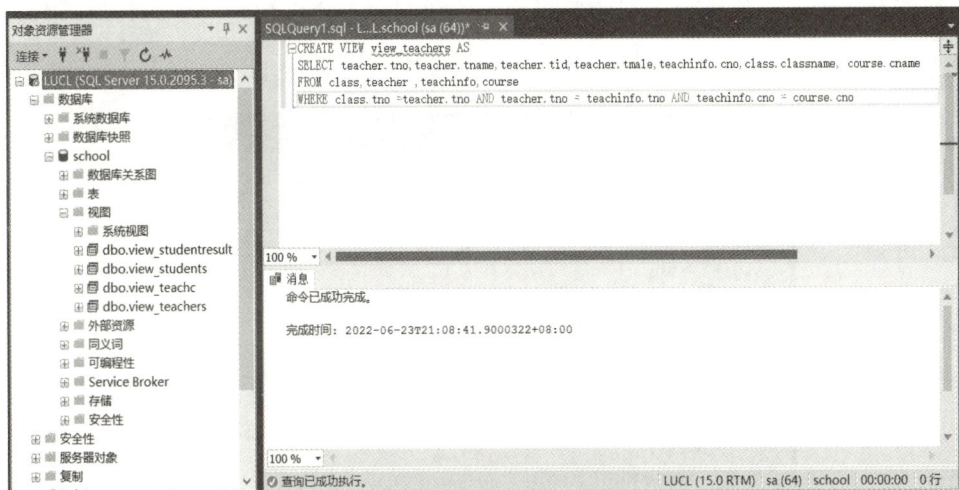

图 4 – 21   创建 **view_teachers** 视图

【任务拓展】

使用视图设计器创建视图。

（1）创建 view_students 视图，包含学号、姓名、身份证号、性别、是否团员、家庭住址、班级编号。

①在对象资源管理器中，选择并展开"school"数据库。

②右击视图，在快捷菜单中单击"新建视图"命令，在"添加表"窗口中选择"student"表，单击"添加"按钮，如图 4 – 22 所示。关闭"添加表"窗口。

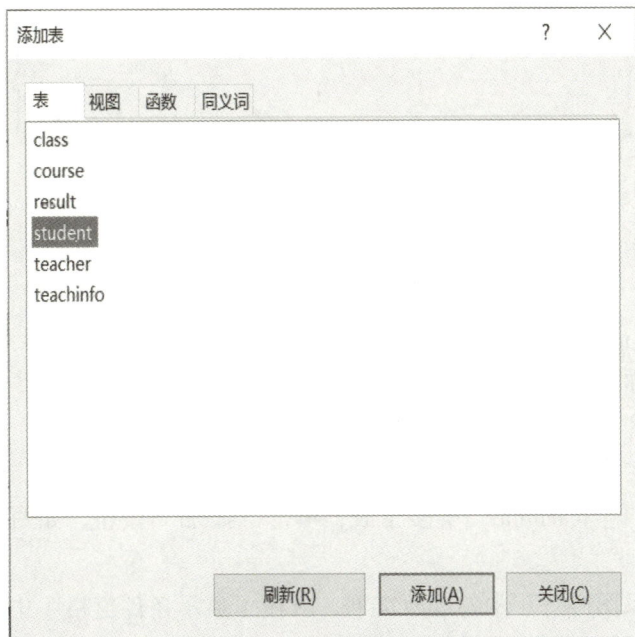

图 4 – 22   "添加表"窗口

③在"显示关系图窗格"中勾选所需列，或在"显示条件窗格"中选择所需列，如图 4-23 所示。

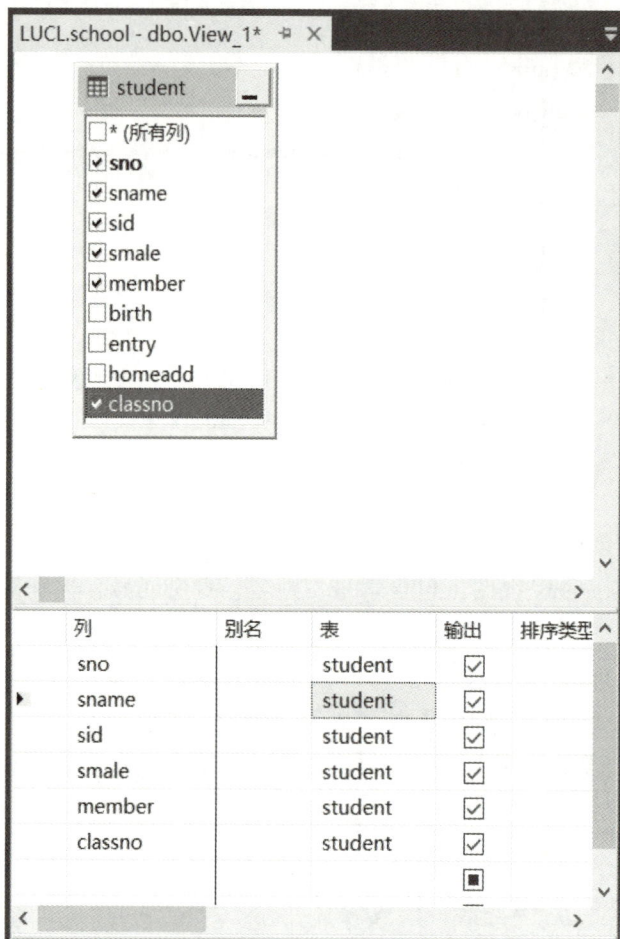

图 4-23　选择所需列

④单击工具栏中的"保存"按钮，在文本框中输入视图名称"view_students"，单击"确定"按钮。

（2）创建 view_teachers 视图，包含教师编号、姓名、身份证号、性别、所授课程编号、班级名称及课程名称。

①在对象资源管理器中，选择并展开"school"数据库。

②右击视图，在快捷菜单中单击"新建视图"命令，在"添加表"窗口中选择"class""course""teacher""teachinfo"等多个表，单击"添加"按钮，如图 4-24 所示。关闭"添加表"窗口。

③在"显示关系图窗格"中勾选所需列，或在"显示条件窗格"中选择所需列，如图 4-25 所示。

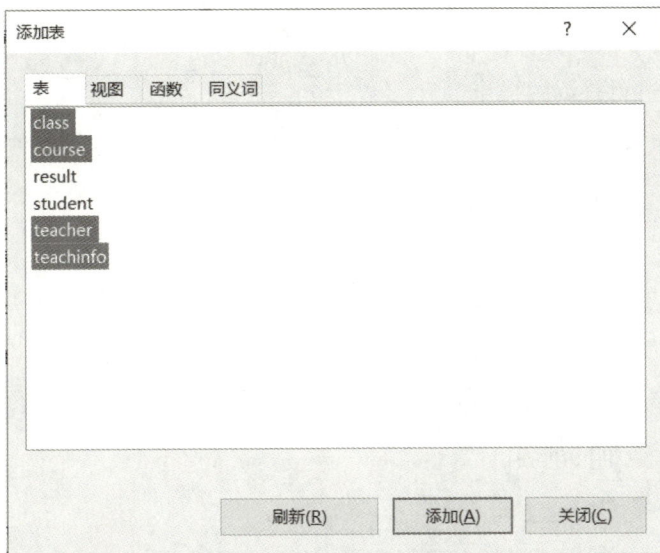

图 4 - 24　添加多个表窗口

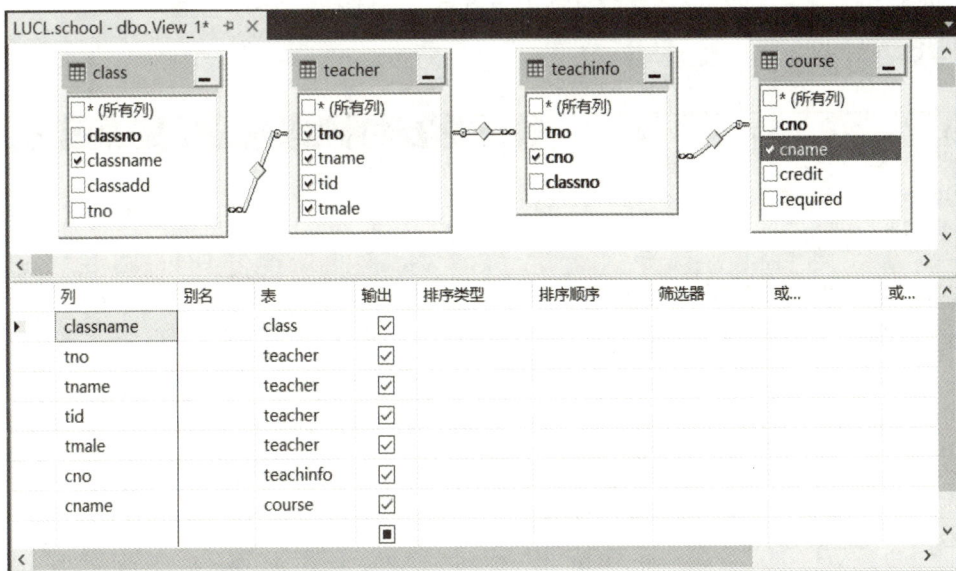

图 4 - 25　选择多个表中多个列

④单击工具栏中的"保存"按钮,在文本框中输入视图名称"view_teachers",单击"确定"按钮。

任务六　使用视图

【任务描述】

学工处人员利用"view_students"视图查询学生信息;教务处人员利用"view_teachers"视图查询全部教师信息及"男"教师信息。

【任务目标】

掌握利用视图进行查询的操作。

实现利用“view_students”视图查询学生信息，利用“view_teachers”视图查询教师信息。

【相关知识】

利用视图查询和表查询一样，将视图名书写在 SELECT 语句的 FORM 子句中，格式如下：

```
SELECT column_name,column_name FROM view_name
```

column_name：查询的列名。

view_name：视图名。

【任务实施】

（1）利用“view_students”视图查询学生信息，运行结果如图 4－26 所示。

```
SELECT * FROM view_students
```

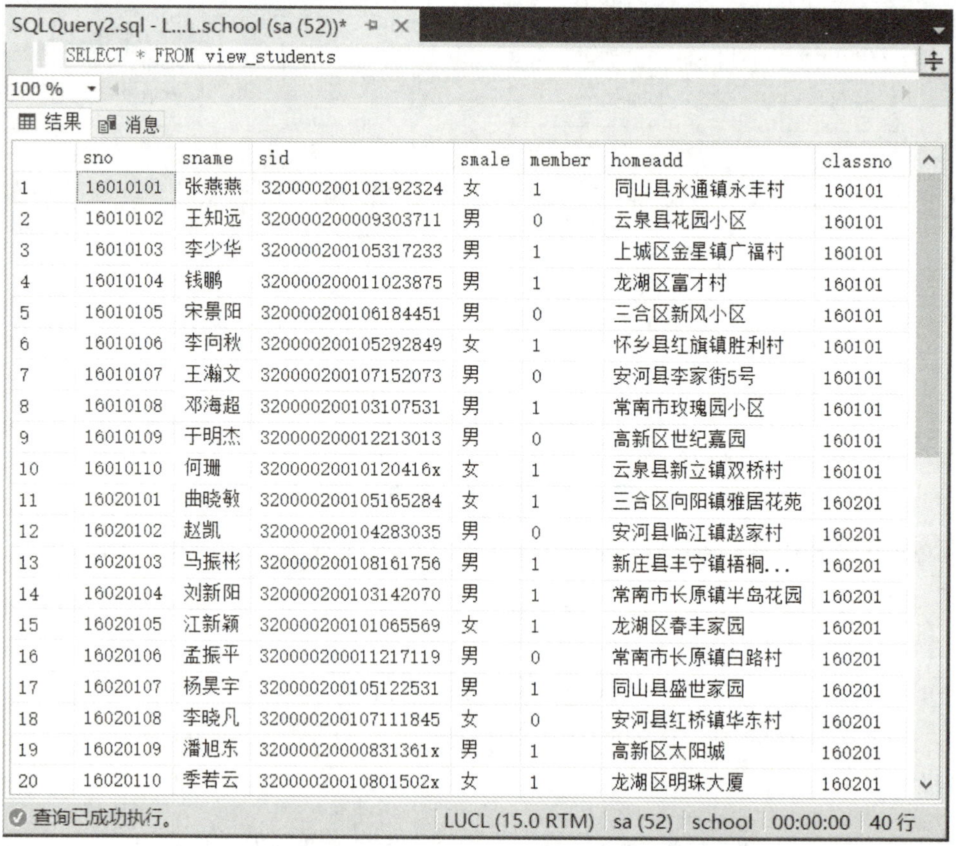

	sno	sname	sid	smale	member	homeadd	classno
1	16010101	张燕燕	320000200102192324	女	1	同山县永通镇永丰村	160101
2	16010102	王知远	320000200009303711	男	0	云泉县花园小区	160101
3	16010103	李少华	320000200105317233	男	1	上城区金星镇广福村	160101
4	16010104	钱鹏	320000200011023875	男	1	龙湖区富才村	160101
5	16010105	宋景阳	320000200106184451	男	0	三合区新风小区	160101
6	16010106	李向秋	320000200105292849	女	1	怀乡县红旗镇胜利村	160101
7	16010107	王瀚文	320000200107152073	男	0	安河县李家街5号	160101
8	16010108	邓海超	320000200103107531	男	1	常南市玫瑰园小区	160101
9	16010109	于明杰	320000200012213013	男	0	高新区世纪嘉园	160101
10	16010110	何珊	32000020010120416x	女	1	云泉县新立镇双桥村	160101
11	16020101	曲晓敏	320000200105165284	女	1	三合区向阳镇雅居花苑	160201
12	16020102	赵凯	320000200104283035	男	0	安河县临江镇赵家村	160201
13	16020103	马振彬	320000200108161756	男	1	新庄县丰宁镇梧桐...	160201
14	16020104	刘新阳	320000200103142070	男	1	常南市长原镇半岛花园	160201
15	16020105	江新颖	320000200101065569	女	1	龙湖区春丰家园	160201
16	16020106	孟振平	320000200011217119	男	0	常南市长原镇白路村	160201
17	16020107	杨昊宇	320000200105122531	男	1	同山县盛世家园	160201
18	16020108	李晓凡	320000200107111845	女	0	安河县红桥镇华东村	160201
19	16020109	潘旭东	32000020000831361x	男	1	高新区太阳城	160201
20	16020110	季若云	32000020010801502x	女	1	龙湖区明珠大厦	160201

图 4－26　利用“view_students”视图查询学生信息

（2）利用“view_teachers”视图查询全部教师信息，运行结果如图 4－27 所示。

```
SELECT * FROM view_teachers
```

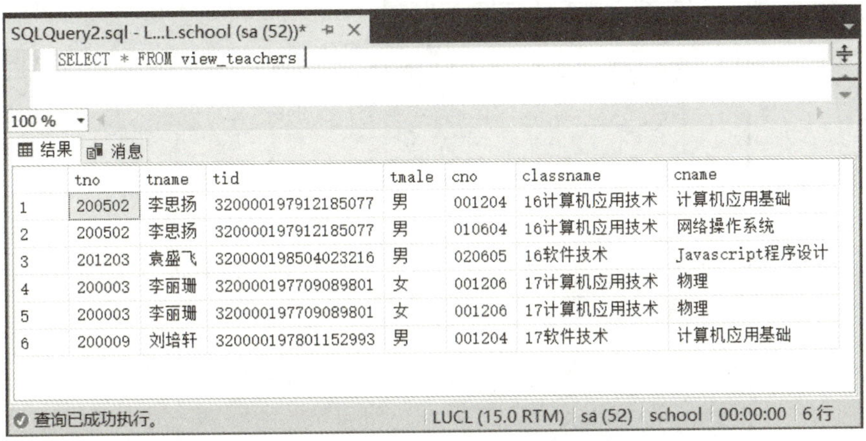

	tno	tname	tid	tmale	cno	classname	cname
1	200502	李思扬	320000197912185077	男	001204	16计算机应用技术	计算机应用基础
2	200502	李思扬	320000197912185077	男	010604	16计算机应用技术	网络操作系统
3	201203	袁盛飞	320000198504023216	男	020605	16软件技术	Javascript程序设计
4	200003	李丽珊	320000197709089801	女	001206	17计算机应用技术	物理
5	200003	李丽珊	320000197709089801	女	001206	17计算机应用技术	物理
6	200009	刘培轩	320000197801152993	男	001204	17软件技术	计算机应用基础

图 4－27　利用“view_teachers”视图查询全部教师信息

（3）利用“view_teachers”视图查询“男”教师信息，运行结果如图 4－28 所示。

```
SELECT * FROM view_teachers where tmale = '男'
```

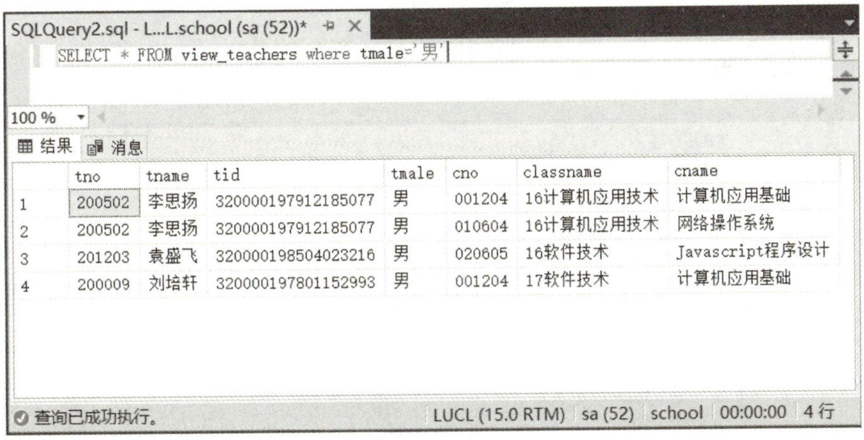

	tno	tname	tid	tmale	cno	classname	cname
1	200502	李思扬	320000197912185077	男	001204	16计算机应用技术	计算机应用基础
2	200502	李思扬	320000197912185077	男	010604	16计算机应用技术	网络操作系统
3	201203	袁盛飞	320000198504023216	男	020605	16软件技术	Javascript程序设计
4	200009	刘培轩	320000197801152993	男	001204	17软件技术	计算机应用基础

图 4－28　利用“view_teachers”视图查询“男”教师信息

【任务拓展】

使用查询设计器进行视图查询。

（1）利用“view_students”视图查询学生信息。

①单击“新建查询”按钮，显示查询窗格。

②单击“查询”→“在编辑器设计查询”，在“添加表”对话框中选择“view_students”视图，单击“添加”按钮。

③在查询设计器的“关系图”或“条件”窗格选择所有列，单击“确定”按钮，如图 4－29 所示。

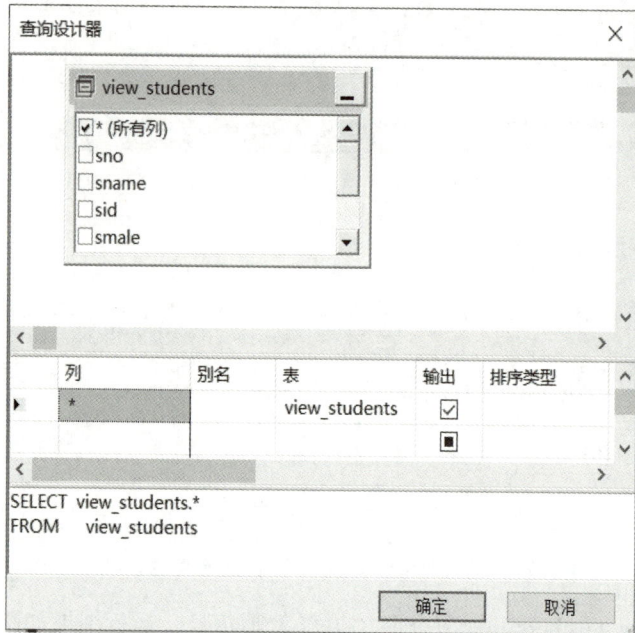

图4-29　使用查询设计器查询学生信息

④执行查询命令。

（2）利用"view_teachers"视图查询全部教师信息。

操作步骤同上，如图4-30所示。

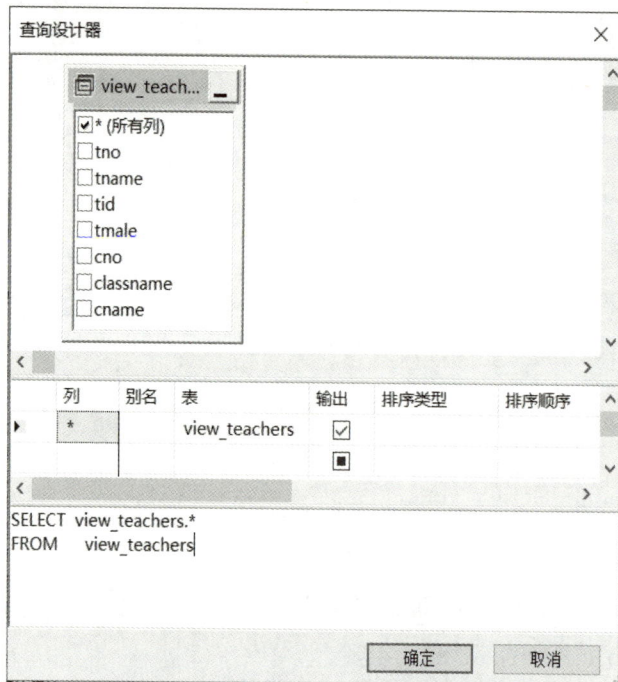

图4-30　使用查询设计器查询教师信息

（3）利用"view_teachers"视图查询"男"教师信息。

选择所有列之后，在"条件"窗格中设置条件，列选择"tmale"，在"筛选器"中输入"='男'"，取消此条件的输出，单击"确定"按钮，执行查询命令，如图4-31所示。

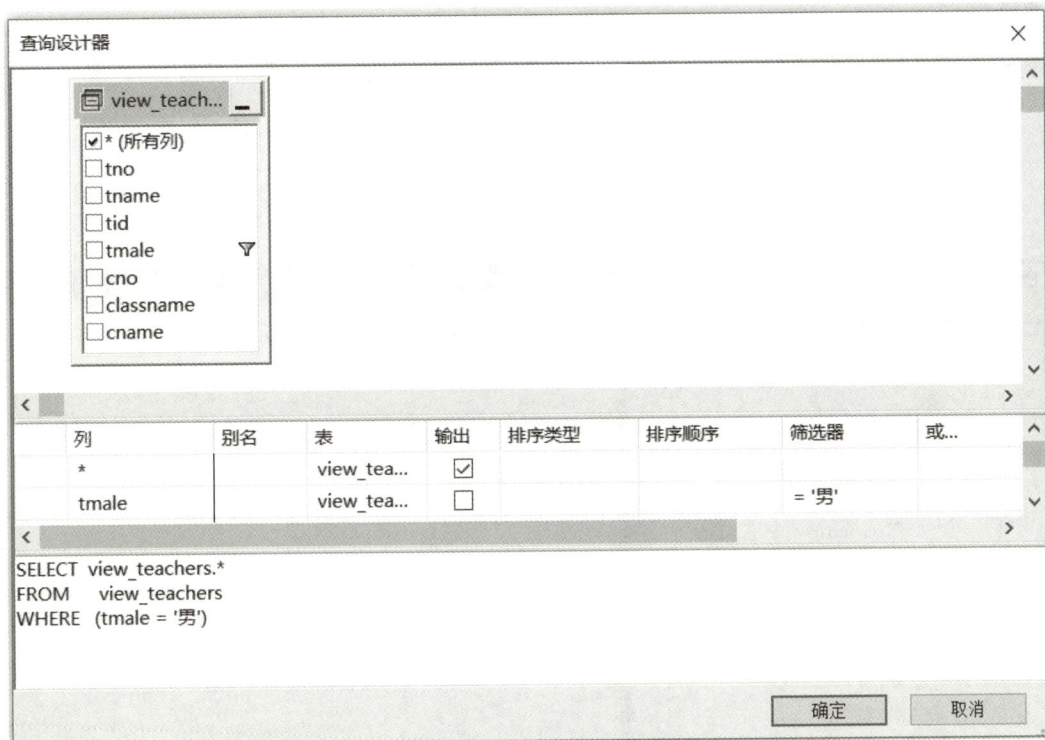

图4-31 使用查询设计器查询"男"教师信息

任务七 管理视图

【任务描述】

定义视图后，如果其结构不能满足用户的需求，则可以对其进行修改或删除。如对view_students视图中包含的列进行修改，对view_teachers视图进行删除。

【任务目标】

掌握视图的修改和删除操作。

实现view_students视图的修改、view_teachers视图的删除。

【相关知识】

1. 修改视图 ALTER VIEW 语句语法格式

```
ALTER VIEW view_name AS query - expression
```

2. 删除视图 DROP VIEW 语句语法格式

```
DROP VIEW view_name
```

【任务实施】

（1）对 view_students 视图中包含的列进行修改，包含班级编号、学号、姓名、性别、是否团员，运行结果如图4-32所示。

```
ALTER VIEW view_students AS
SELECT classno,sno,sname,smale,member FROM student
```

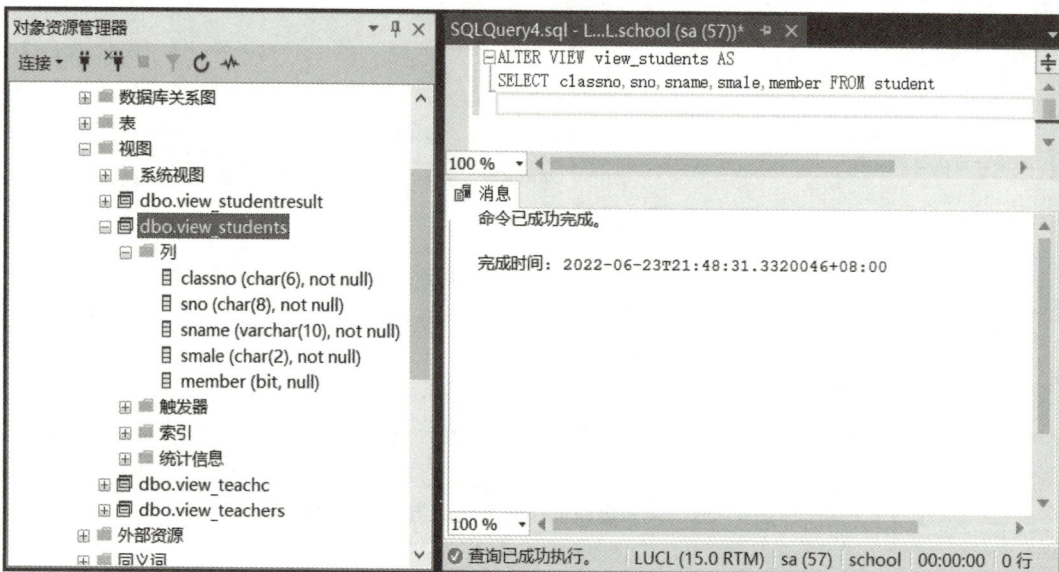

图4-32　修改 view_students 视图中包含的列

（2）删除 view_teachers 视图，运行结果如图4-33所示。

```
DROP VIEW view_teachers
```

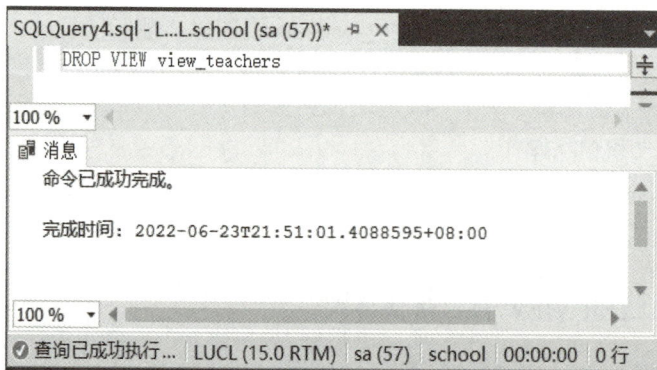

图4-33　删除 view_teachers 视图

【任务拓展】

使用 SSMS 向导管理视图。

（1）对 view_students 视图中包含的列进行修改，包含班级编号、学号、姓名、性别、是否团员。

①在对象资源管理器中选择并展开"school"数据库。

②右击"view_students"视图，在快捷菜单中单击"设计"命令。

③在"显示关系图窗格"中按要求顺序勾选所需列（也可添加表），或在"显示条件窗格"中按要求顺序选择所需的列，如图 4 - 34 所示。

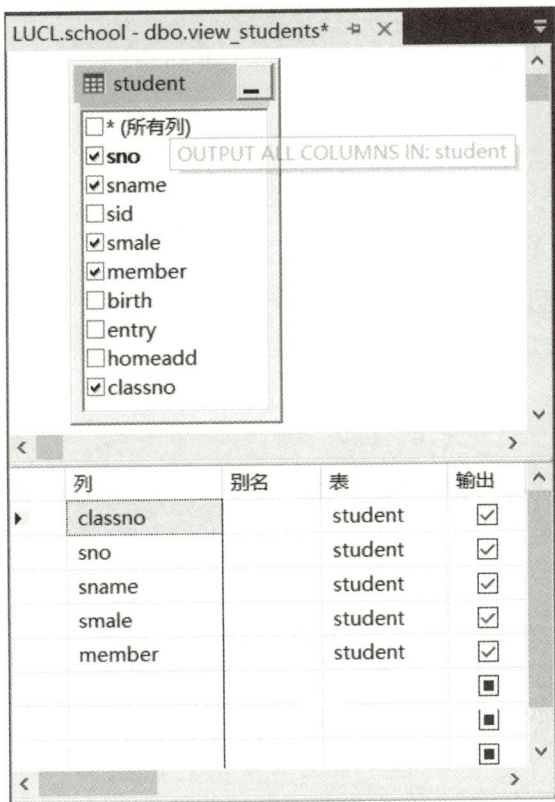

图 4 - 34　选择所需的列

④单击工具栏中"保存"按钮，保存对 view_students 视图的修改。

（2）删除 view_teachers 视图。

①在对象资源管理器中，选择并展开"school"数据库。

②右击"view_teachers"视图，在快捷菜单中单击"删除"命令，在"删除对象"对话框中单击"确定"按钮，如图 4 - 35 所示。

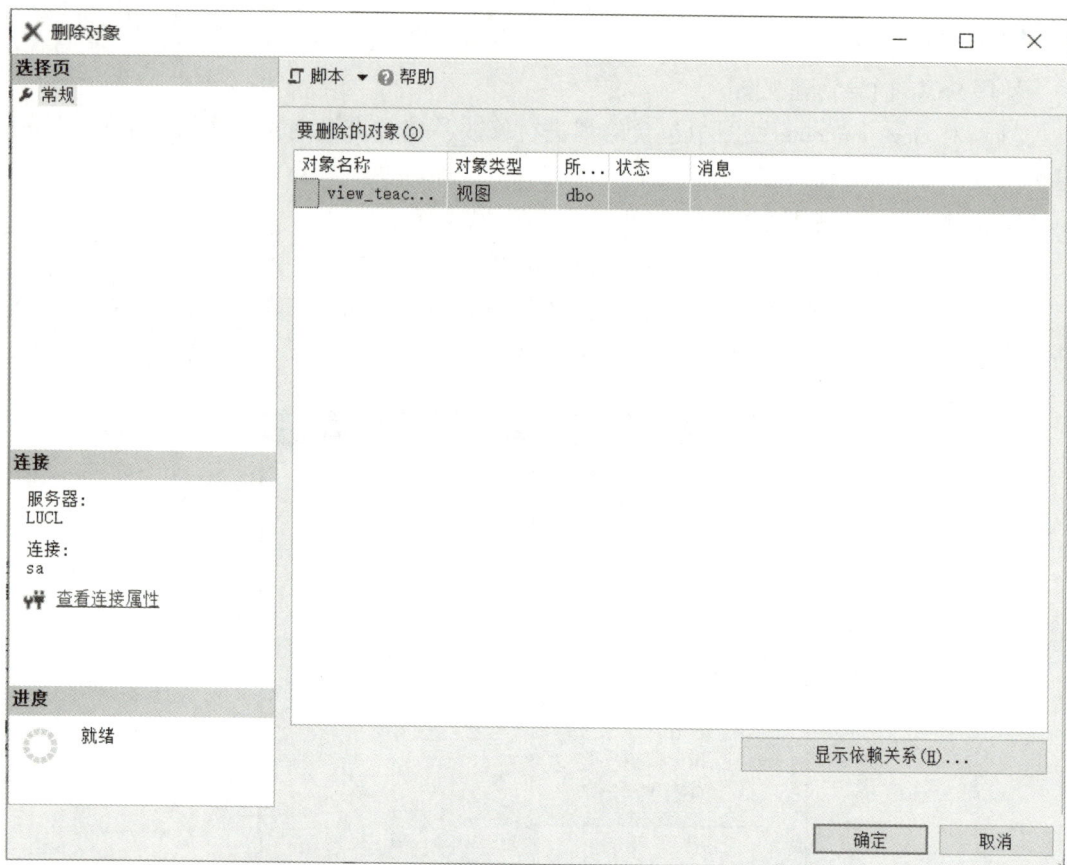

图 4-35　使用"删除对象"向导删除 view_teachers 视图

【项目总结】

1. 索引的概念

数据库中的索引是一种依赖于表建立的、存储在数据库中的独立文件，对表中一列或多列的值进行排序的一种结构。其记录了排序列在表中的物理存储位置，可实现表中数据的逻辑排序。

2. 索引的优缺点

通过创建唯一的索引，能够在索引和信息之间形成一对一的映射式的对应关系，增加数据的唯一性特点。索引能够提高数据查询速度；能够加快表与表之间的连接速度，这对于提高数据的参考完整性方面具有重要作用；能有效地减少检索过程中所需的分组及排序时间，提高检索效率。

建立并维护索引，占用系统时间、物理存储空间，因此需要进行动态的维护，降低了数据库维护效率。

3. 设计索引

检查 where 子句和连接条件列；使用窄索引；检查列的唯一性；检查列数据类型；考虑列顺序；考虑索引类型。

4. 索引类型

按照索引的结构，可以划分为聚集索引和非聚集索引。

按照索引实现的功能，可能划分为唯一索引和不唯一索引。

5. 创建索引

```
CREATE[UNIQUE][CLUSTERED |NONCLUSTERED]INDEX index_name
ON table_name |view_name(column_name[ASC |DESC][,··n])
```

6. 使用索引

用户查询时，可以通过 WITH 子句指定索引：WITH（INDEX = index_name）。

7. 查看索引

```
SP_HELPINDEX table_name
```

8. 重命名索引

```
SP_RENAME 'table_name.index_oldname','index_newname','INDEX'
```

9. 禁用和重新生成索引

```
ALTER INDEX index_name ON table_name DISABLE
ALTER INDEX index_name |ALL ON table_name REBUILD
```

10. 视图的概念

视图是基于 SQL 语句的结果集的可视化的虚拟表，其内容由查询定义。

11. 视图的作用

使用视图可以为用户定制数据，简化用户数据操作，提供有效的安全机制，增强逻辑数据的独立性。

12. 创建视图

```
CREATE VIEW view_name AS query - expression
```

13. 利用视图进行查询

```
SELECT column_name,column_name FROM view_name
```

14. 修改视图

```
ALTER VIEW view_name AS query - expression
```

15. 删除视图

```
DROP VIEW view_name
```

【思考练习】

一、填空题

1. 按照索引的结构，可以划分为_____和_____。

2. 按照索引实现的功能，可以划分为_____和_____。

3. 在_____索引中，表中各行记录存放的物理顺序与索引逻辑顺序相同；在_____索引中，索引中的逻辑顺序与表中行的物理顺序并不相同。

4. 当使用 create index 时，索引列的排序方向默认值为_____。

5. _____是基于 SQL 语句的结果集的可视化的虚拟表，其内容由查询定义。

二、问答题

1. 简述索引的概念及其优缺点。

2. 分别简述什么是聚集索引、非聚集索引、唯一索引。

3. 简述视图的概念及其作用。

三、操作题

1. 当表中数据增多后，可以通过创建索引来提高查询效率。为 teacher 表的 tname 列创建不唯一、非聚集索引 ind_tname。

2. 为 course 表的 cname 列创建唯一、非聚集索引 ind_cname。

3. 使用 ind_tname 索引查询 "李思扬" 老师信息。

4. 使用 ind_cname 索引查询 "ASP. NET 网站开发" 课程学分。

5. 删除 ind_cname 索引。

6. 创建 view_teacher 视图，其中包含教师编号、教师姓名、班级编号、课程编号、课程名称、学分等属性。

7. 创建 view_studentresult 视图，其中包含学号、姓名、班级编、课程名称、成绩分数等属性。

8. 利用 view_teacher 视图查询 170201 班课程教师编号、教师姓名、课程名称、学分。

9. 利用 view_studentresult 视图查询学生各门课程成绩。

10. 修改 view_studentresult 视图，成绩分数改为成绩等级。

11. 删除 view_teacher 视图。

项目五

存储过程与触发器

SQL Server 是基于客户/服务器（Client/Server）的技术。客户向服务器发送查询后，服务器接收、分析（包括检查语法错误）并处理查询请求，最终向客户返回查询结果。由于查询请求是通过网络从客户端传送到服务器端的，会占用一定的网络流量，因此，随着客户查询数量的增加，必将导致网络的拥塞，增加了服务器的负荷。存储过程是解决这些问题的一个解决方案。

SQL Server 提供了多种保证数据完整性的机制。前面学习过数据库完整性约束机制，通过创建主键约束、外键约束、唯一约束、检查约束等来对数据表中的数据进行检查，以保证数据的完整性和一致性。在实际应用中，还存在着一些复杂的参照完整性和数据一致性的问题，仅仅通过约束机制还不能完全保证数据的完整性和一致性。这种情况下，就需要使用 SQL Server 提供的另一种加强型的数据完整性机制——触发器。

实际上，触发器是与表事件相关的一种特殊的存储过程。

【项目描述】

在 school 数据库中，通过创建、使用存储过程，方便查询学生成绩等信息。

【相关知识点】

存储过程的基本知识。

存储过程的创建、修改、删除。

带参数存储过程的使用。

触发器的基本知识。

触发器的创建、修改、删除。

【项目分析】

本项目的完成划分为以下几个任务：

任务一　存储过程的创建与执行

任务二　存储过程中参数的使用

任务三　存储过程管理（修改、删除）

任务四　触发器的创建、执行

任务五　触发器的管理（修改、删除）

任务六　触发器的禁用、启用

任务一　存储过程的创建与执行

【任务描述】

通过前面的学习，已经学会通过 T – SQL 语句操纵数据表中的数据。

在本任务中，将通过创建并执行存储过程的方式，从数据库 school 的数据表 student 中查询学生的姓名、性别、家庭住址三个字段的信息。如果需要多次查询这些信息的话，只需要执行存储过程就可以了，而不需要编写 T – SQL 代码。

【任务目标】

掌握存储过程的概念。

了解存储过程的优点。

了解存储过程的类型。

掌握存储过程的创建和执行。

【相关知识】

一、存储过程的概念

存储过程（Stored Procedure）是一组为了完成特定功能的 T – SQL 语句集合，经编译后存储在数据库中。每一个存储过程可以实现特定的功能，在需要用到这个功能时，用户通过指定存储过程的名称并给出参数来执行。存储过程是数据库中的一个重要对象，一个设计良好的数据库应用程序通常都会用到存储过程。

由于存储过程在创建时即在数据库服务器上进行了编译并存储在数据库中，发送查询到服务器、分析和编译过程不再需要花费时间，所以，存储过程的运行要比 T – SQL 语句块的快。同时，由于在调用时只需要提供存储过程名和必要的参数信息，所以，在一定程度上也可以减少网络流量、降低网络负担。

与其他编程语言中的构造相似，存储过程中可以包含逻辑控制语句和数据操纵语句，它可以接收参数、输出参数、返回单个或多个结果集以及返回值。

二、存储过程的优点

1. 一次编译，提高运行效率

如果某一操作包含大量的 T – SQL 语句代码，分别被多次执行，那么存储过程要比批处理的执行速度快得多。因为存储过程是预编译的，在首次运行一个存储过程时，查询优化器对其进行分析、优化，并给出最终被存储在系统表中的存储计划，供以后重复执行。而批处理的 T – SQL 语句每次运行都需要预编译和优化，所以速度就要慢一些。

2. 减少网络流量，降低网络负担

一个存储过程可以替代大堆的 T – SQL 语句。对于同一个针对数据库对象的操作，如果

将这一操作所涉及的 T－SQL 语句组织成一个存储过程，那么当在客户机上调用该存储过程时，网络中传递的只是该调用语句，否则，将会是多条 T－SQL 语句，从而减少了网络流量，降低了网络负担。

3. 可重复使用

存储过程可以重复使用，任何重复的数据库操作的代码都非常适合在存储过程中进行封装。这不仅消除了不必要的重复编写相同的代码，也降低了代码的不一致性。

4. 更强的安全性

多个用户和客户端程序可以通过存储过程对基础数据库对象执行操作，即使用户和程序对这些基础对象没有直接权限。存储过程控制执行哪些进程和活动，并且保护基础数据库对象。在通过网络调用存储过程时，只有对执行过程的调用是可见的。因此，恶意用户无法看到表和数据库对象名称、嵌入自己的 T－SQL 语句或搜索关键数据。

系统管理员可以对执行的某一个存储过程进行权限限制，从而能够实现对某些数据访问的限制，避免非授权用户对数据的访问，保证数据的安全。另外，还可以对过程进行加密，这有助于对源代码进行模糊处理。

5. 更容易维护

客户端应用程序调用存储过程并且将数据库操作保持在数据层中，对基础数据库中的任何更改，只需要对存储过程进行更新即可，对应用程序源代码却毫无影响，应用程序层保持独立，并且不必知道对数据库布局、关系或进程的任何更改情况。

6. 改进的性能

默认情况下，在首次执行存储过程时，对存储过程进行编译并且创建一个执行计划，供以后的执行重复使用。因为查询处理器不必创建新计划，所以，它通常用更少的时间来处理过程。如果存储过程引用的表或数据有显著变化，则预编译的计划可能实际上会导致过程的执行速度减慢。在此情况下，重新编译过程和强制执行新的计划可提高性能。

三、存储过程的类型

1. 用户定义存储过程

用户定义存储过程是由用户在当前数据库中创建的完成某一特定功能的存储过程，其存储在当前的数据库中。

2. 系统存储过程

系统存储过程是系统创建的存储过程，目的在于能够方便地从系统表中查询信息或完成与更新数据库表相关的管理任务或其他的系统管理任务。

系统存储过程主要存储在 master 数据库中，以"sp"作为存储过程名的前缀。尽管这些系统存储过程存储在 master 数据库中，但在其他数据库还是可以调用系统存储过程的。有一些系统存储过程会在创建新的数据库的时候被自动创建在当前数据库中。

3. 临时存储过程

临时存储过程是用户定义过程的一种形式。临时存储过程与永久存储过程相似，只是临时存储过程存储于 tempdb 中。临时存储过程有两种类型：本地临时存储过程和全局临时存储过程。

本地临时存储过程的名称以单个数字符号（#）作为存储过程名的前缀；它们仅对当前的用户连接是可见的；当用户关闭与服务端的连接时，则被删除。

全局临时存储过程的名称以两个数字符号（##）作为存储过程名的前缀，创建后，对任何用户都是可见的，并且在使用该存储过程的最后一个会话结束时被删除。

4. 远程存储过程

远程存储过程（Remote Stored Procedures）是在远程服务器的数据库中创建和存储的过程。这些远程存储过程可被各种服务器访问，向具有相应许可权限的用户提供服务。通常可以使用分布式查询和 EXECUTE 命令执行一个远程存储过程。

5. 扩展存储过程

扩展存储过程（Extended Stored Procedures）是用户可以使用外部程序语言编写的存储过程。这些过程是指 SQL Server 的实例可以动态加载和运行的动态链接库（DLL），它们在 SQL Server 环境外执行。扩展存储过程的名称通常以 xp_作为标识。

【任务实施】

学习完存储过程的相关知识，下面来看看如何创建并执行存储过程。

一、CREATE PROCEDURE 语句

在 SQL Server 中，使用 CREATE PROCEDURE 语句创建存储过程，语法如下：

```
CREATE PROCEDURE proc_name
AS
BEGIN
    SQL_statements
END
```

这里，proc_name 为准备创建的存储过程的名称。存储过程需要执行的各种操作，比如 DCL、DML、DDL 等命令，包含在 BEGIN 和 END 之间。

【提示】 上述语法中的关键字不区分大小写。关键字 PROCEDURE 可以简写成 PROC。

二、创建存储过程

选择 school 为当前数据库。在工具栏中单击"新建查询"按钮，并在"查询编辑器"中输入如下代码：

```
CREATE PROCEDURE proc_queryStudents
AS
BEGIN
    SELECT  sname,smale,homeadd
    FROM  student
END
```

以上代码将创建一个存储过程 proc_queryStudents, 该存储过程将实现代码 T – SQL 语句 "SELECT sname,smale,homeadd FROM student" 的功能, 即从 student 数据表中查询 sname、smale、homeadd 三个字段的记录。

在工具栏中单击 "执行" 按钮, 存储过程成功创建并存储到当前数据库中, 如图 5 – 1 所示。

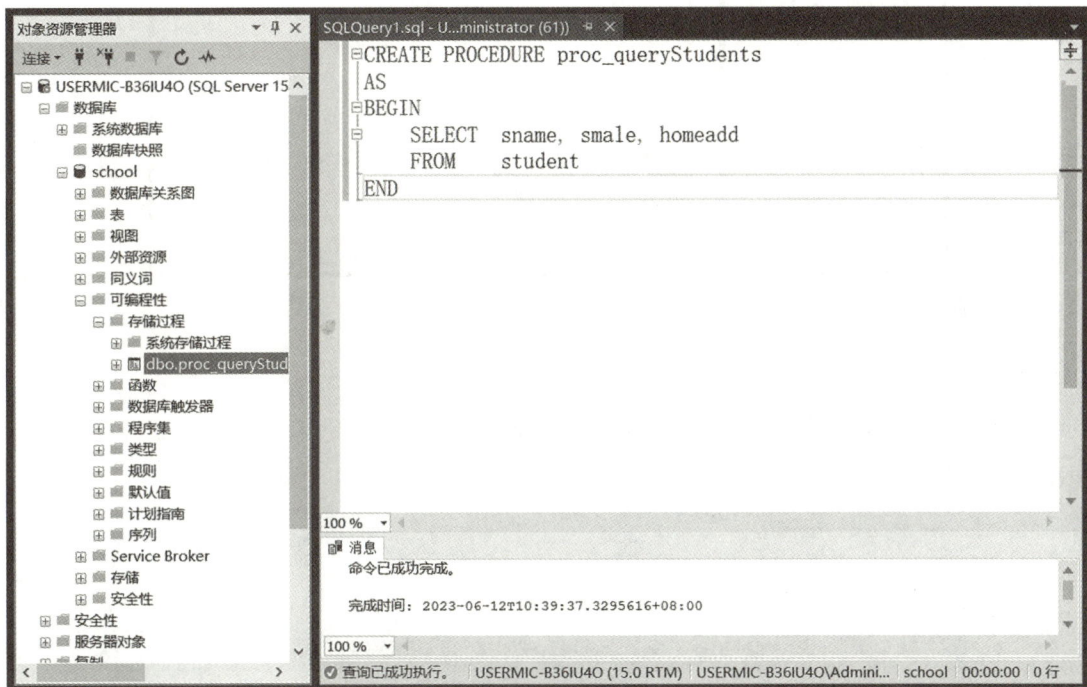

图 5 – 1　创建存储过程

三、执行存储过程

使用 EXECUTE 语句可以执行存储过程, 语法如下:

```
EXECUTE proc_name
```

这里, proc_name 为准备执行的存储过程的名称。

在 "查询编辑器" 中输入如下代码:

```
EXECUTE proc_queryStudents
```

选择刚刚输入的执行存储过程的语句, 单击工具栏中的 "执行" 按钮, 如图 5 – 2 所示。执行完存储过程后, 查询出了指定的学生信息。这样, 就通过执行调用存储过程的一条命令, 实现了创建存储过程时 BEGIN 和 END 之间的 T – SQL 语句的功能。

【提示】 执行存储过程的关键字 EXECUTE 可以简写成 EXEC, 甚至还可以直接省略掉 EXECUTE 而直接执行存储过程名, 但我们并不建议这样做。

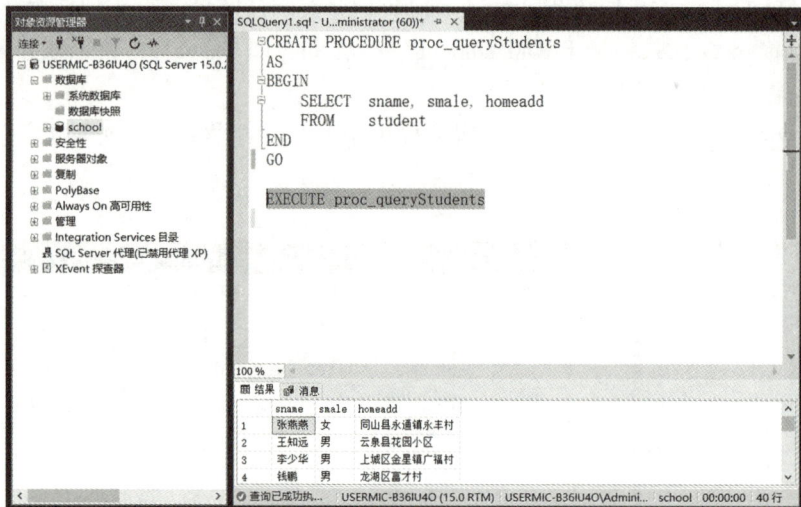

图 5 - 2　执行存储过程

【任务拓展】

可以通过系统存储过程 SP_HELPTEXT 来检查数据库中存储过程的存在。系统存储过程 SP_HELPTEXT 的使用语法如下：

```
SP_HELPTEXT proc_name
```

在"查询编辑器"中输入如下代码：

```
SP_HELPTEXT proc_queryStudents
```

选中刚刚输入的代码，单击工具栏中"执行"按钮，如图 5 - 3 所示，执行结果将显示创建存储过程 queryStudents 的代码。如果执行后出现"对象在数据库中不存在"的提示消息，则说明当前数据库中并不存在指定的存储过程。

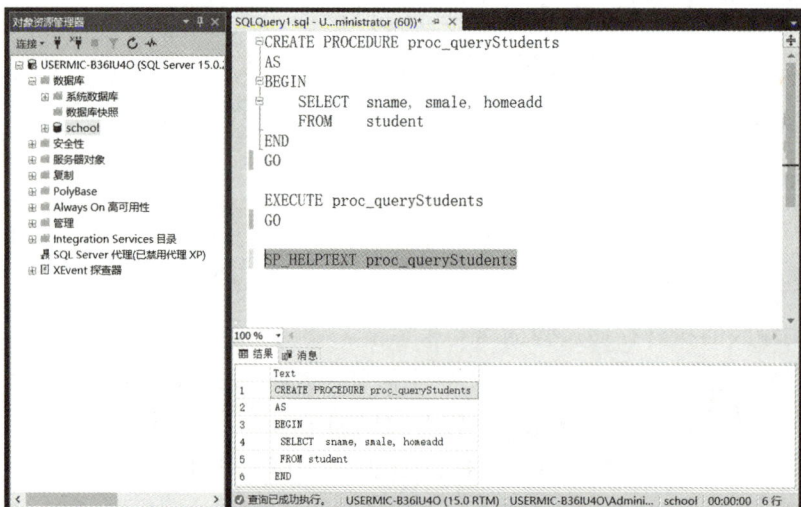

图 5 - 3　使用 SP_HELPTEXT 查看数据库中的存储过程

还有另一种检查存储过程存在不存在的方法：当用户在数据库 school 中创建存储过程 proc_queryStudents 后，在数据库 school 下面的"可编程性 – 存储过程"结点下存在 proc_queryStudents 存储过程对象。

任务二 存储过程中参数的使用

【任务描述】

通过前一任务的学习，已经学会通过 CREATE PROCEDURE 语句创建一个简单的存储过程，并通过 EXECUTE 语句执行存储过程。实际上，存储过程的功能远比前面介绍的强大。

在本任务中，将会向存储过程传递相关的信息作为查询条件，让存储过程根据所传递的信息进行条件查询。

【任务目标】

掌握存储过程中参数的定义方法。

掌握带参数存储过程的创建。

掌握带参数存储过程的执行。

掌握带默认值参数的使用。

【相关知识】

一、参数的类型

参数是存储过程与调用它的对象之间交换数据的一种方法。参数可分为以下两种类型：

输入参数——它允许调用者向过程传递数据值。

输出参数——它允许存储过程向调用者返回数据值（带有 OUTPUT 标记）。

二、创建带参数的存储过程

创建一个带参数的存储过程的语法如下：

```
CREATE PROCEDURE proc_name
@parameterName datatype[ ,@parameterName datatype]
AS
BEGIN
    SQL_statements
END
```

在这里可以发现，带参数的存储过程比不带参数的存储过程多了参数声明。如果需要有多个参数，那么就声明多个参数，多个参数之间使用逗号分隔。

下面来关心参数的声明部分：

@ parameterName：参数名称。参数名称必须符合标识符定义的规则，必须以@字符开头，并且在存储过程范围内是唯一的。每个存储过程的参数仅用于该存储过程本身，相同的参数名称可以用在其他过程中。用户必须在执行存储过程时提供每个所声明参数的值（除非定义了该参数的默认值）。存储过程最多可以有 2 100 个参数。

datatype：参数的数据类型。SQL Server 中所有数据类型（包括 text、ntext 和 image）均可以用作存储过程的参数。

【提示】 默认情况下，参数只能代替常量，而不能用于代替表名、列名或其他数据库对象的名称。

【任务实施】

一、创建带参数的存储过程

在工具栏中单击"新建查询"按钮，在查询编辑器中输入如下代码：

```
CREATE PROCEDURE proc_queryStudentByName
@sname varchar(10)
AS
BEGIN
    SELECT  sname,smale,homeadd
    FROM  student
    WHERE  sname = @sname
END
```

在这里，将参数@sname 的值作为 WHERE 子句查询的条件。

在工具栏中，单击"执行"按钮，成功创建带参数的存储过程，该存储过程带有一个参数，用于向 T-SQL 语句传递学生姓名信息，如图 5-4 所示。

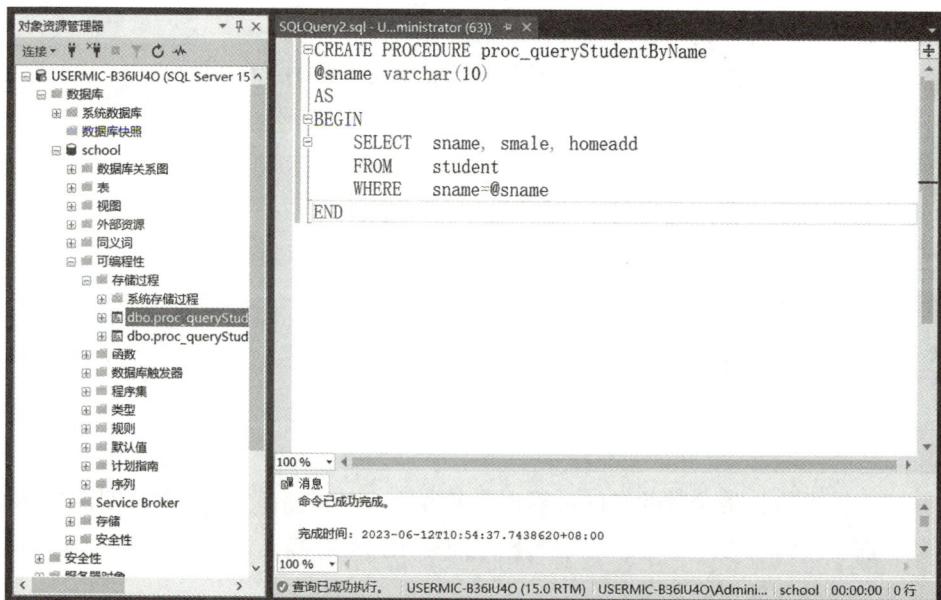

图 5-4 创建带参数的存储过程

二、执行带参数的存储过程

在执行带参数的存储过程时，需要向存储过程传递相关的参数信息。用户必须在执行存储过程时提供每个所声明参数的值（除非定义了该参数的默认值）。

根据所创建的存储过程 proc_queryStudentByName，需要向存储过程传递学生姓名信息，数据类型为 varchar(10)。在查询编辑器中继续输入以下代码：

```
EXECUTE proc_queryStudentByName "张燕燕"
```

选中以上代码，单击工具栏的"执行"按钮，成功执行存储过程后，会显示指定学生的信息，如图 5-5 所示。

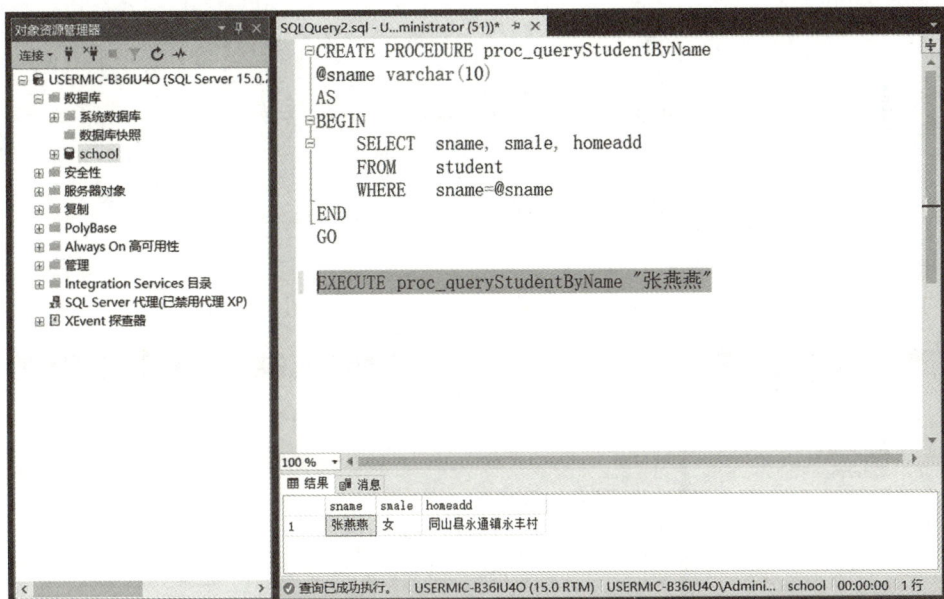

图 5-5　执行带参数的存储过程

三、使用多个参数的存储过程

在实际应用中，可能需要向存储过程传递多个信息，就需要在创建存储过程时定义多个参数。比如，创建一个存储过程，通过传递学生姓名和课程名，查询该学生这门课程的成绩，结果显示学生姓名、课程名称、课程成绩。

首先，回顾一下如何通过 T-SQL 语句查询所有学生所有课程的成绩，结果显示学生姓名、课程名称、课程成绩。要实现该功能，需要进行涉及 student、course、result 三张表的查询，具体代码如下：

```
SELECT   student.sname,course.cname,result.score
FROM     student,course,result
WHERE    student.sno = result.sno and course.cno = result.cno
```

接下来查询指定学生指定课程的成绩。还需要在查询条件中添加两个条件，代码如下：

```
SELECT    student.sname,course.cname,result.score
FROM      student,course,result
WHERE     student.sno = result.sno and course.cno = result.cno
          and student.name = '张燕燕' and course.cname = '网页设计与制作'
```

下面通过存储过程来实现以上功能。既然需要传递姓名和课程名，那么在创建存储过程时就需要定义这两个参数。在工具栏中单击"新建查询"按钮，在"查询编辑器"中输入如下代码：

```
CREATE PROCEDURE proc_queryStudentScore
@sname varchar(10),
@cname varchar(20)
AS
BEGIN
    SELECT    student.sname,course.cname,result.score
    FROM      student,course,result
    WHERE     student.sno = result.sno and course.cno = result.cno
              and student.sname = @sname and course.cname = @cname
END
```

在工具栏中单击"执行"按钮，成功创建存储过程，如图 5 - 6 所示。

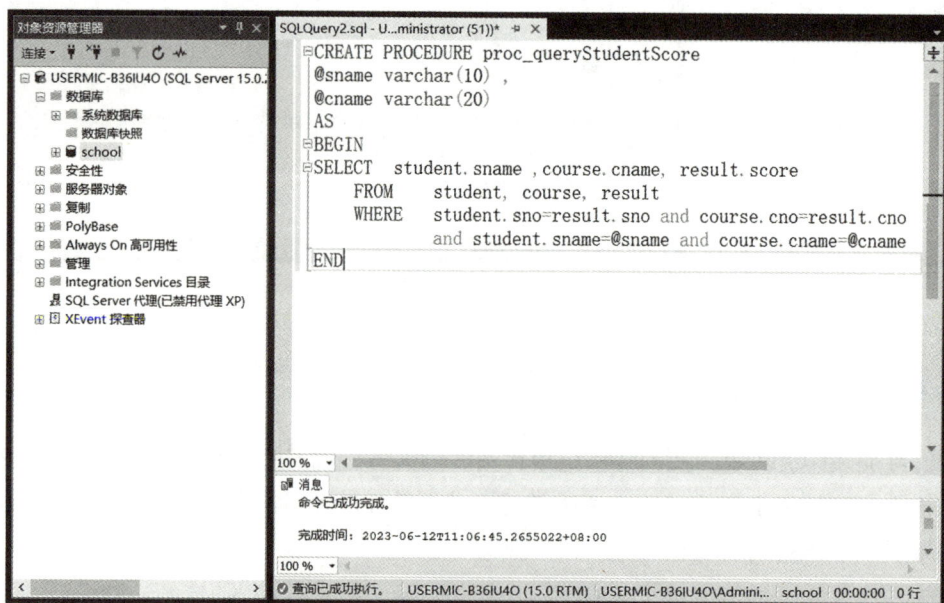

图 5 - 6　创建带有多个参数的存储过程

在"查询编辑器"中继续输入如下代码，选择该代码并执行。结果如图 5 - 7 所示，显示了学生张燕燕网页设计与制作课程的成绩。

```
EXECUTE proc_queryStudentScore '张燕燕','网页设计与制作'
```

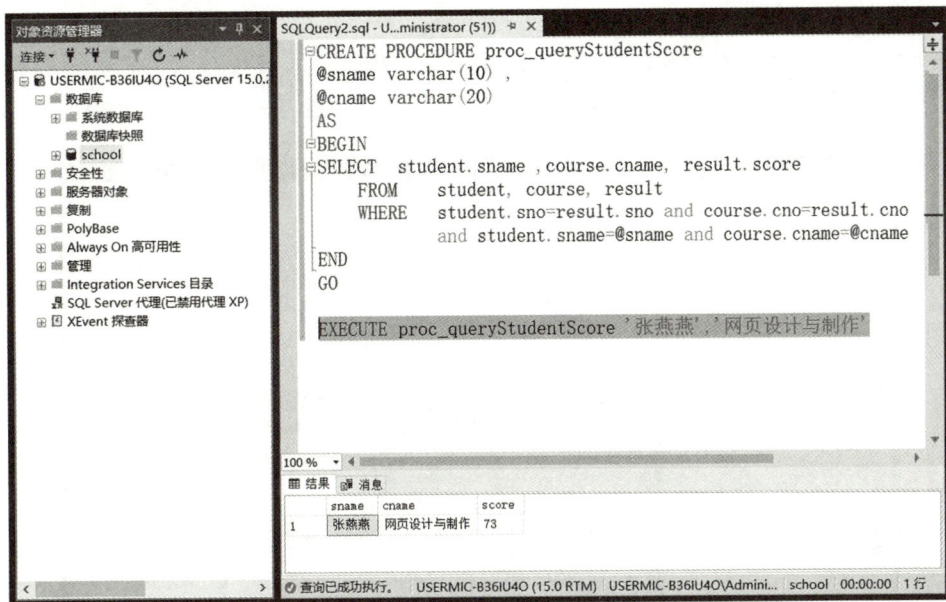

图 5-7　执行带有多个参数的存储过程

【提示】　在执行带有多个参数的存储过程时，存储过程名后传递的数据应该与创建存储过程中的参数一一对应，包括参数的数据类型和参数的先后顺序。

【任务拓展】

一、使用带默认值的参数

如果在执行带有参数的存储过程时没有传递任何参数，执行将会产生一个错误信息。

在 SQL 中可以对字段进行默认值的约束，在存储过程中也可以建立使用默认值的参数。只要在参数的定义之后加上等号，并在等号后面写出默认值即可。在执行参数带有默认值的存储过程中，该参数可以提供，也可以不提供。

二、创建并执行参数带默认值的存储过程

在工具栏中单击"新建查询"按钮，在"查询编辑器"中输入如下代码：

```
CREATE PROCEDURE proc_queryStudentByNameWithDefaultValue
@sname varchar(10) = '张燕燕'
AS
BEGIN
    SELECT  sname,smale,homeadd
    FROM    student
    WHERE   sname = @sname
END
```

在工具栏中单击"执行"按钮，成功创建存储过程。

在"查询编辑器"中继续输入如下代码，分别使用默认参数值、指定参数值执行存储

过程，结果如图 5 – 8 所示。

```
EXECUTE proc_queryStudentByNameWithDefaultValue ;
EXECUTE proc_queryStudentByNameWithDefaultValue '王知远';
```

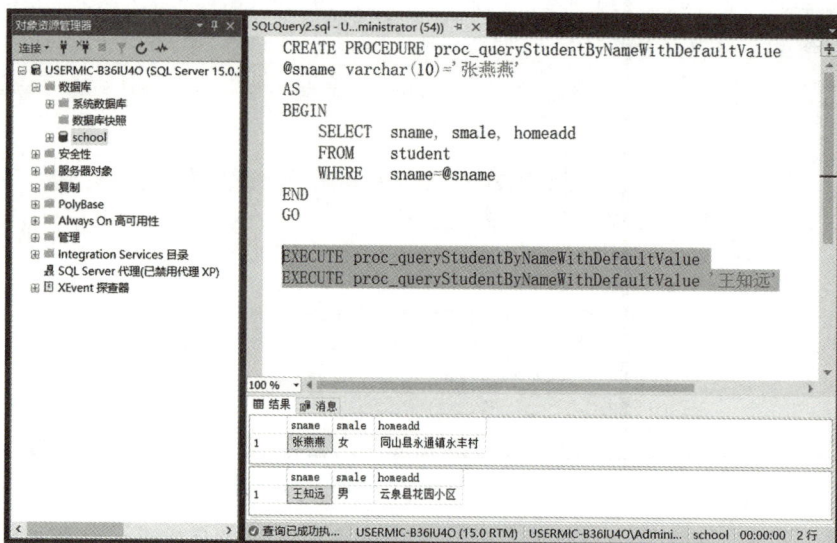

图 5 – 8　使用带有默认值的参数

【知识拓展】

1. 存储过程参数次序

在执行存储过程时，如果显式地指明参数名称及其对应的参数值，就允许按任意顺序提供参数。

例如，前面存储过程 proc_queryStudentScore 需要使用两个参数，分别为@ sname 和@ cname，在执行存储过程时，直接将参数值指定给参数，代码如下：

```
EXECUTE proc_queryStudentScore @sname ='张燕燕',@cname ='网页设计与制作'
```

或者

```
EXECUTE proc_queryStudentScore @ cname ='网页设计与制作',@sname ='张燕燕'
```

这种情况下，就不需要考虑多个参数之间的次序了，读者可以自行测试一下。

2. 存储过程返回值

每个存储过程执行后，都会返回一个整数代码。如果存储过程显式设置了返回值，则可以把这个返回值存储到一个变量中；如果存储过程没有显式设置返回值，则返回 0，表示存储过程成功执行。

查看如下代码：

```
DECLARE @score int
EXECUTE @score =proc_queryStudentScore @Vcname ='网页设计与制作',@sname ='张燕燕'
SELECT @score
```

以上代码创建一个变量@ score，调用 proc_queryStudentScore 并将返回结果存储到变量@ score中，再通过 SELECT 语句输出变量@ score 的值。由于并没有在存储过程中指定返回值，变量@ score 只能获得表示存储过程执行情况的代码。

上述代码执行结果如图 5 – 9 所示。

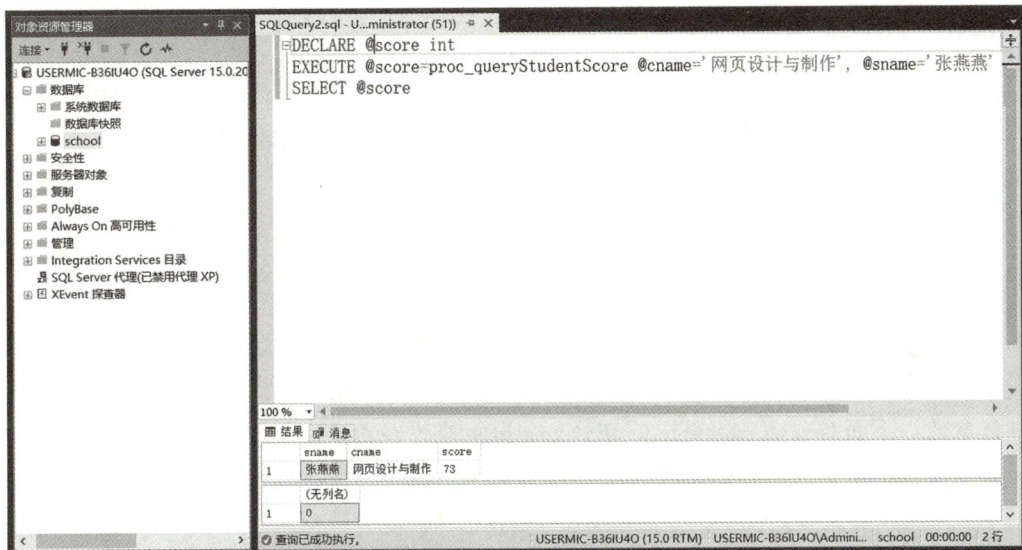

图 5 – 9　存储过程返回值

任务三　存储过程的管理（修改、删除）

【任务描述】

在前面的任务中，已经学会存储过程的创建与执行，存储过程进行一次编译后，就存储在数据库中，可以多次使用。但是如果数据库中有了变化，或者已有存储过程的功能需要进行修改，就需要对已有存储过程进行修改；如果不再需要使用某个存储过程，就需要将其从数据库中删除。

本任务中，将学习存储过程的管理：对已有的存储过程 proc_queryStudentByName 进行修改，给参数@ sname 添加默认值；删除存储过程 proc_queryStudentScore。

【任务目标】

掌握存储过程的修改操作。

掌握存储过程的删除操作。

【相关知识】

一、ALTER PROCEDURE 语句

使用 ALTER PROCEDURE 语句可以修改现有存储过程。

当然，也可以通过先删除现有存储过程再创建同名存储过程的方式实现相同的效果。但是，在这种情况下，可能就需要给各种用户重新分配许可权限。删除已有存储过程也可能会影响到一些依赖于该存储过程的其他存储或其他数据库对象。因此，为了避免这些问题，还应该使用 ALTER PROCEDURE 语句对现有存储过程进行修改。

二、DROP PROCEDURE 语句

使用 DROP PROCEDURE 语句可以删除现有存储过程。只有确认不再需要使用该存储过程、没有其他数据库对象依赖于该存储过程时，才能执行存储过程的删除操作。

【任务实施】

一、修改存储过程

如果在执行带有参数的存储过程时没有传递任何参数，执行将会产生一个错误信息。在上一个任务中，通过给存储过程的参数添加默认值的方式，允许执行参数时不提供参数而使用默认参数。下面对 proc_queryStudentByName 进行修改，为该过程添加参数的默认值。

在工具栏中单击"新建查询"按钮，输入以下代码：

```
ALTER PROCEDURE proc_queryStudentByName
@sname varchar(10) = '张燕燕'
AS
BEGIN
    SELECT   sname,smale,homeadd
    FROM     student
    WHERE    sname = @sname
END
```

在工具栏中单击"执行"按钮，成功修改存储过程，带参数值、不带参数值执行修改后的存储过程如图 5 - 10 所示。

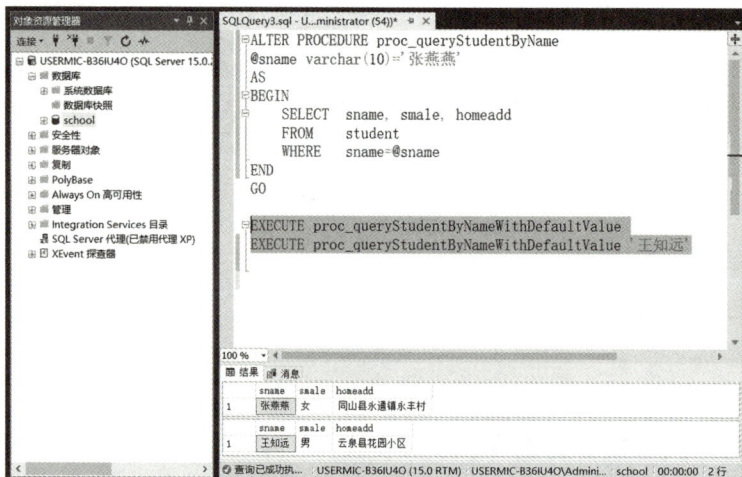

图 5 - 10　修改存储过程

实际上，修改存储过程类似于创建存储过程，除了把 CREATE 改成 ALTER 外，编写其他代码的方式是相同的。当然，在这个例子中，仅仅是给参数添加了一个默认值。还可以对 BEGIN 和 END 之间的代码进行修改，实现另一个功能。比如，把其中的 SELECT 语句改成 DELETE 语句，实现根据学生姓名删除学生记录，代码如下：

```
ALTER PROCEDURE proc_queryStudentByName
@sname varchar(10)
AS
BEGIN
    DELETE  FROM  student  WHERE  sname = @sname
END
```

【提示】　当然，如果存储过程修改后功能都完全不一样的话，还是新建一个存储过程吧。这里只是告诉你，你可以根据功能的需要随便修改现有存储过程。

二、删除存储过程

删除存储过程非常简单，只要把需要删除的存储过程的名称告诉 DROP 就可以了。执行下面的代码就会删除已有存储过程 proc_queryStudentScore，如图 5 - 11 所示。

```
DROP PROCEDURE proc_queryStudentScore
```

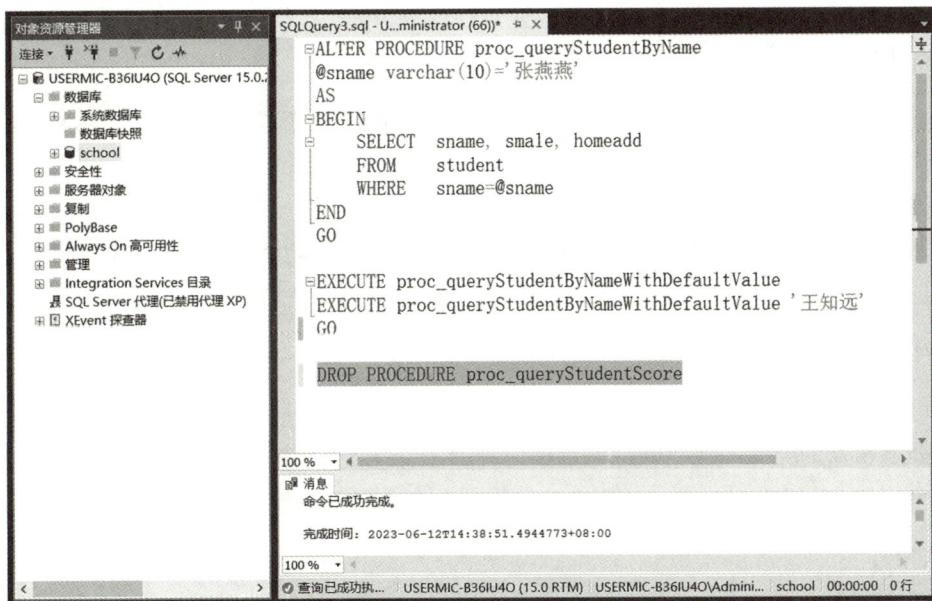

图 5 - 11　删除存储过程

【任务拓展】

可以使用前面提到过的 SP_HELPTEXT 查看修改后的存储过程，如图 5 - 12 所示。

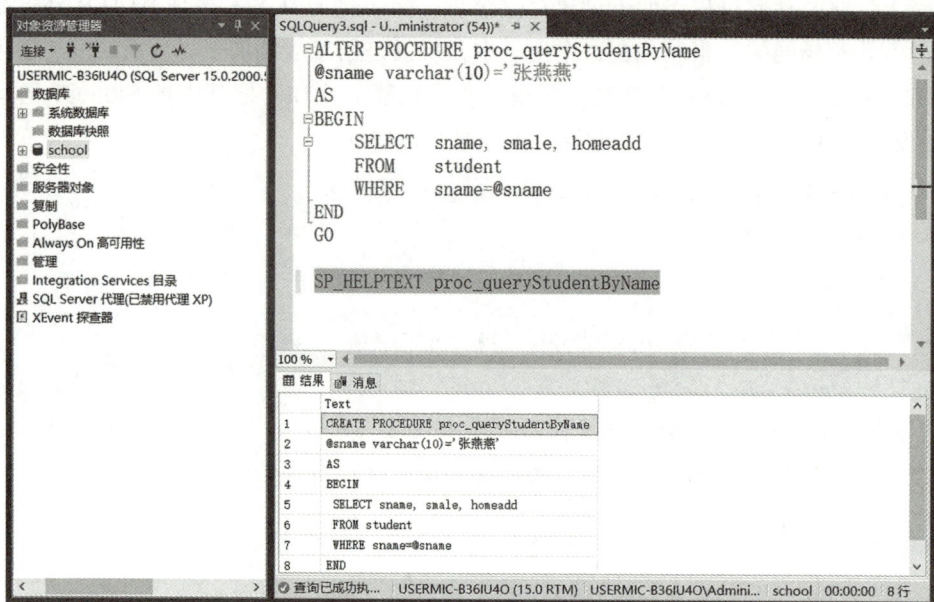

图 5 – 12　查看修改后的存储过程

任务四　触发器的创建、执行

【任务描述】

在前面的任务中，学习了存储过程的使用，可以使用存储过程代替 T – SQL 代码块，提高数据库操作的效率。

本任务中将学习一种特殊的存储过程——触发器。通过本任务的学习，你将了解触发器的基本概念及触发器的分类，掌握各种触发器的触发条件，能够根据要求选择正确类型的触发器，还要学会创建 INSERT 触发器、UPDATE 触发器、DELETE 触发器。

【任务目标】

了解触发器的基本概念。

掌握触发器的类型并能判断应该选择何种触发器。

学会创建 INSERT 触发器、UPDATE 触发器、DELETE 触发器。

【相关知识】

一、触发器的概念

触发器是由 T – SQL 语句组成的代码块。其是一种特殊类型的存储过程，它不同于前面介绍过的存储过程，触发器主要是通过事件进行触发而被执行的，而存储过程可以通过存储过程名字直接调用。比如，当对某一表进行诸如 UPDATE、INSERT、DELETE 这些操作时，触发器就被激发，SQL Server 就会自动执行触发器所定义的 SQL 语句。

触发器用于帮助维持表中数据的一致性、可靠性和正确性。触发器的主要作用就是其能够实现由主键和外键所不能保证的复杂的参照完整性和数据一致性。

二、触发器的分类

SQL Server 中包括两种常规类型的触发器：DDL 触发器和 DML 触发器。

1. DDL 触发器

DDL 触发器（数据定义语言触发器）为发生数据定义语言事件时触发的触发器。引起 DDL 事件的主要是以 CREATE、ALTER、DROP 等关键字开头的语句。

DDL 触发器的主要作用是执行管理操作，用于审核与规范对数据库中表、触发器、视图等结构的操作，用于防止对数据库架构、视图、表、存储过程等进行的某些修改，比如修改表、修改列、新增表、新增列等。它在数据库结构发生变化时执行，可以用它来记录数据库的修改过程，以及限制程序员对数据库的修改，比如不允许删除某些指定表等。

2. DML 触发器

DML 触发器（数据操纵语言触发器）为发生数据操纵语言事件时触发的触发器。引起 DML 事件的主要是 INSERT、UPDATE 或 DELETE 语句。可以创建与 INSERT、UPDATE 和 DELETE 语句相对应的触发器。

DML 触发器类似于约束，因为可以强制实体完整性或域完整性，当约束支持的功能无法满足应用程序的功能要求时，DML 触发器非常有用。

DML 触发器主要有两种类型：

1）AFTER 触发器

AFTER 触发器在成功执行 INSERT、UPDATE 或 DELETE 语句的操作之后被激发执行。如果 DML 操作语句违反了约束，则永远不会执行 AFTER 触发器。

2）INSTEAD OF 触发器

INSTEAD OF 触发器会在 SQL Server 开始执行一系列操作之前就执行，这是和在这些操作执行后才执行的 AFTER 触发器的不同之处。

INSTEAD OF 触发器用来代替通常的触发动作，即当对表进行 INSERT、UPDATE 或 DELETE 操作时，系统不是直接对表执行这些操作，而是把操作内容交给触发器，让触发器检查所进行的操作是否正确。如正确，才进行相应的操作。因此，INSTEAD OF 触发器的动作要早于表的约束处理。

根据引起 DML 触发器的事件的 DML 语句，DML 触发器还可以分为 INSERT 触发器、UPDATE 触发器、DELETE 触发器。

三、INSERTED 表和 DELETED 表

在 DML 触发器执行的时候，系统会产生两个临时表：INSERTED 表和 DELETED 表。

1. INSERTED 表

当向表中插入行时，INSERT 触发器被触发执行，插入触发器表中的新行会被插入 INSERTED 表中。

2. DELETED 表

当从表中删除行时，DELETE 触发器被触发执行，从触发器表中删除的行会被插入 DELETED 表中。

INSERTED 表和 DELETED 表在触发器执行时被创建，触发器执行完后就消失。所以，只能在触发器执行的 T－SQL 语句中查询使用这两个表，而且不能对这两张表中的数据进行更改。

在数据表中修改一条记录相当于在插入一条新记录的同时删除旧记录。所以，当更新表中的记录时，UPDATE 触发器被触发执行，先从触发器表删除旧行，旧行被插入 DELETED 表中，再向触发器表中插入新行，新行同时也被插入 INSERTED 表中。

四、创建触发器的语法

在完成触发器的创建与使用时，先要确定触发器的类型：是 DML 触发器还是 DDL 触发器，如果是 DML 触发器，还需要根据操作类型确定是 INSERT 触发器、UPDATE 触发器还是 DELETE 触发器，还需要确定是 AFTER 触发器还是 INSTEAD OF 触发器。

在这里，主要是学习 DML 触发器的使用。

创建 DML 触发器的语法如下：

```
CREATE TRIGGER trigger_name
ON{table_name|view_name}
{AFTER|INSTEAD OF}  {[INSERT][,][UPDATE][,]DELETE]}
AS
BEGIN
    SQL_statements
END
```

说明：

（1）使用 CREATE TRIGGER 语句创建触发器，触发器名必须符合标识符规则，并且在数据库中必须唯一。

（2）ON 关键字后面指定在其上执行触发器的表，也可以称为触发器表。除了表以外，视图上也可以定义触发器。

（3）AFTER 用于说明触发器在指定操作都成功执行后触发。如 AFTER INSERT 表示向表中插入数据成功后激活触发器。不能在视图上定义 AFTER 触发器。一个表可以创建多个给定类型的 AFTER 触发器。

（4）{[DELETE][,][INSERT][,][UPDATE]} 指定激活触发器的语句的类型，必须至少指定一个选项。在触发器定义中允许使用上述选项的任意顺序组合。INSERT 表示将新行插入表时激活触发器，UPDATE 表示更改某一行时激活触发器，DELETE 表示从表中删除某一行时激活触发器。

（5）AS 后面是触发器要执行的 T－SQL 语句，可以有一条或多条语句，用于指定 DML 触发器触发后将要执行的动作。

【任务实施】

一、INSERT 触发器的创建与执行

当向一个表中插入一行记录时，INSERT 触发器被触发。INSERT 语句成功执行后，被插入的新行也会被添加到触发器的 INSERTED 表中。

下面将在 student 数据表中创建一个 INSERT 触发器，当插入一条新记录时，能够反馈 INSERT 语句执行成功的信息，并且通过查询 INSERTED 表查看插入的新记录。

在工具栏中单击"新建查询"按钮，在"查询编辑器"中输入如下代码：

```
CREATE TRIGGER trig_studentAfterInsert
ON student
AFTER INSERT
AS
BEGIN
    SELECT 'Inserted successfully!'
    SELECT * FROM INSERTED
END
```

单击工具栏上的"执行"按钮后，以上代码将会给 student 表创建一个名为 trig_studentAfterInsert 的 INSERT 触发器，该触发器在 INSERT 语句成功执行后触发，输出 "Inserted successfully!"，并查询出 INSERTED 表中的记录。

创建触发器的代码执行结果如图 5-13 所示。代码执行后，可以在 student 表下查看到刚刚创建的触发器。

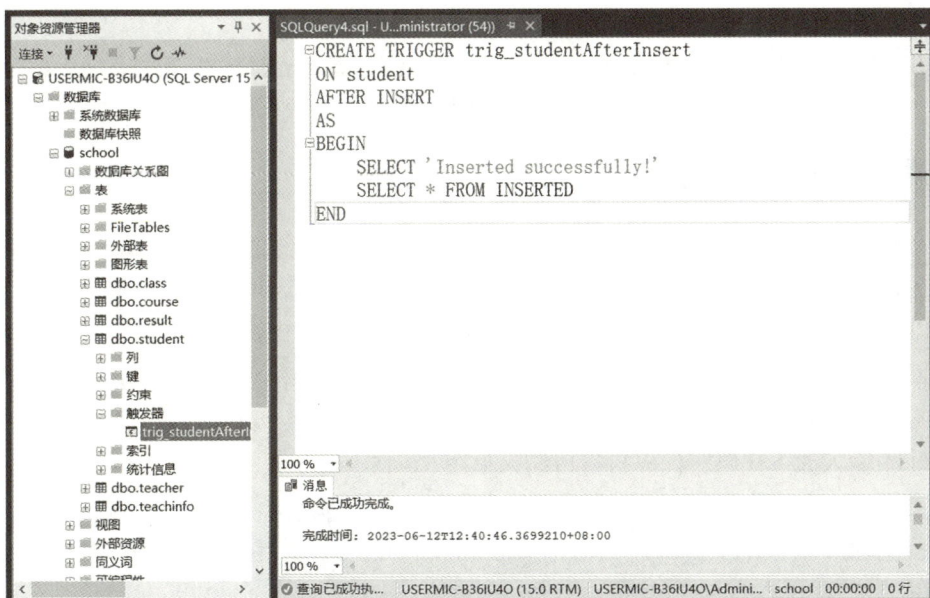

图 5-13　创建 INSERT 触发器

假设现有一个学生需要从外校转到班级 160101，下面向 student 表中插入该学生的信息，以此来验证 INSERT 触发器是否会被触发并自动执行。

在工具栏中单击"新建查询"按钮，输入如下代码，向 student 表中插入一条记录。

```
INSERT INTO student
VALUES('16010111','王小二','20000200102192324','男',1,NULL,'2019 - 09 - 01','同山县永通镇永丰村','160101')
```

单击工具栏中的"执行"按钮，INSERT 语句执行后，输出"Inserted successfully!"，并显示出 INSERTED 表中的记录，如图 5 – 14 所示，说明创建在 student 表上的 INSERT 触发器被触发并执行。

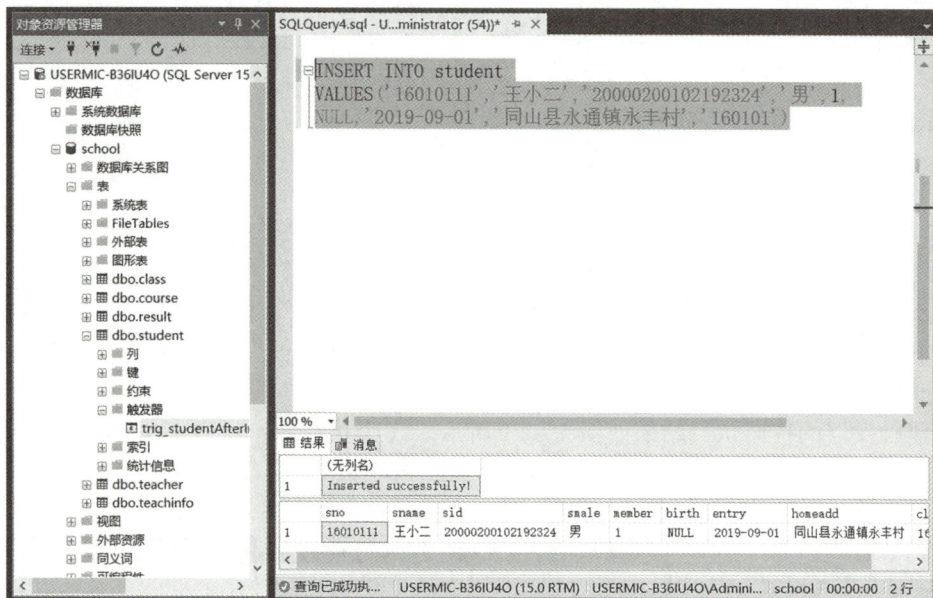

图 5 – 14   INSERT 触发器的执行

二、UPDATE 触发器的创建与执行

当在触发器表中更新数据时，UPDATE 触发器被触发。该类型的触发器可用来约束用户对数据的修改。UPDATE 语句成功执行后，触发器表中修改前的记录会被添加到触发器 DELETED 表中，修改后的记录会被添加到触发器的 INSERTED 表中。

下面在 student 表上创建一个 UPDATE 触发器，在对表中的数据修改后，触发器将从 INSERTED 和 DELETED 表中输出相关数据。在工具栏中单击"新建查询"按钮，在"查询编辑器"中输入如下代码，代码执行后结果如图 5 – 15 所示。

```
CREATE TRIGGER trig_studentAfterUpdate
ON student
AFTER UPDATE
AS
BEGIN
```

```
    SELECT 'Updated successfully!'
    SELECT * FROM INSERTED
    SELECT * FROM DELETED
END
```

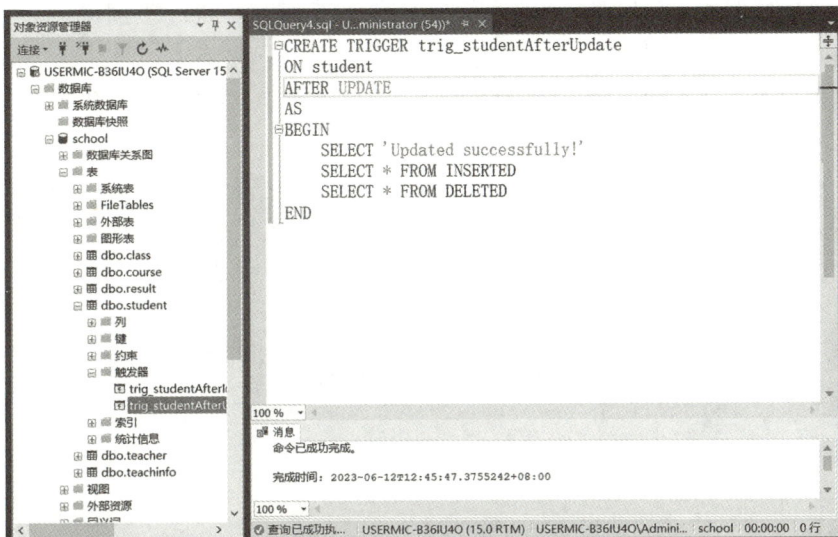

图 5 – 15　创建 UPDATE 触发器

单击工具栏中的"新建查询"按钮，在"查询编辑器"窗口中输入 UPDATE 语句的代码：

```
UPDATE student
SET sname = '王二'
WHERE sno = '16010111'
```

代码执行结果如图 5 – 16 所示，可以查看到 INSERTED 表和 DELETED 表中的数据。

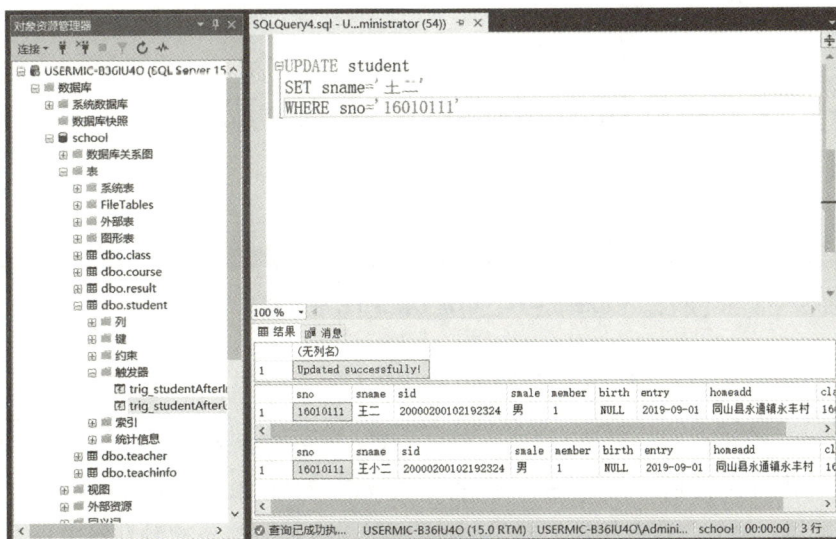

图 5 – 16　UPDATE 触发器的执行

三、DELETE 触发器的创建与执行

当试图从触发器表中删除一行时，DELETE 触发器被触发。DELETE 语句成功执行后，触发器表中被删除的记录被添加到触发器的 DELETED 表中。

使用 DELETE 触发器可以阻止删除操作的执行。下面为 student 表创建一个 DELETE 触发器，防止表中的数据被删除。

在工具栏中单击"新建查询"按钮，在"查询编辑器"中输入如下代码，代码执行后的结果如图 5-17 所示。

```
CREATE TRIGGER trig_studentAfterDelete
ON student
AFTER DELETE
AS
BEGIN
    PRINT 'You can not delete any row from student!'
    ROLLBACK TRANSACTION
END
```

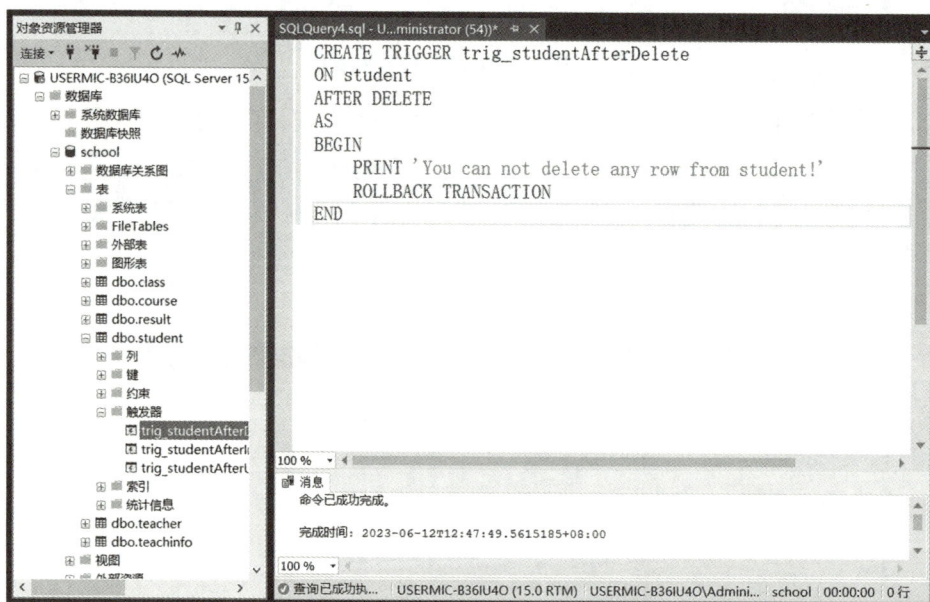

图 5-17　创建 DELETE 触发器

在"查询编辑器"中，输入以下代码并选中执行：

```
DELETE FROM student WHERE sno = '16010111'
```

DELETE 语句执行后，将从 student 表中删除学号为 16010111 的学生记录并触发 DELETE 触发器，触发器执行结果如图 5-18 所示，DELETE 操作被触发器中止。

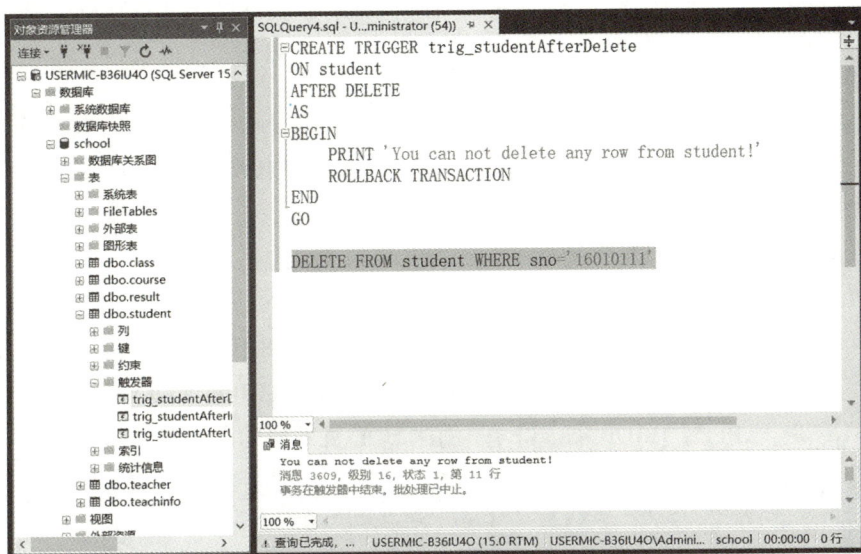

图 5 - 18　DELETE 触发器的执行

【提示】　ROLLBACK TRANSACTION 语句可以恢复数据修改之前的状态, 或者可以理解为撤销引起触发器执行的那个操作。

【任务拓展】

触发器是一种特殊类型的存储过程, 也可以通过 SP_HELPTEXT 查看已有触发器的创建代码。在 "查询编辑器" 中输入如下代码, 将输入的代码选中后执行, 结果如图 5 - 19 所示。

```
SP_HELPTEXT trig_studentAfterDelete
```

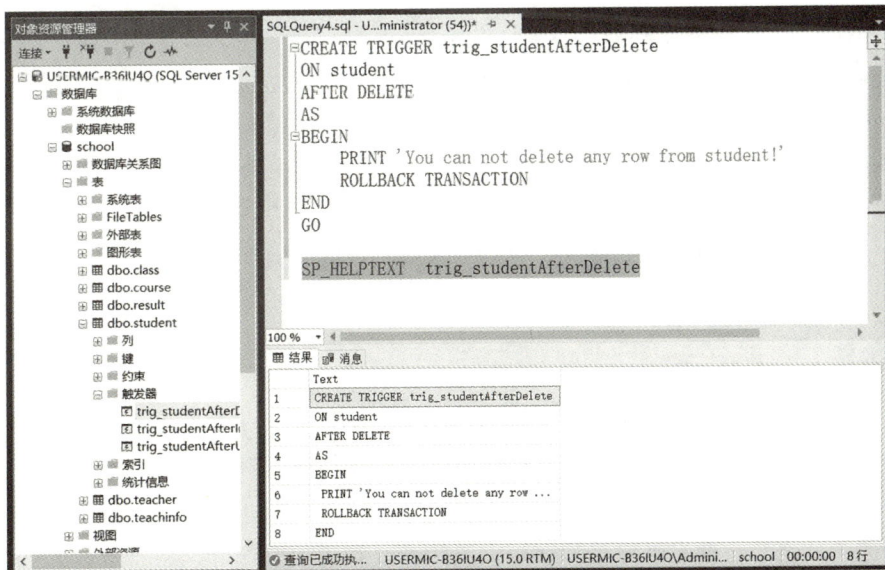

图 5 - 19　使用 SP_HELPTEXT 查看创建触发器的代码

【知识拓展】

创建 DDL 触发器

像 DML 触发器一样，DDL 触发器也会激发存储过程以响应事件。但与 DML 触发器不同的是，它们不会为响应针对表或视图的 UPDATE、INSERT 或 DELETE 语句而激发，相反，它们将为响应各种数据定义语言（DDL）事件而激发。这些事件主要与以关键字 CREATE、ALTER 和 DROP 开头的 Transact－SQL 语句对应。例如，每当数据库中发生 CREATE_TABLE 事件时，都会激发为响应 CREATE_TABLE 事件创建的 DDL 触发器。

如果希望在运行 CREATE TABLE、ALTER TABLE 或 DROP TABLE 语句后触发 DDL 触发器，则可以在 CREATE TRIGGER 语句中指定 FOR DDL_TABLE_EVENTS（比如 CREATE_TABLE、ALTER_TABLE、DROP_TABLE）。创建 DDL 触发器的语法格式如下：

```
CREATE TRIGGER trigger_name
ON database
FOR DDL_TABLE_EVENTS
AS
BEGIN
    SQL_statements
END
```

在下面的示例中，每当数据库中发生 DROP_TABLE 或 ALTER_TABLE 事件时，都会激发 DDL 触发器 safety。

```
CREATE TRIGGER safety
ON database
FOR DROP_TABLE,ALTER_TABLE
AS
BEGIN
    PRINT 'you must DISABLE trigger "safety" to drop or alter tables!'
    rollback
END
```

【提示】 DDL 触发器无法作为 INSTEAD OF 触发器使用。

任务五 触发器的管理（修改、删除）

【任务描述】

在前一任务中，已经学习了触发器的基本知识，并学会了如何创建 INSERT 触发器、UPDATE 触发器和 DELETE 触发器，同时，通过相关操作激发触发器的执行，验证了触发器的功能。

本任务中，将学习现有触发器的管理，包括修改和删除操作。

【任务目标】

学会使用 ALTER TRIGGER 修改触发器。

学会使用 DROP TRIGGER 删除触发器。

学会查询数据库中有哪些触发器。

【相关知识】

如有需要，可以查看任务四中的相关知识。

【任务实施】

一、使用 ALTER TRIGGER 语句修改触发器

使用 ALTER TRIGGER 语句可以对现有的触发器进行修改。下面以修改前面创建的 UPDATE 触发器 trig_studentAfterUpdate 为例，修改后的触发器将分别从 INSERT 表和 DELETE 表中查询更新前和更新后的学生姓名。修改触发器的语法结构与创建触发器的语法结构相同，除了把 CREATE TRIGGER 改成 ALTER TRIGGER 外。

在"查询编辑器"中输入以下代码：

```
ALTER TRIGGER trig_studentAfterUpdate
ON student
AFTER UPDATE
AS
BEGIN
    SELECT 'Updated successfully!'
    SELECT sname AS 'newName' FROM INSERTED
    SELECT sname AS 'oldName' FROM DELETED
END
```

执行以上代码将对现有 UPDATE 触发器的功能进行修改。前面验证创建好的 UPDATE 触发器时，已经把学生的姓名修改为"王二"，现在使用 UPDATE 语句将该学生的姓名再从"王二"改为"王小二"，以验证修改后的 UPDATE 触发器。触发器执行结果如图 5–20 所示，触发器输出了修改前和修改后的姓名信息。

二、使用 DROP TRIGGER 语句删除触发器

可以使用 DROP TRIGGER 语句删除触发器对象，语法如下：

```
DROP TRIGGER trigName
```

当用户删除一个数据表时，在这个数据表上创建的所有触发器都会被删除。

在"查询编辑器"中输入以下代码并选中执行，触发器被删除后，无法再查询到该触发器，结果如图 5–21 所示。

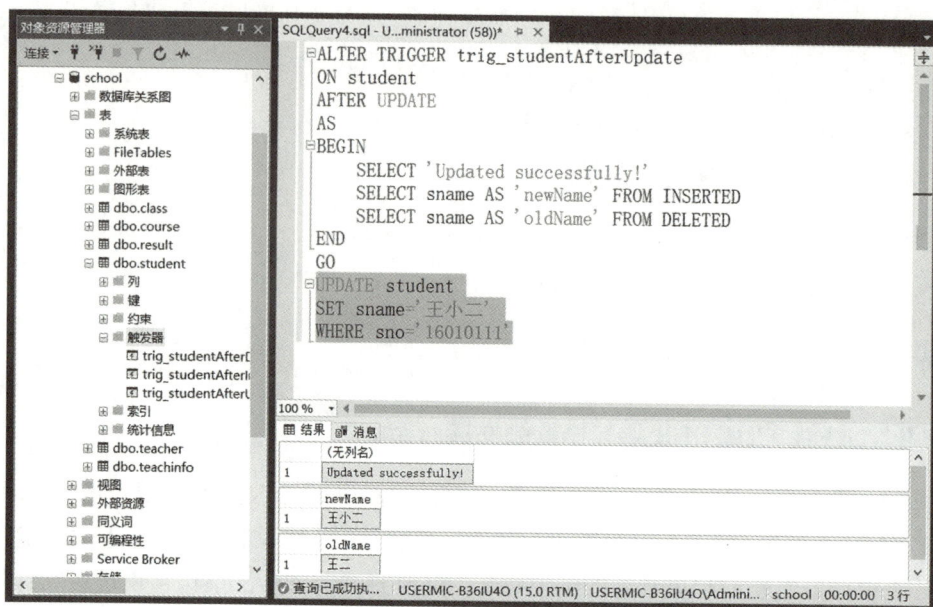

图 5 - 20　UPDATE 触发器修改后的输出结果

```
DROP TRIGGER trig_studentAfterDelete
go
SP_HELPTEXT trig_studentAfterDelete
```

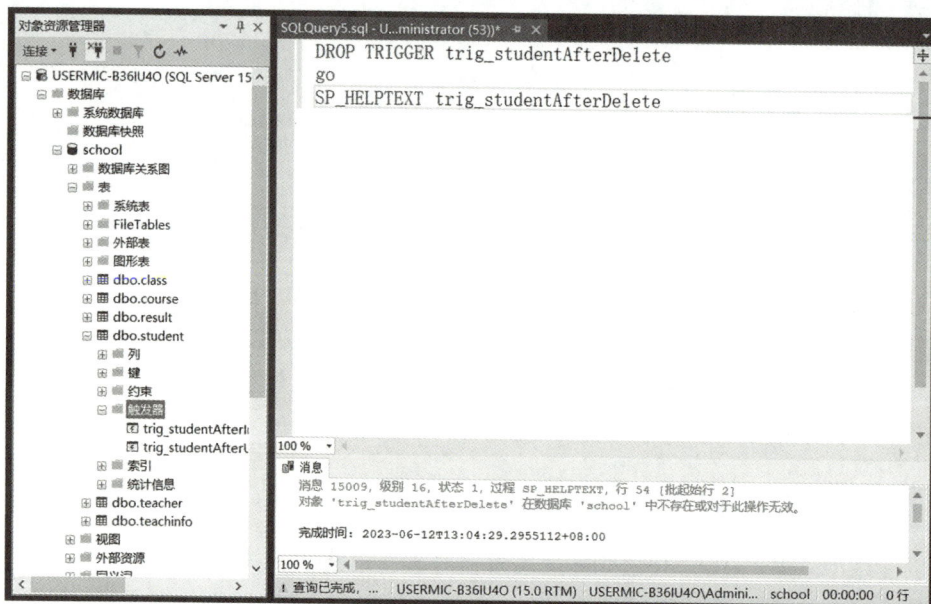

图 5 - 21　使用 DROP TRIGGER 语句删除触发器

三、查看数据库中所有的触发器

对于系统管理员来说，他知道自己创建了哪些触发器，但其他用户如何知道创建好的触发器保存在什么地方呢?

　　sysobjects 保存着数据库的对象,其中,xtype 为 TR 的记录,即为触发器对象。在 name 一列,可以看到触发器名称。执行如下 T - SQL 代码,结果如图 5 -22 所示。

```
SELECT * FROM sysobjects WHERE xtype = 'TR'
```

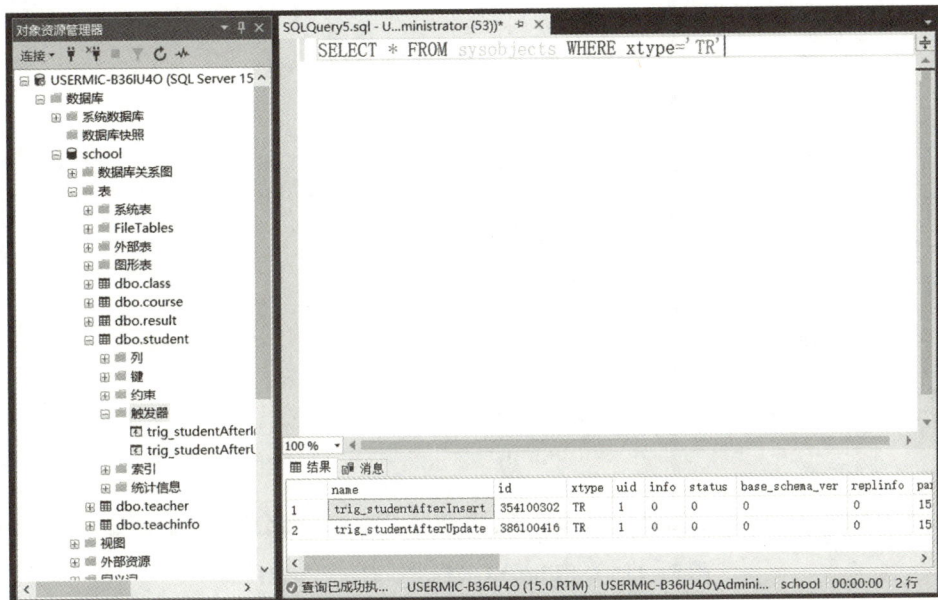

图 5 -22　查看数据库中所有的触发器对象

　　知道了触发器的名称,就可以通过 SP_HELPTEXT 命令查看该触发器的创建代码了。

【任务拓展】

　　前面学习了 ALTER 触发器的创建与管理,下面通过一个简单的例子来看看如何创建一个替代触发器。

　　对于 INSTEAD OF 触发器,SQL Server 服务器在执行触发 INSTEAD OF 触发器的代码时,先建立临时的 INSERTED 表和 DELETED 表,然后直接触发 INSTEAD OF 触发器,而拒绝执行用户输入的 DML 操作语句。

　　以下代码将创建一个 INSERT 操作的替代触发器,原本的 INSERT 操作并不会被执行,只会执行替代触发器的代码,输出提示语句。

```
CREATE TRIGGER trig_courseInsteadOf
ON course
INSTEAD OF INSERT
AS
BEGIN
    SELECT '插入操作被触发器代码代替了!!'
END
```

触发器 trig_courseInsteadOf 成功创建后，当用户再通过 INSERT 语句向 course 表中插入数据时，INSERT 语句将不会被执行，只执行触发器中的代码输出提示语句，执行效果如图 5 - 23 所示。

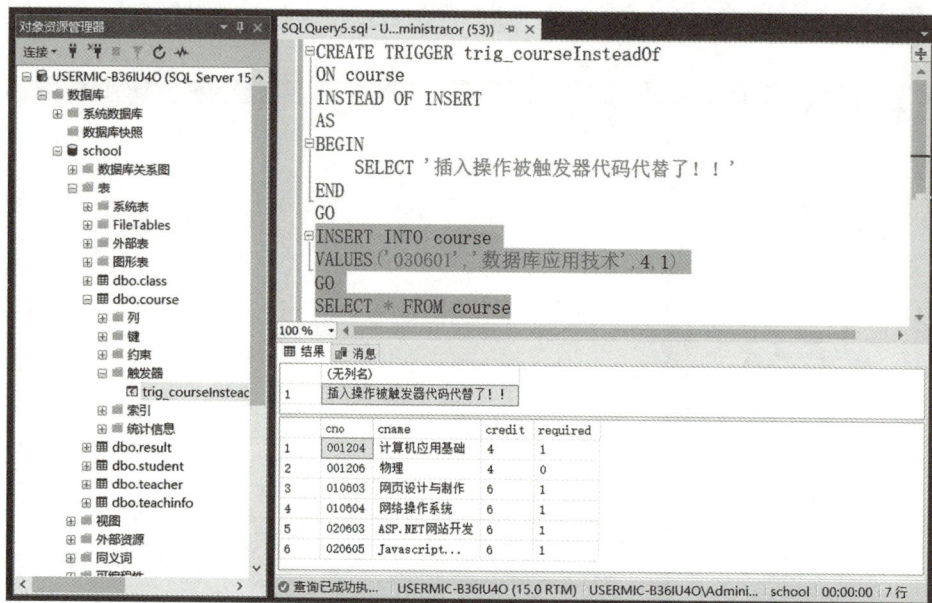

图 5 - 23　INSTEAD OF 触发器的创建与执行

【知识拓展】

一、多触发器

SQL Server 允许在给定表中定义多触发器，这意味着单击 DML 语句可能激活两个或多个触发器。触发器以创建的次序被激活。在早期版本中，对每个表的每个数据的修改事件（INSERT、UPDATE、DELETE）仅允许一个触发器。

二、嵌套触发器

如果一个触发器在执行操作时调用了另外一个触发器，而这个触发器又接着调用了下一个触发器，那么就形成了嵌套触发器。嵌套触发器在安装时就被启用，但是可以使用系统存储过程 sp_configure 禁用和重新启用嵌套触发器。

三、递归触发器

触发器的递归是指一个触发器从其内部再一次激活该触发器，例如 UPDATE 操作激活的触发器内部还有一条数据表的更新语句，那么这个更新语句就有可能激活这个触发器本身。当然，这种递归的触发器内部还会有判断语句，只有一定情况下才会执行那个 T - SQL 语句，否则就成为无限调用的死循环了。

任务六　触发器的禁用、启用

【任务描述】

默认情况下，创建触发器后会自动启用该触发器。可以在需要的时候禁用相关触发器，在需要的时候再启用触发器。

【任务目标】

学会使用 DISABLE TRIGGER 语句禁用触发器。

学会使用 ENABLE TRIGGER 语句启用触发器。

使用 ALTER TABLE 语句禁用、启用指定表上的触发器。

【相关知识】

禁用触发器不会删除该触发器，该触发器仍然作为对象存在于当前数据库中。触发器被禁用后，当执行编写触发器程序所用的任何 Transact – SQL 语句时，并不会激发触发器。启用触发器并不是要重新创建它，触发器仍以最初创建它时的方式触发。

可以使用 DISABLE TRIGGER 语句禁用触发器，使用 ENABLE TRIGGER 语句重新启用触发器。另外，还可以通过使用 ALTER TABLE 来禁用或启用为表定义的 DML 触发器。

【提示】　使用 ALTER TRIGGER 语句修改触发器后，即使该触发器之前处于禁用状态，也将重新启用此触发器。

一、使用 DISABLE TRIGGER 语句禁用触发器

使用 DISABLE TRIGGER 语句禁用触发器的语法格式如下：

```
DISABLE TRIGGER trigger_name |all
ON object_name database |all server
```

说明：

trigger_name：要禁用的触发器的名称。

all：指示禁用在 ON 子句作用域中定义的所有触发器。

object_name：对其创建了要执行的 DML 触发器 trigger_name 的表或视图的名称。

database：对于 DDL 触发器，指示所创建或修改的 trigger_name 将在数据库作用域内执行。

all server：对于 DDL 触发器，指示所创建或修改的 trigger_name 将在服务器作用域内执行。

比如，禁用 student 表上触发器 trig_studentAfterUpdate 的代码如下：

```
DISABLE TRIGGER trig_studentAfterUpdate ON student
```

禁用 student 表上所有触发器的代码如下：

```
DISABLE TRIGGER all ON student
```

二、使用 ENABLE TRIGGER 语句启用触发器

使用 ENABLE TRIGGER 语句启用触发器的语法格式如下：

```
ENABLE TRIGGER trigger_name|all
ON object_name database|all server
```

说明：

trigger_name：要启用的触发器的名称。

all：指示启用在 ON 子句作用域中定义的所有触发器。

object_name：对其创建了要执行的 DML 触发器 trigger_name 的表或视图的名称。

database：对于 DDL 触发器，指示所创建或修改的 trigger_name 将在数据库作用域内执行。

all server：对于 DDL 触发器，指示所创建或修改的 trigger_name 将在服务器作用域内执行。

比如，禁用 student 表上触发器 trig_studentAfterUpdate 的代码如下：

```
ENABLE TRIGGER trig_studentAfterUpdate ON student
```

禁用 student 表上所有触发器的代码如下：

```
ENABLE TRIGGER all ON student
```

三、使用 ALTER TABLE 语句禁用、启用指定表上的触发器

使用 ALTER TABLE 语句禁用、启用指定表上触发器的语法格式如下：

```
ALTER TABLE table_name DISABLE |ENABLE TRIGGER trigger_name |all
```

例如，以下代码可以禁用、启用 student 表上的触发器 trig_studentAfterUpdate。

```
ALTER  TABLE  student  DISABLE  TRIGGER  trig_studentAfterUpdate
ALTER  TABLE  student  ENABLE  TRIGGER  trig_studentAfterUpdate
```

以下代码可以禁用、启用 student 表上所有的触发器：

```
ALTER TABLE student DISABLE |ENABLE TRIGGER all
```

【任务实施】

下面以之前建立的 UPDATE 触发器 trig_studentAfterUpdate 为例，验证禁用触发器对触发器能否被触发的影响。

首先，在"查询编辑器"中输入以下代码并执行，查看创建触发器 trig_studentAfterUpdate 的代码，结果如图 5 - 24 所示。

```
SP_HELPTEXT trig_studentAfterUpdate
```

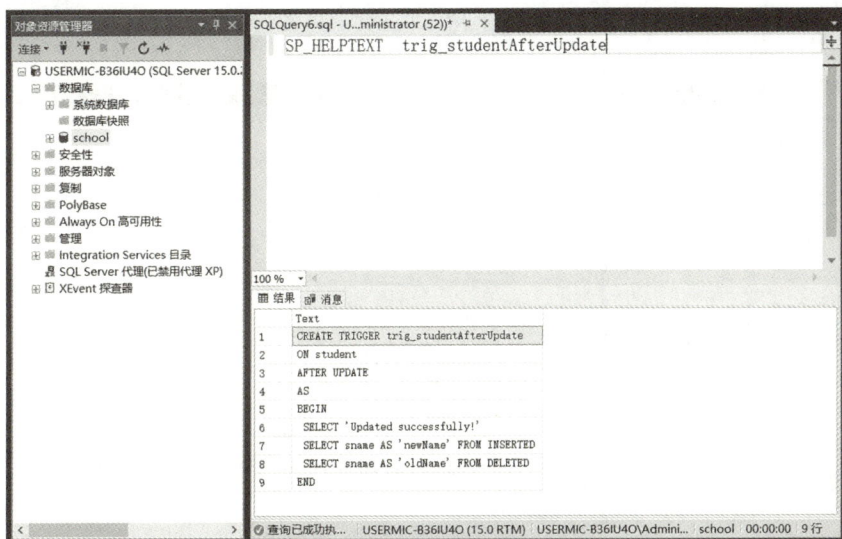

图 5 – 24　查看触发器的创建代码

接着，在"查询编辑器"中输入以下代码并执行，尝试更新 student 表中的数据，结果如图 5 – 25 所示。

```
UPDATE student SET sname = '张燕' WHERE sname = '张燕燕'
```

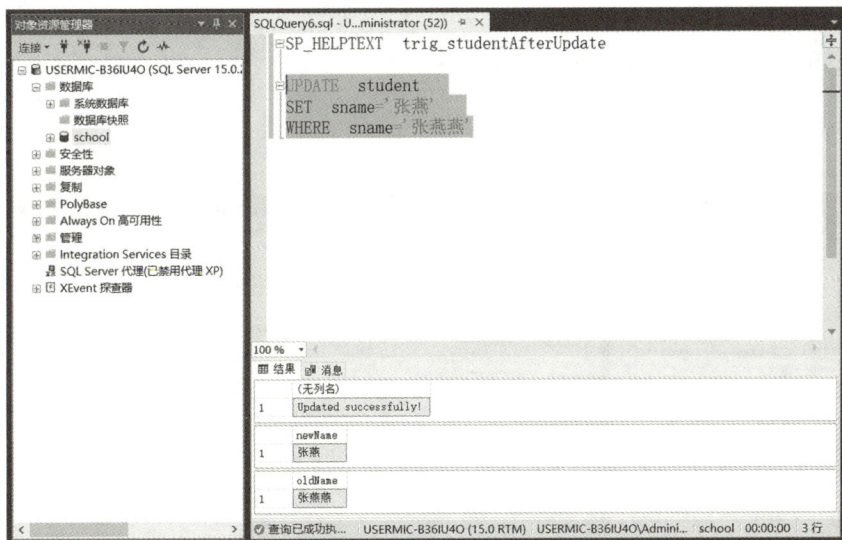

图 5 – 25　查看触发器执行效果

测试完 UPDATE 触发器 trig_studentAfterUpdate 后，执行 DISABLE TRIGGER 语句来禁用该触发器，验证触发器有没有被触发执行。

在"查询编辑器"中输入以下代码并执行，结果如图 5 – 26 所示，并没有像图 5 – 25 那样输出 INSERTED 和 DELETED 表中的信息，说明触发器没有被触发。

```
DISABLE TRIGGER trig_studentAfterUpdate ON student
GO
UPDATE student SET sname = '张艳' WHERE sname = '张燕'
```

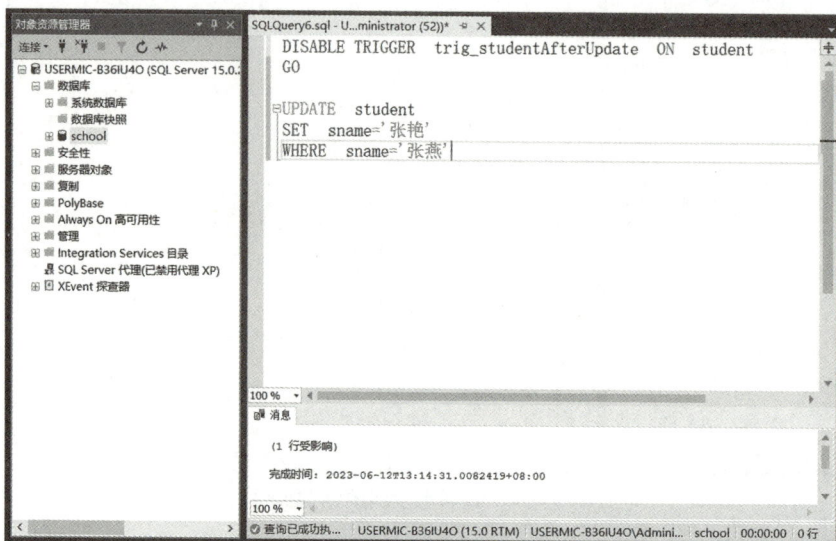

图 5 – 26　禁用触发器后执行 UPDATE 操作

最后，执行 ENABLE TRIGGER 语句来启用该触发器，验证触发器有没有被触发执行。

在"查询编辑器"中输入以下代码并执行，结果如图 5 – 27 所示，表明触发器已经被触发执行。

```
ENABLE TRIGGER trig_studentAfterUpdate ON student
GO
UPDATE student SET sname = '张燕燕' WHERE sname = '张艳'
```

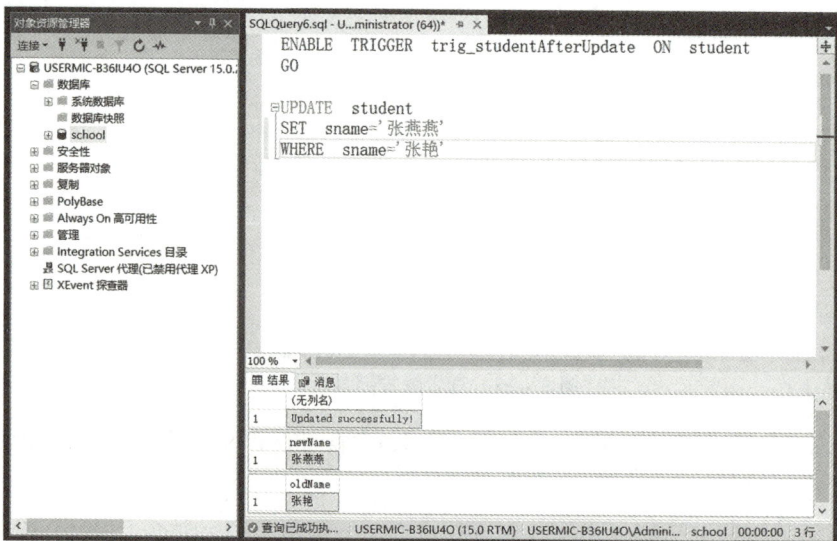

图 5 – 27　启用触发器后执行 UPDATE 操作

【任务拓展】

参照任务内容，使用 ALTER TABLE 语句禁用、启用 student 表上的 UPDATE 触发器trig_studentAfterUpdate，并分别验证触发器有没有被触发执行。

【知识拓展】

若要禁用或启用 DML 触发器，用户必须至少对为其创建触发器的表或视图具有 ALTER 权限。若要禁用具有服务器范围（ON ALL SERVER）的 DDL 触发器或登录触发器，用户必须对服务器拥有 CONTROL SERVER 权限。若要禁用数据库范围（ON DATABASE）中的 DDL 触发器，用户必须至少对当前数据库具有 ALTER ANY DATABASE DDL TRIGGER 权限。

在任务四的"知识拓展"中，创建了一个 DDL 触发器，每当数据库中发生 DROP_TABLE 或 ALTER_TABLE 事件时，都会激发 DDL 触发器 safety。创建该触发器的代码如下：

```
CREATE TRIGGER safety
ON database
FOR DROP_TABLE,ALTER_TABLE
AS
    PRINT 'you must DISABLE TRIGGER "safety" to DROP or ALTER tables!'
    ROLLBACK;
GO
```

可以使用如下代码禁用当前数据库中指定的 DDL 触发器（ON 后面为 database）：

```
DISABLE TRIGGER safety ON database
```

如果需要在服务器范围内禁用所有的 DDL 触发器，可以执行如下代码（ON 后面为 all server）：

```
DISABLE TRIGGER all ON all server
```

【项目总结】

1. 存储过程的概念

存储过程（Stored Procedure）是一组为了完成特定功能的 T‐SQL 语句集合，经编译后存储在数据库中。

2. 存储过程的类型

用户定义存储过程、系统存储过程、临时存储过程、远程存储过程、扩展存储过程。

3. 创建存储过程

```
CREATE PROCEDURE proc_proc_name
AS
BEGIN
    PROCEDURE code
END
```

4. 查看存储过程

```
SP_HELPTEXT proc_name
```

5. 执行存储过程

```
EXECUTE proc_name
```

6. 存储过程参数的类型

输入参数、输出参数。

7. 创建带参数的存储过程

```
CREATE PROCEDURE proc_name @parameterName datatype[,@parameterName datatype]
AS
BEGIN
    procedure code
END
```

8. 执行带参数的存储过程

```
EXECUTE proc_name value1[,value2]
```

9. 创建参数带默认值的存储过程

在执行参数带有默认值的存储过程时，该参数可以提供，也可以不提供。

10. 修改存储过程

```
ALTER PROCEDURE proc_name
AS
BEGIN
    procedure code
END
```

11. 删除现有存储过程

```
DROP PROCEDURE proc_name
```

12. 触发器的概念

触发器是一种特殊类型的存储过程，通过事件进行触发而被执行。

13. 触发器的分类

DML 触发器、DDL 触发器。

14. DML 触发器临时表

INSERTED 表和 DELETED 表。

15. 创建 INSERT、UPDATE、DELETE 触发器

```
CREATE TRIGGER trigger_name
ON table_name|view_name
AFTER|INSTEAD OF  [INSERT][,][UPDATE][,]DELETE]}
AS
BEGIN
    trigger code
END
```

16. 触发器的执行

响应 DML 或 DDL 事件而自动执行。

17. 修改触发器

```
ALTER TRIGGER trigger_name
```

18. 删除触发器

```
DROP TRIGGER trigger_name
```

19. 禁用触发器

```
DISABLE TRIGGER trigger_name
```

20. 启用触发器

```
ENABLE TRIGGER trigger_name
```

21. 禁用指定表上的触发器

```
ALTER TABLE table_name DISABLE TRIGGER trigger_name|all
```

22. 启用指定表上的触发器

```
ALTER TABLE table_name ENABLE TRIGGER trigger_name|all
```

【思考练习】

一、选择题

1. 在 SQL Server 服务器上，存储过程是一组预先定义并（　　）的 Transact – SQL 语句。

A. 保存　　　　　　B. 解释　　　　　　C. 编译　　　　　　D. 编写

2. 以下不是存储过程优点的是（　　）。

A. 实现模块化编程，一个存储过程可以被多个用户共享和重用

B. 可以加快程序的运行速度

C. 可以增加网络的流量

D. 可以提高数据库的安全性

3. 对 SQL Server 中的存储过程，下列说法中正确的是（　　）。

A. 不能有输入参数　　　　　　　　B. 没有返回值

C. 可以自动被执行　　　　　　　　D. 可以嵌套使用

4. 存储过程经过了一次创建以后，可以被调用（　　）次。

A. 1　　　　　　　　B. 2　　　　　　　　C. 255　　　　　　　D. 无数

5. 以下（　　）不是存储过程的优点。

A. 执行速度快　　　　　　　　　　B. 模块化的设计

C. 会自动被触发　　　　　　　　　D. 保证系统的安全性

6. SP_HELP 属于（　　）。

A. 系统存储过程   B. 用户定义存储过程

C. 扩展存储过程   D. 其他

7. 下列（   ）语句用于创建存储过程。

A. CREATE PROCEDURE   B. CREATE TABLE

C. DROP PROCEDURE   D. 其他

8. 下列（   ）语句用于删除存储过程。

A. CREATE PROCEDURE   B. CREATE TABLE

C. DROP PROCEDURE   D. 其他

9. 已定义存储过程 AB，带有一个参数 @ stname varchar（20），正确的执行方法为（   ）。

A. EXEC AB '吴小雨'   B. EXEC AB = '吴小雨'

C. EXEC AB（吴小雨）   D. 以上 3 种都可以

10. 对于下面的存储过程：

```
CREATE PROCEDURE Myp1 @p int
AS
    SELECT St_name,Age
    FROM Students
    VWHERE Age = @p
```

假如要在 Students 表中查找年龄是 20 岁的学生，（   ）可以正确地调用这个存储过程。

A. EXEC Myp1 @ p = '20'   B. EXEC Myp1 @ p = 20

C. EXEC Myp1 = '20'   D. EXEC Myp1 = 20

11. 在 SQL Server 中，执行带参数的过程，正确的方法为（   ）。

A. 过程名　参数   B. 过程名（参数）

C. 过程名 = 参数   D. 以上均可

12. （   ）允许用户定义一组操作，这些操作通过对指定的表使用删除、插入和更新命令来执行或触发。

A. 存储过程   B. 规则   C. 触发器   D. 索引

13. 以下不属于触发器特点的是（   ）。

A. 基于一个表创建，可以针对多个表进行操作

B. 被触发自动执行

C. 可以带参数执行

D. 可以实施更复杂的数据完整性约束

14. 下面关于触发器的描述，错误的是（   ）。

A. 触发器是一种特殊的存储过程，用户可以直接调用

B. 触发器表和 DELETED 表没有共同记录

C. 触发器可以用来定义比 CHECK 约束更复杂的规则

D. 删除触发器可以使用 DROP TRIGGER 命令，也可以使用企业管理器

15. 关于存储过程和触发器的说法，正确的是（　　）。

A. 都是 SQL Server 数据库对象 　　　　B. 都可以为用户直接调用

C. 都可以带参数 　　　　　　　　　　D. 删除表时，都被自动删除

16. 如果需要在插入表的记录时自动执行一些操作，常用的是（　　）。

A. 存储过程 　　　　　　　　　　　　B. 函数

C. 触发器 　　　　　　　　　　　　　D. 存储过程与函数

17. 在 SQL Server 中，触发器不具有（　　）类型。

A. INSERT 触发器 　　　　　　　　　B. UPDATE 触发器

C. DELETE 触发器 　　　　　　　　　D. SELECT 触发器

18. 替代触发器（INSTEAD OF）是在触发器的修改操作（　　）执行。

A. 执行后 　　　　B. 之前 　　　　C. 停止执行时 　　　　D. 同时

19. SQL Server 为每个触发器创建了两个临时表，它们是（　　）。

A. UPDATED 和 DELETED 　　　　　　B. INSERTED 和 DELETED

C. UPDATED 和 INSERTED 　　　　　　D. UPDATED 和 SELECTED

20. 下列（　　）语句用于创建触发器。

A. CREATE PROCEDURE 　　　　　　　B. CREATE TRIGGER

C. ALTER TRIGGER 　　　　　　　　　D. DROP TRIGGER

21. 下列（　　）语句用于删除触发器。

A. CREATE PROCEDURE 　　　　　　　B. CREATE TRIGGER

C. ALTER TRIGGER 　　　　　　　　　D. DROP TRIGGER

22. 下列（　　）语句用于修改触发器。

A. CREATE PROCEDURE 　　　　　　　B. CREATE TRIGGER

C. ALTER TRIGGER 　　　　　　　　　D. DROP TRIGGER

23. 以下语句创建的触发器是当对表 A 进行（　　）操作时触发。

```
CREATE  TRIGGER  ABC.  ON  表A
AFTER  INSERT,UPDATE,DELETE
AS
...
```

A. 只是修改 　　　　　　　　　　　　B. 只是插入

C. 只是删除 　　　　　　　　　　　　D. 修改，插入，删除

二、判断题

1. 存储过程是存储在服务器上的一组预编译的 Transact - SQL 语句。

2. 若要修改一个存储过程，可以先删除该存储过程，再重新创建。

3. 临时存储过程总是在 master 数据库中创建。通常分为局部临时存储过程和全局临时存储过程。

4. SQL Server 中的存储过程具有 5 种类型。

5. 存储过程的输出结果可以传递给一个变量。

6. 每个存储过程向调用方返回一个整数返回代码。如果存储过程没有显式设置返回代码的值，则返回代码为 0，表示成功。

7. 使用存储过程可以减少网络流量。

8. 存储过程使代码具有重用性。

9. 创建存储过程的命令关键字 CREATE PROCEDURE 不可以缩写。

10. 当某个表被删除后，该表上的触发器被自动删除。

11. SQL Server 为每个触发器创建了两个临时表，它们是 UPDATED 和 DELETED。

12. 在 SQL Server 中，触发器的执行是在数据的插入、更新或删除之前执行的。

13. 触发器与表紧密相连，可以看作表定义的一部分。

14. 触发器可以在程序中被调用执行。

15. 创建触发器的人可以不是表的所有者或数据库的所有者。

16. 在 SQL Server 中，触发器的执行通过 EXECUTE 命令实现。

17. 在 SQL Server 中，替代触发器的执行是在数据变动之前被触发，对于每个触发操作，只能定义一个替代触发器。

18. 触发器不能被调用，它只能自动执行。

19. 在 SQL Server 中，触发器是在数据的插入、更新或删除之前执行的。

20. ROLLBACK TRANSACTION 的意思是回滚事务。

三、填空题

1. 在 SQL Server 服务器上，存储过程是一组预先定义并＿＿＿＿＿＿＿的 Transact－SQL 语句。

2. 当用户需要对存储过程进行修改时，可以通过＿＿＿＿＿＿＿ PROCEDURE 命令实现。

3. 创建存储过程实际是对存储过程进行定义的过程，主要包含存储过程名称、＿＿＿＿＿＿＿和存储过程的主体部分。

4. SQL Server 中的存储过程具有＿＿＿＿＿＿＿、用户自定义存储过程、临时存储过程、远程存储过程、扩展存储过程 5 种类型。

5. 用户对数据进行添加、修改和删除时，自动执行的存储过程称为＿＿＿＿＿＿＿。

6. 触发器是一种特殊类型的＿＿＿＿＿＿＿，但不由用户直接调用，而是通过事件被执行。

7. 使用命令＿＿＿＿＿＿＿可以实现事务回滚操作。

8. 与触发器相关的虚拟表主要有＿＿＿＿＿＿＿表和 DELETED 表两种。

9. 替代触发器（INSTEAD OF）将在数据变动前被触发，对于每一个触发操作，只能定义＿＿＿＿＿＿＿个 INSTEAD OF 触发器。

10. SQL Server 中的 DML 触发器主要是针对 INSERT、DELETE、＿＿＿＿＿＿＿语句创建的。（使用英文大写答题）

四、程序填空题

1. 以下代码创建和执行存储过程 proc_score，查询 S_C_Info 表中 C_No 为"0002"的 St_ID、Score 等信息。

```
  1   pro_score
AS
SELECT St_ID,Score
FROM S_C_Info
WHERE C_No = '0002'
```

执行存储过程 proc_score 命令为：

　 2 　

2. 在 student_db 数据库中创建一个名为"tr_P1"的存储过程，实现根据学生学号查询该学生的选修课程情况，其中包括该学生的学号、姓名、课程名、课程类型、成绩。

```
CREATE PROCEDURE tr_P1   3    varchar(10)
AS
SELECT  St_Info.St_ID,St_Info.St_Name,C_Info.C_Name,C_Info.C_Type,S_C_
Info.Score
FROM St_Info,S_C_Info,C_Info
WHERE St_Info.St_ID = S_C_Info.St_ID
      AND S_C_Info.C_No = C_Info.C_No
      AND St_Info.St_ID = @ stID
```

调用该存储过程查询"0403060111"学生的选修课程情况：

　 4 　

3. 创建一个 INSERT 触发器 uninsertstu，当在 student 表中插入一条新记录时，如果是"计算机系"的学生，则撤销该插入操作，并返回"此系人数已满，不能再添加"信息。

```
CREATE TRIGGER unisnertstu
ON student
FOR INSERT
AS
if EXISTS(SELECT * FROM   5   WHERE sdept = "计算机系")
BEGIN
    PRINT"此系人数已满,不能再添加"
     6
END
```

4. 创建一个更新触发器 upd_grade，设置 sc 表的 grade 字段不能被更新，并显示信息"学生成绩不能被修改，请与教务处联系"。

```
CREATE TRIGGER mes_sc
ON   7
  8
AS
IF UPDATE(grade)
BEGIN
    ROLLBACK TRANSACTION
    PRINT"学生成绩不能被修改,请与教务处联系"
END
```

5. 创建一个删除触发器 tri_xs，功能是当某个学生从 Student 表中被删除时，同时也删除 SC 表中该学生的相关记录。

```
CREATE TRIGGER tri_xs
ON Student
  9
AS
BEGIN
    DELETE SC
    WHERE sno IN( SELECT sno FROM   10   )
END
```

项目六

数据库安全管理

学校有一台专用数据库服务器，安装了 SQL Server 2019 数据库服务器软件，运行着多个学校信息管理数据库，school 数据库中是其中的一个。

信息安全是信息系统的基本要求，school 数据库保存有学生和教师个人信息，并有教学过程中产生的数据，需要加以保护，以防数据泄露、篡改和丢失，这就需要进行数据库安全管理。

【项目描述】

school 数据库项目组要求对数据库进行如下数据库安全管理：

1. 进行 SQL Server 数据库服务器登录管理。

2. 设置数据库 school 管理员用户，具有数据库 school 的全部操作权限；另设置一个只有读取数据库 school 数据的用户。

3. 备份数据库 school 到服务器备份设备，并能通过备份恢复数据库。

【相关知识点】

数据库服务器登录、创建数据库用户并授权、备份和恢复数据库。

【项目分析】

该项目的完成划分为以下几个任务：

任务一　数据库服务器登录

任务二　创建数据库用户并授权

任务三　备份和恢复数据库

任务一　数据库服务器登录

【任务描述】

在使用运行 school 数据库的 SQL Server 数据库服务器时，首先需要使用数据库服务器账号登录到数据库服务器。下面将创建 SQL Server 数据库服务器账号"NewManager"，然后使用此账号登录到数据库服务器。

【任务目标】

理解 Windows 身份验证模式。

理解混合身份验证模式。

创建 SQL Server 数据库服务器账号登录。

【相关知识】

在使用 SQL Server 数据库服务器时，首先需要登录服务器。登录时，需要配置选择身份验证方式，可供选择的方式有 Windows 身份验证、SQL Server 身份验证。

通常在 SQL Server 2019 安装过程中，需为数据库引擎选择身份验证模式。当选择 Windows 身份验证模式时，会启用 Windows 身份验证并禁用 SQL Server 身份验证。当选择混合模式时，会同时启用 Windows 身份验证和 SQL Server 身份验证。

一、Windows 身份验证模式

当用户通过 Windows 用户账户进行连接时，SQL Server 使用 Windows 操作系统中的信息验证账户名和密码。用户不必重复提交登录名和密码。也就是说，用户身份由 Windows 进行确认，SQL Server 数据库服务器不要求提供密码，也不执行身份验证。Windows 身份验证是默认身份验证模式。

二、混合身份验证模式

混合身份验证模式即可以同时使用 Windows 身份验证和 SQL Server 身份验证。如果在登录 SQL Server 服务器时使用 SQL Server 身份验证，则需要将服务器的身份验证方式设置为混合身份验证模式。在具体使用过程中，还可以对身份验证模式进行修改。

用户名和密码均通过 SQL Server 数据库服务器创建并存储在 SQL Server 数据库服务器中。默认情况下，在安装 SQL Server 实例时创建登录名 sa。

【任务实施】

（1）打开 SQL Server Management Studio，以 Windows 身份认证方式登录，如图 6 - 1 所示，单击"连接"按钮登录。

（2）创建 SQL Server 登录账号。

①在数据库管理工具 SQL Server Management Studio 中鼠标右键，单击"安全"节点下的登录名，在快捷菜单中选择"新建登录名"命令，如图 6 - 2 所示。

②在打开的"登录名 - 新建"对话框的选择页中单击"常规"，在右侧的登录名后的文本框中输入"NewManager"，单击"SQL Server 身份验证"单选框，密码及确认密码均为"test123"，单击选中"强制实施密码策略"，如图 6 - 3 所示，单击"确定"按钮。

（3）启用 SQL Server 身份验证模式。

①鼠标右击数据库实例，在快捷菜单中选择"属性"命令，如图 6 - 4 所示。

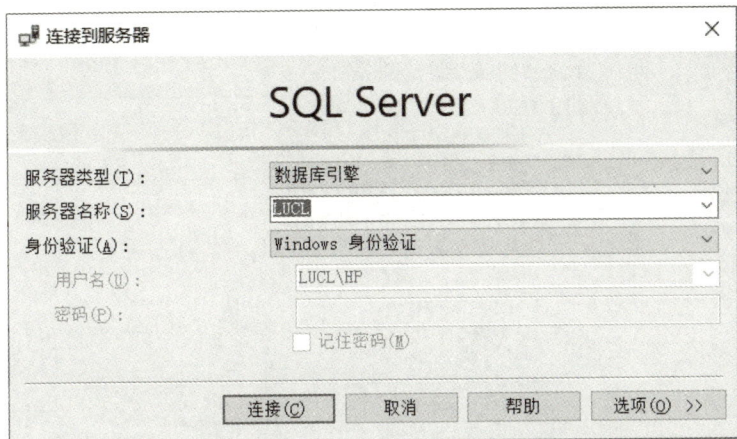

图 6-1 Windows 身份认证方式登录

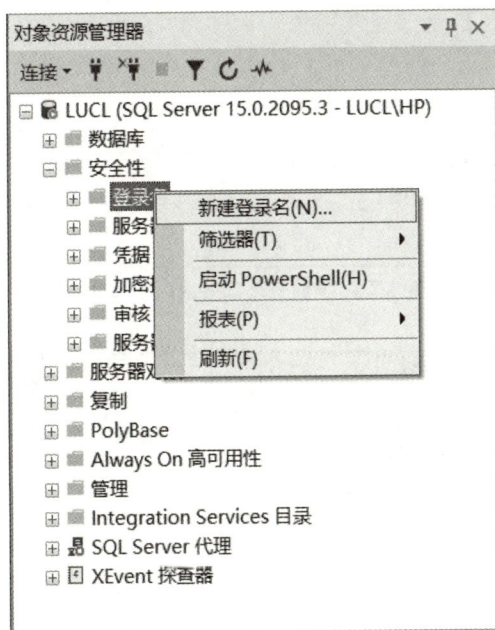

图 6-2 在"登录名"快捷菜单中选择"新建登录名"

②在打开的"服务器属性"对话框左边的选择页中单击选择"安全性",在右边的"服务器身份验证"中,单击选中"SQL Server 和 Windows 身份验证模式"单选框,单击"确定"按钮,如图 6-5 所示。

③在对象资源管理器的数据库实例的"安全性"→"登录名"节点下找到前面创建的账号"NewManager",用鼠标右键单击此账号,在快捷菜单中单击选中"属性"命令,如图 6-6 所示,在"登录属性"对话框左侧"选择页"中选中"状态",右侧的"设置"中"是否允话连接到数据库引擎"项选择"授予","登录名"项选择"启用",单击"确定"按钮,如图 6-7 所示。

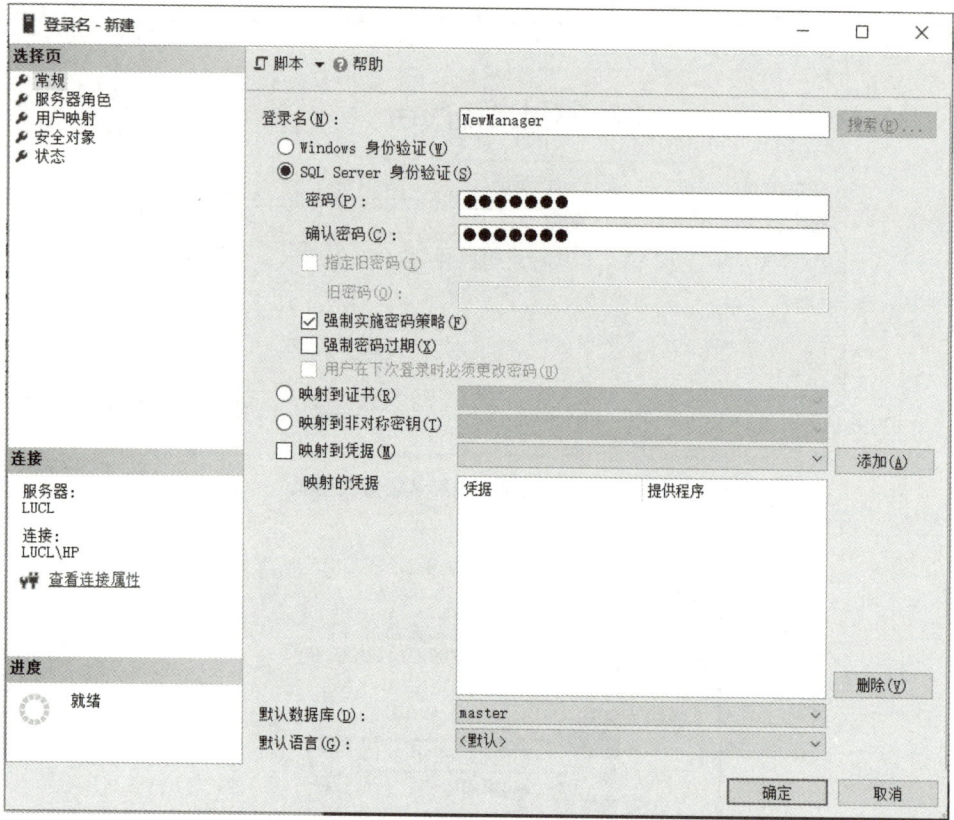

图6-3 "登录名-新建"对话框

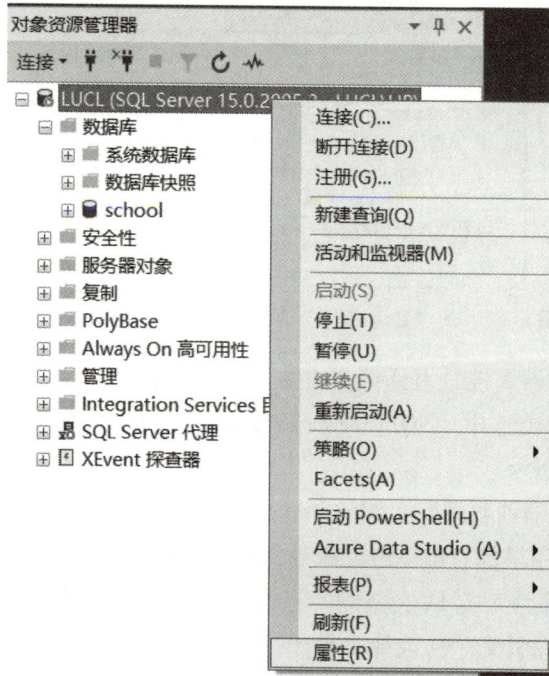

图6-4 在数据库实例快捷菜单中选择"属性"命令

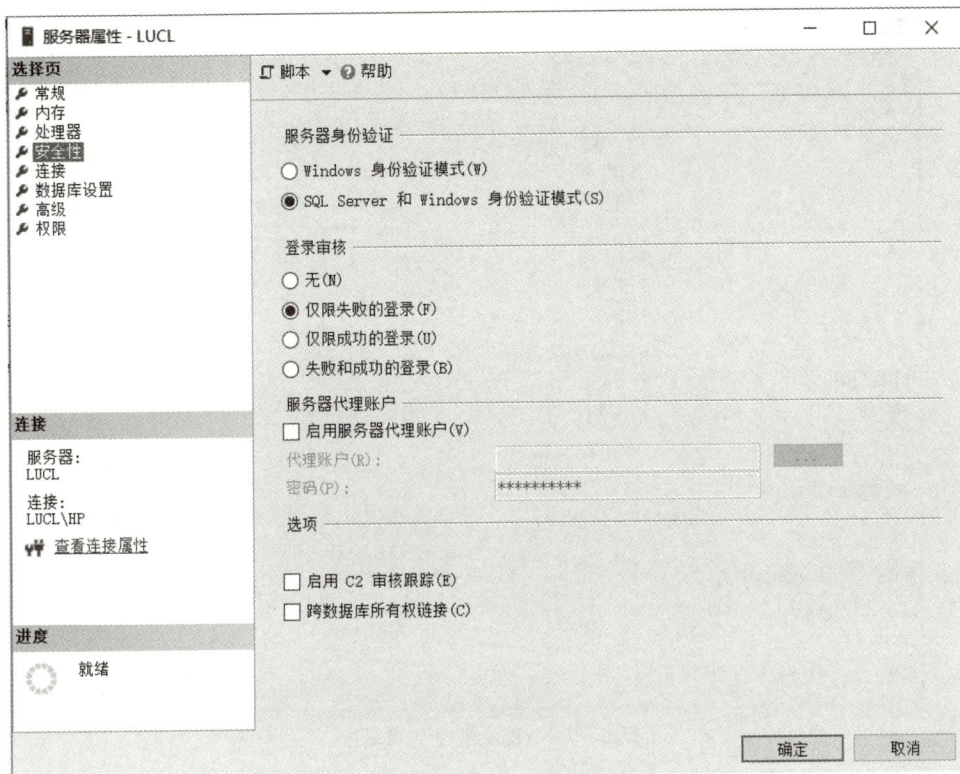

图 6 – 5　"服务器属性"对话框

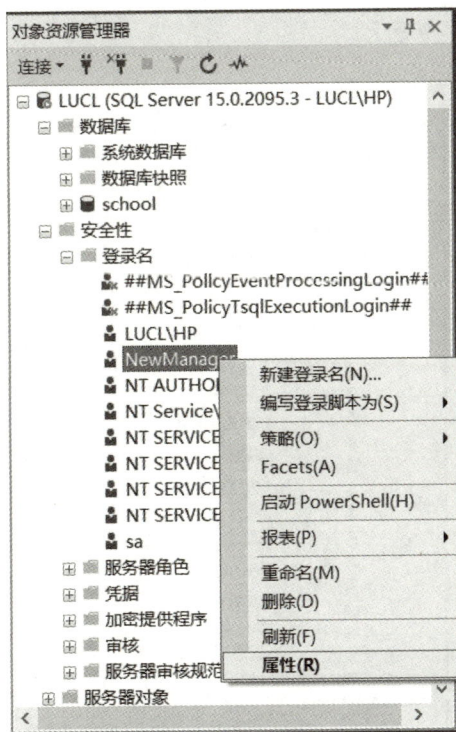

图 6 – 6　账号快捷菜单中选择"属性"命令

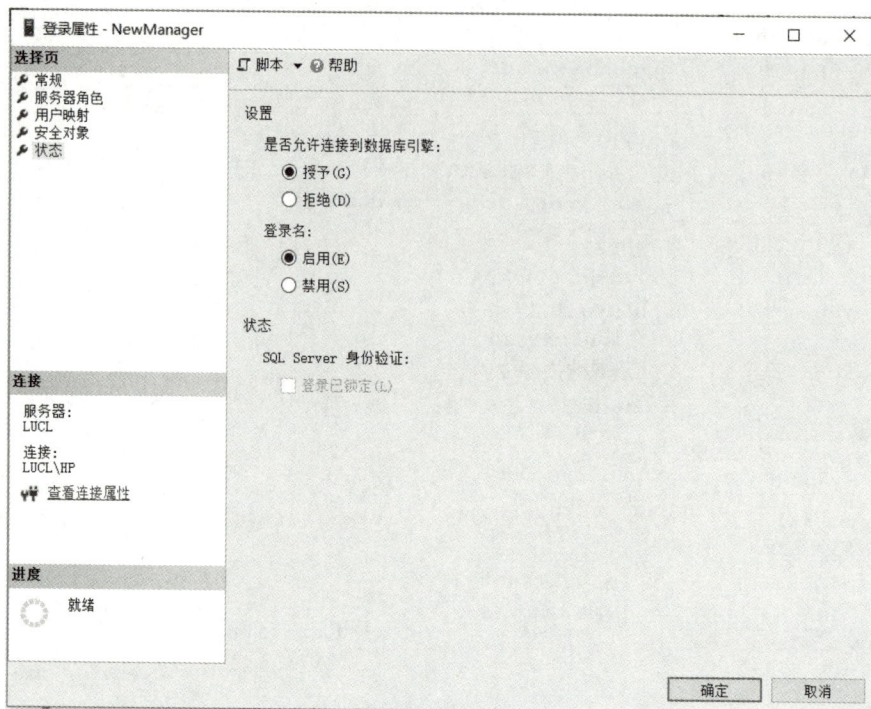

图 6-7 "登录属性"对话框

（4）重启 SQL Server 服务。

右键单击数据库实例，在快捷菜单中单击选中"停止"命令停止服务，如图 6-8 所示，再次启动服务，如图 6-9 所示。

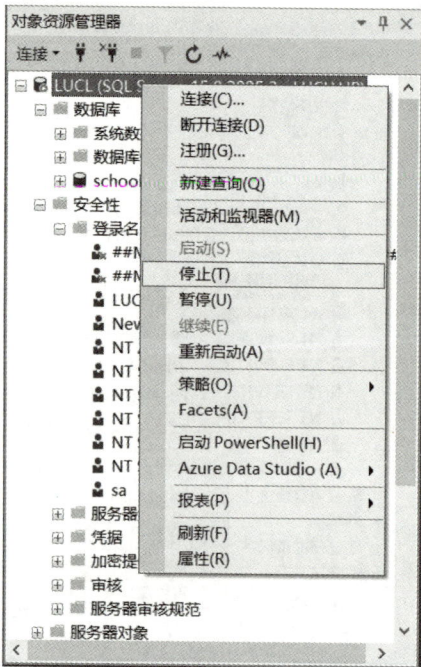

图 6-8 在数据库实例快捷菜单中选择"停止"命令

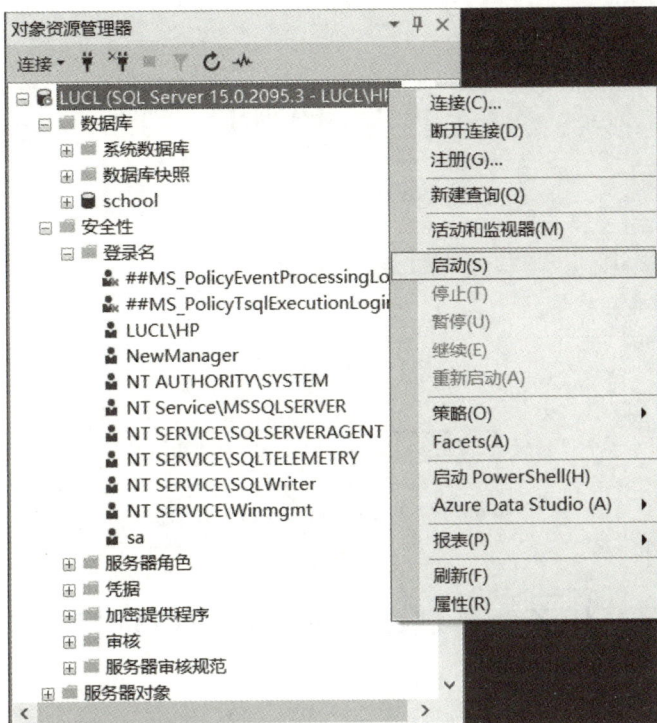

图 6 – 9　在数据库实例快捷菜单中选择"启动"命令

（5）测试登录

单击"断开连接" 后，在"连接"下拉列表中选择"数据库引擎"，如图 6 – 10 所示。在"连接到服务器"对话框中，"身份验证"选择"SQL Server 身份验证"，输入登录名"NewManager"，密码"test123"，如图 6 – 11 所示。单击"连接"按钮，进行 SQL Server 2019 数据库服务器登录。

图 6 – 10　在"连接"下拉列表中选择"数据库引擎"

【提示】　重新连接到服务器时，如出现"Named Pipes Provider，error：40 – 无法打开到 SQL Server 的连接"错误，按 Win + R 组合键打开"运行"窗口，运行 services. msc，在服务窗口中重新启动 SQL Server（MSSQLServer）服务。

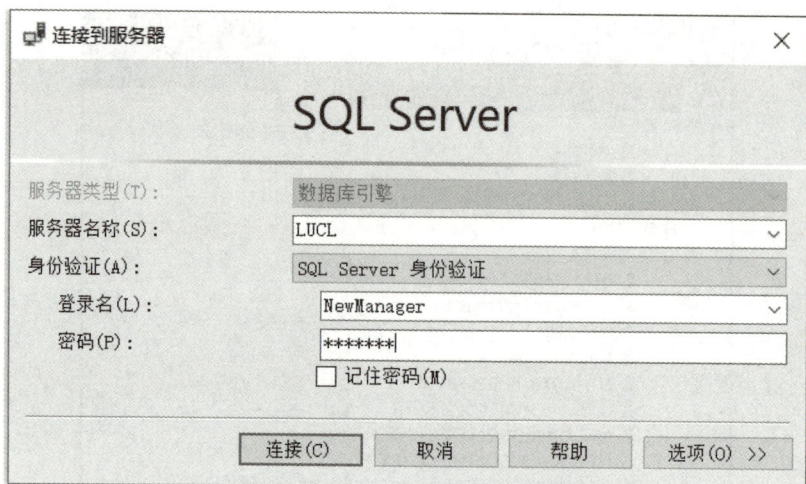

图 6-11　"连接到服务器"对话框

任务二　创建数据库用户并授权

【任务描述】

安装了 SQL Server 2019 数据库服务器软件的服务器上运行着 school 数据库。为了保证数据库数据的安全性，需要为该数据库设置数据库管理员用户"NewManager"，此用户具有数据库 school 的全部操作权限；另外设置一个只有读取数据库 school 数据权限的用户"Rduser"。

【任务目标】

理解数据库用户的概念。

掌握数据库角色的概念。

能够创建 SQL Server 2019 数据库用户并授权。

【相关知识】

一、数据库用户

数据库用户即使用和共享数据库资源的用户。在 SQL Server 数据库服务器上往往运行有多个数据库，可为每个数据库指定使用者，而不被指定的用户则无法使用该数据库，也就无法访问其中的数据，创建数据库用户并授权也是实现数据库安全管理的有效途径之一。

二、数据库用户对数据库的操作权限

数据库用户对数据库的操作权限主要分成以下三种情况：

（1）对数据库创建数据库对象及进行数据库备份的权限。

例如：创建表、视图、存储过程、规则、默认值对象、函数的权限及执行存储过程的权限。

（2）对数据库表的操作权限及执行存储过程的权限。

例如：对表或视图执行查询语句 SELECT 语句、插入语句 INSERT 语句、更新语句 UPDATE 语句、删除语句 DELETE 语句的权限等。

（3）用户数据库中对表字段的操作权限。

例如：对表字段进行查询操作、更新操作的权限等。

三、SQL Server 数据库角色与授权

（1）为便于管理数据库中的权限，SQL Server 提供了若干"角色"，不同的角色有着不同的权限。在 SQL Server 中，将角色与数据库用户关联，即在数据库角色中添加相应的数据库用户，此时该数据库用户就被授予了相应的权限。

（2）SQL Server 服务器角色。

为了便于管理服务器上的权限，SQL Server 提供了许多服务器"角色"。"角色"类似于 Microsoft Windows 操作系统中的"组"。通过向服务器角色中添加 SQL Server 登录名的方式添加角色成员。例如，向服务器角色 sysadmin 中添加 SQL Server 登录名"NewManager"，则用户"NewManager"成为服务器角色"sysadmin"的成员。该成员可以在服务器上执行任何活动，那么"NewManager"也就被授予了此权限。

（3）SQL Server 数据库角色。

①SQL Server 数据库角色的权限作用域为数据库范围。SQL Server 数据库角色类型分为两种，即预定义的"固定数据库角色"和用户自行创建的"灵活数据库角色"。

②固定数据库角色。

固定数据库角色是在数据库级别定义的，并且存在于每个数据库中，即所有数据库中都有这些角色。

SQL Server 有如下的固定数据库角色：

①db_owner：该角色的成员可以删除数据库、配置和维护数据库。

②db_accessadmin：该角色的成员可以为 Windows 登录名、Windows 组和 SQL Server 登录名添加或删除数据库访问权限。

③db_securityadmin：该角色的成员可以修改角色成员身份和管理权限。

④db_ddladmin：该角色的成员可以在数据库中执行所有 DDL 操作。

⑤db_backupoperator：该角色的成员可以备份该数据库。

⑥db_datareader：该角色的成员可以读取所有用户表中的数据。

⑦db_datawriter：该角色的成员可以添加、修改或删除数据库中用户表内的数据。

⑧db_denydatareader：该角色的成员不能对数据库用户表中的数据进行读取。

⑨db_denydatawriter：该角色的成员不能对数据库用户表中的数据进行修改、添加或者删除。

【任务实施】

（1）打开 SQL Server Management Studio，以 Windows 身份认证方式登录。

（2）在对象资源管理器的"安全性"→"登录名"节点中找到任务一中已建的 SQL Server 登录用户"NewManager"，并用鼠标右键单击该用户，在快捷菜单中单击选中"属性"命令，如图 6-12 所示。如无符合要求的 SQL Server 登录用户，可先按任务一所示步骤创建 SQL Server 登录用户后，再执行此部分步骤。

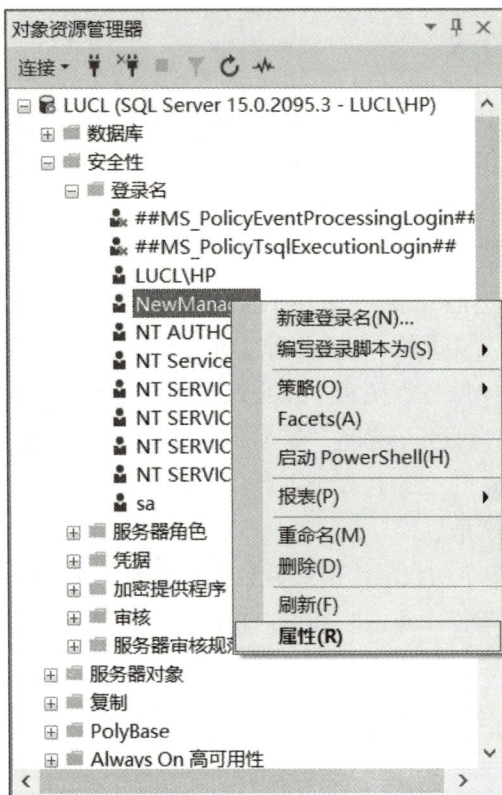

图 6-12　在用户快捷菜单中选择"属性"命令

（3）用户映射：在"登录属性"对话框中选中左侧的"用户映射"，在右侧"映射到此登录名的用户"下单击选中"school"数据库，如图 6-13 所示。

（4）对用户进行授权。

①服务器角色：在如图 6-14 所示的对话框中，选中左侧的"服务器角色"选项，在对话框右侧的服务器角色中单击选择"sysadmin"。因为用户 NewManager 是管理员，可以在服务器上执行任何活动，所以选择相应的服务器角色为"sysadmin"，如图 6-14 所示。

②数据库角色：在如图 6-15 所示的对话框中选中"school"数据库，在数据库角色成员身份中单击"db_owner"，对数据库用户 NewManager 授予管理员权限。如图 6-15 所示，单击"确定"按钮，完成数据库用户的创建并授权。

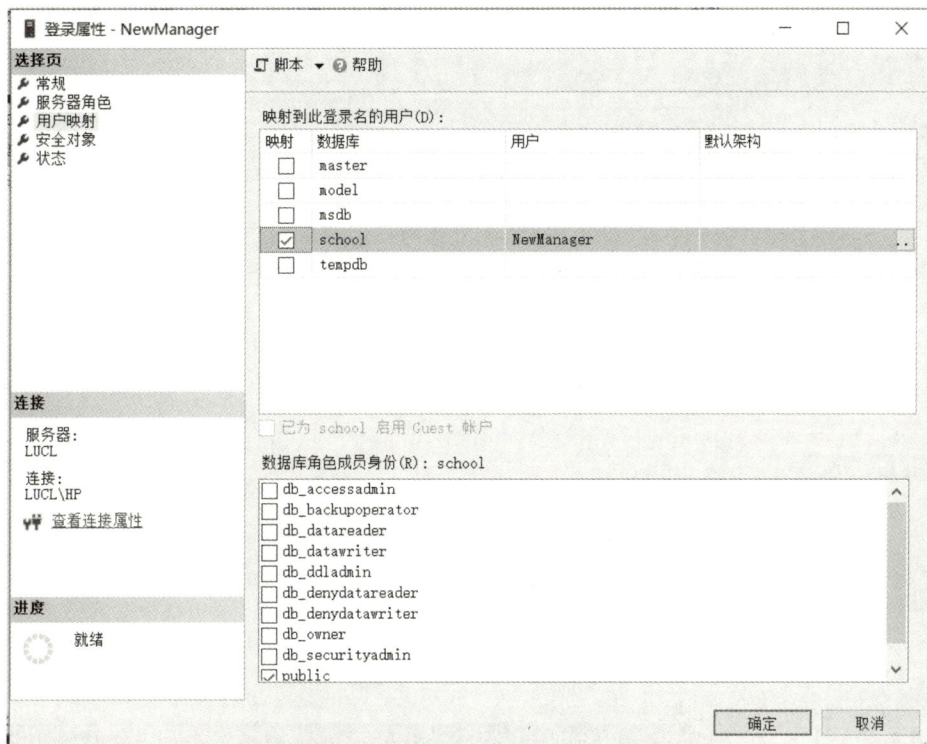

图 6-13 选择映射到此登录名的用户

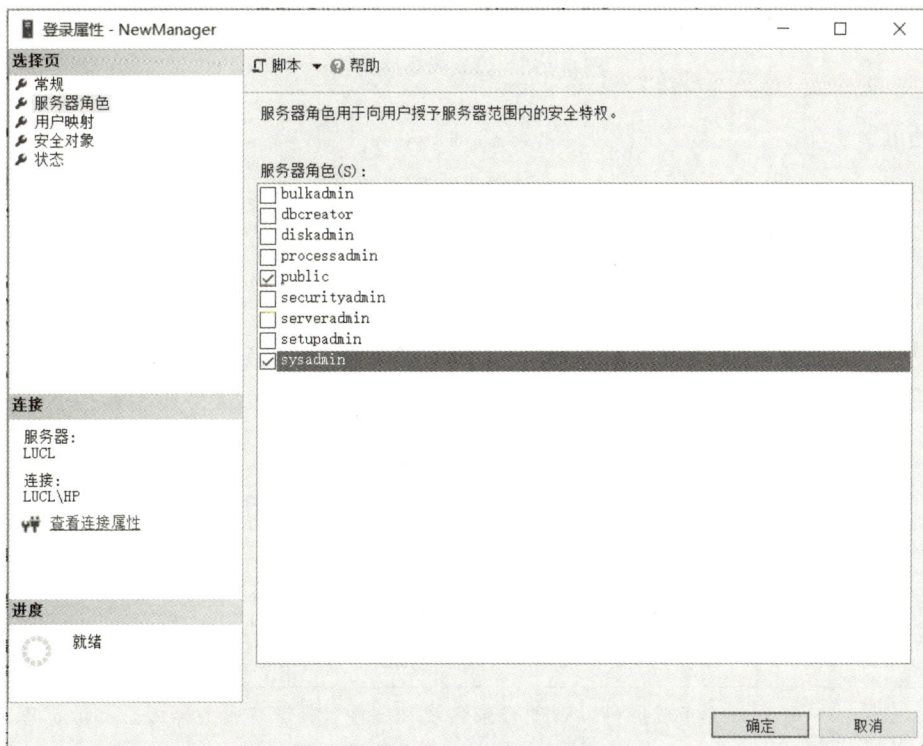

图 6-14 选择相应的服务器角色

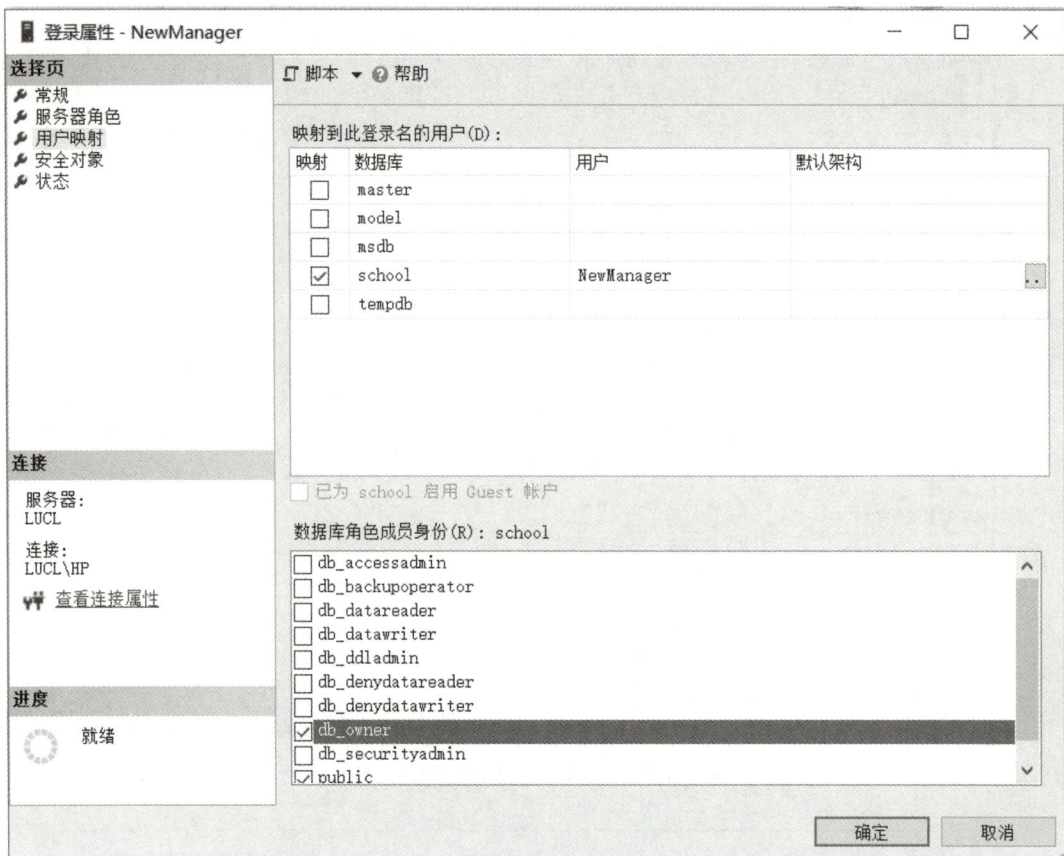

图 6 – 15　设置数据库角色

【任务拓展】

在 SQL Server 中新建 SQL Server 登录用户 "Rduser"，并指定该用户登录的数据库为 school，同时授予读取数据库 school 数据的权限。

【知识拓展】

服务器级角色也称为 "固定服务器角色"，用户不能自行创建新的服务器级角色。服务器级角色的权限作用范围为服务器范围。固定服务器级角色名称及其能够执行的权限见表 6 – 1。

表 6 – 1　固定服务器级角色名称及其能够执行的权限

服务器级角色名称	权限说明
sysadmin	角色的成员可以在服务器上执行任何活动
serveradmin	角色的成员可以更改服务器范围的配置选项和关闭服务器
securityadmin	角色成员可以管理登录名及其属性。成员有服务器级别和数据库级别的 GRANT、DENY 和 REVOKE 权限。重置 SQL Server 登录名的密码

续表

服务器级角色名称	权限说明
processadmin	角色的成员可以终止 SQL Server 实例中运行的进程
setupadmin	角色的成员可以添加和删除链接服务器
bulkadmin	角色的成员可以运行 BULK INSERT
diskadmin	角色的成员可以管理磁盘文件
dbcreator	角色的成员可以创建、更改、删除和还原任何数据库
public	SQL Server 登录名的默认服务器角色。所有用户都能使用对象时，可分配 Public 权限

任务三　备份和恢复数据库

【任务描述】

数据库服务器管理员为保证数据库的完整性和安全性，需要对数据库进行备份和恢复。下面管理员"NewManager"将对 school 数据库进行完整性备份和完整恢复操作。

【任务目标】

理解常见数据库备份类型和备份恢复类型。

掌握数据库备份。

掌握数据库的备份恢复。

【相关知识】

SQL Server 备份和还原组件为保护存储在数据库中的数据提供了基本安全保障。为了尽量降低灾难性数据丢失的风险，需备份数据库。备份和还原策略有助于保护数据库，使之免受各种故障导致的数据丢失的威胁。

一、备份设备

备份设备是指能保存 SQL Server 备份及能从中还原这些备份的磁盘或磁带设备。通常本地备份设备有磁盘和磁带两种。

二、备份类型

SQL Server 提供了四种备份数据库方式：完整数据库备份、差异数据库备份、事务日志备份、文件和文件组备份。

1. 完整数据库备份

完整数据库备份就是备份整个数据库。它备份数据库文件、这些文件的地址及事务日志的某些部分（从备份开始时所记录的日志顺序号到备份结束时的日志顺序号），这是任何备份策略中都要求完成的第一种备份类型，因为其他所有备份类型都依赖于完整备份。

2. 差异数据库备份

指将从最近一次完全数据库备份以后发生改变的数据进行备份，即只备份上次完整备份后更改的数据。

3. 事务日志备份

这种类型的备份只记录事务日志从上一个事务以来已经发生了变化的部分。需要注意的是，尽管事务日志备份依赖于完整备份，但并不备份数据库本身。

4. 文件和文件组备份

对很大的数据库进行整个数据库备份时，需要花费的时间较长，此时可以采用文件和文件组备份，即对数据库中的部分文件或文件组进行备份。

三、备份恢复模式

SQL Server 备份恢复模式分为三种：完整恢复模式、大容量日志记录恢复模式、简单恢复模式。

1. 完整恢复模式

为默认恢复模式，它会完整记录下操作数据库的每一个步骤。使用完整恢复模式可以将整个数据库恢复到一个特定的时间点，这个时间点可以是最近一次可用的备份、一个特定的日期和时间或标记的事务。

2. 简单恢复模式

此模式只用于对数据库数据安全要求不太高的数据库。

3. 大容量日志记录恢复模式

它是对完整恢复模式的补充。简单地说，就是要对大容量操作进行最小日志记录，节省日志文件的空间（如导入数据、批量更新、SELECT INTO 等操作时）。一般只有在需要进行大量数据操作时才将恢复模式改为大容量日志恢复模式。数据处理完毕之后，马上将恢复模式改回完整恢复模式。

【任务实施】

一、完整数据库的备份

1. 登录数据库服务器

这里使用上一任务中创建的 school 数据库管理账号 NewManager 进行登录，如图 6－16 所示。

2. 创建备份设备

（1）右键单击服务器对象下的"备份设备"，在快捷菜单中单击"新建备份设备"命令，如图 6－17 所示。

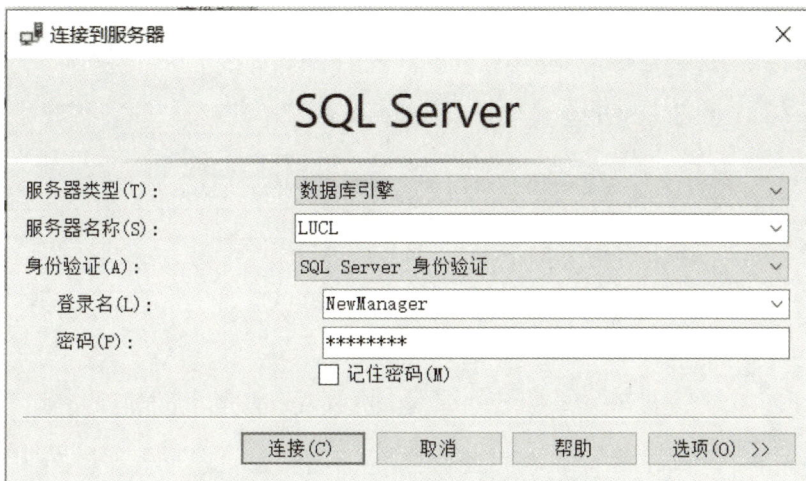

图 6-16　"连接到服务器"对话框

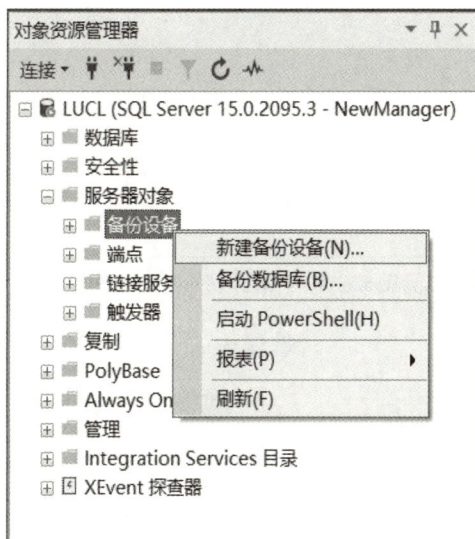

图 6-17　在"备份设备"快捷菜单中选择"新建备份设备"命令

（2）在"备份设备"对话框中分别配置设备名称。此处设置为"Firstbak"，目标文件设置为"E:\SQL\testfile"，如图 6-18 所示。

（3）完成备份设备创建，如图 6-19 所示，在服务器对象备份设置下的备份设备中可以找到刚刚创建的备份设备"Firstbak"。

（4）在对象资源管理器的数据库下选中需要备份的数据库"school"后，用鼠标右击，在快捷菜单中选择"任务"子菜单下的"备份"命令，如图 6-20 所示。

（5）在打开的"备份数据库"对话框中，备份类型选择"完整"，恢复模式默认为"完整"；备份组件选择"数据库"，如图 6-21 所示。

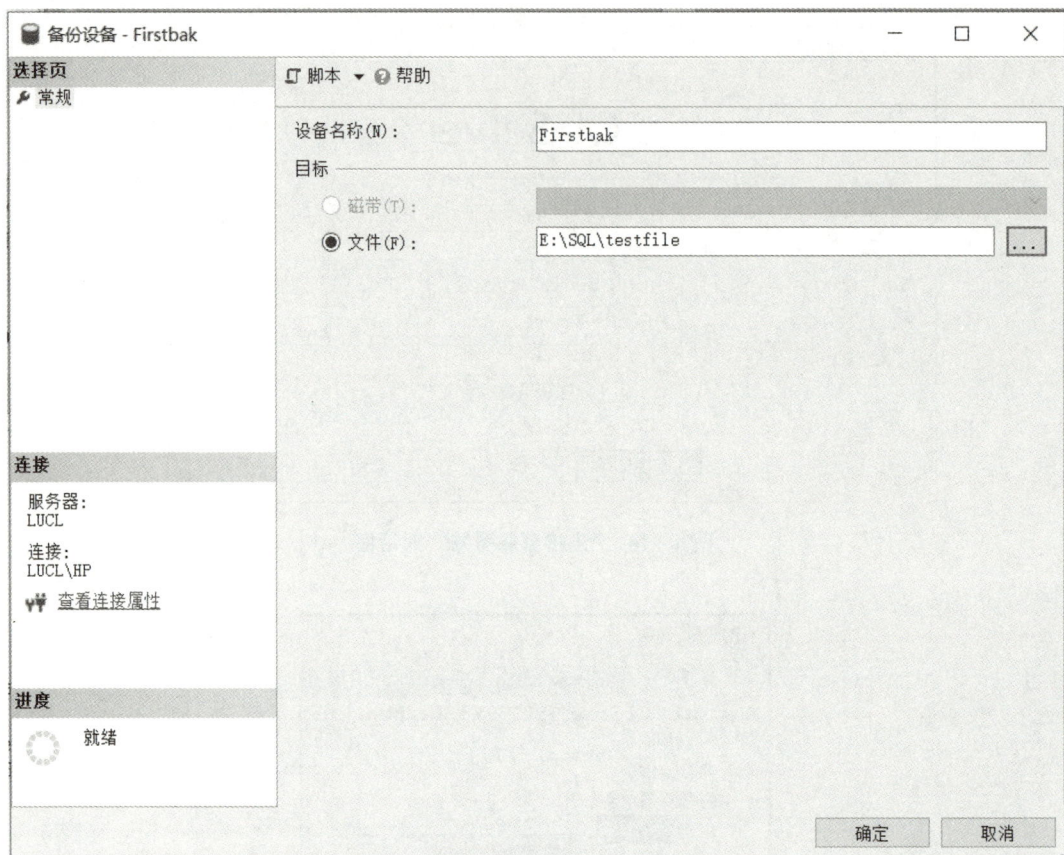

图 6 – 18 "备份设备"对话框

图 6 – 19 查看刚创建的备份设置

（6）设置备份数据库目标位置：此处如果不使用图 6 – 22 所示的默认备份位置，可以选中后单击"删除"按钮进行删除。单击"添加"按钮，打开如图 6 – 23 所示的"选择备份目标"对话框，选择备份设备"Firstbak"。

（7）在"介质选项"选项卡中设置覆盖媒体类型为"覆盖所有现有备份集"，如图 6 – 24 所示。

（8）在配置完成后，单击"确定"按钮，完成对数据库 school 的完全备份，如图 6 – 25 所示。

（9）在备份设备中查看备份集，可在对象资源管理器的备份设备中用鼠标右键单击"Firstbak"，在快捷菜单中单击"属性"命令，如图 6 – 26 所示。在"备份设备"对话框中选择"介质内容"选项后，在备份集中可以查看此备份设备中的备份集，如图 6 – 27 所示。

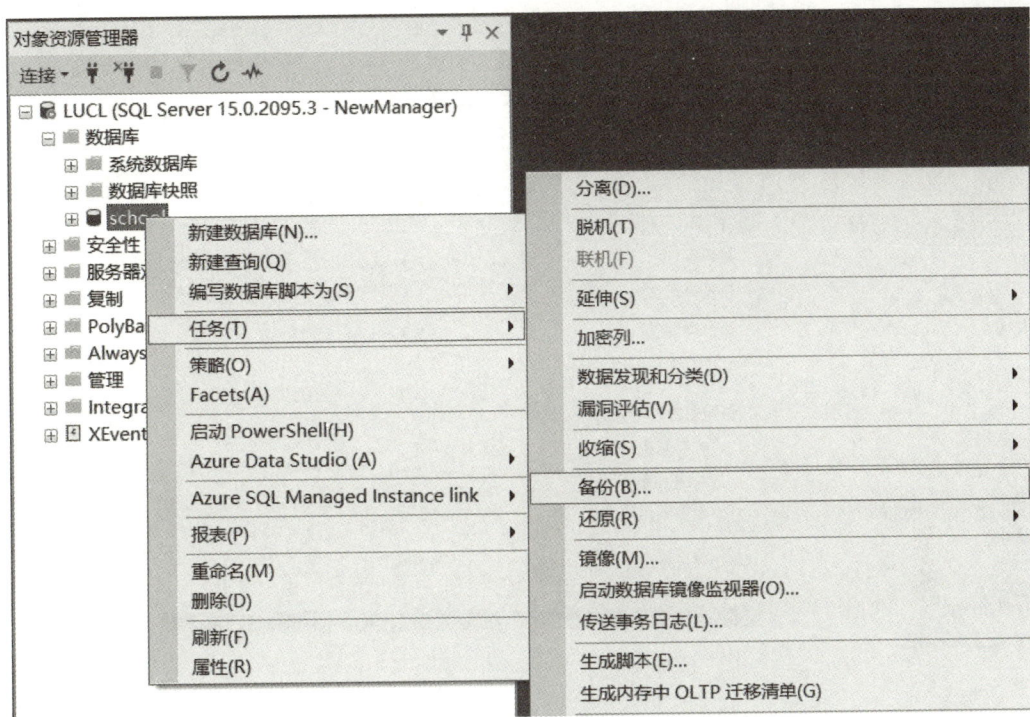

图 6 - 20　在快捷菜单中选择"备份"命令

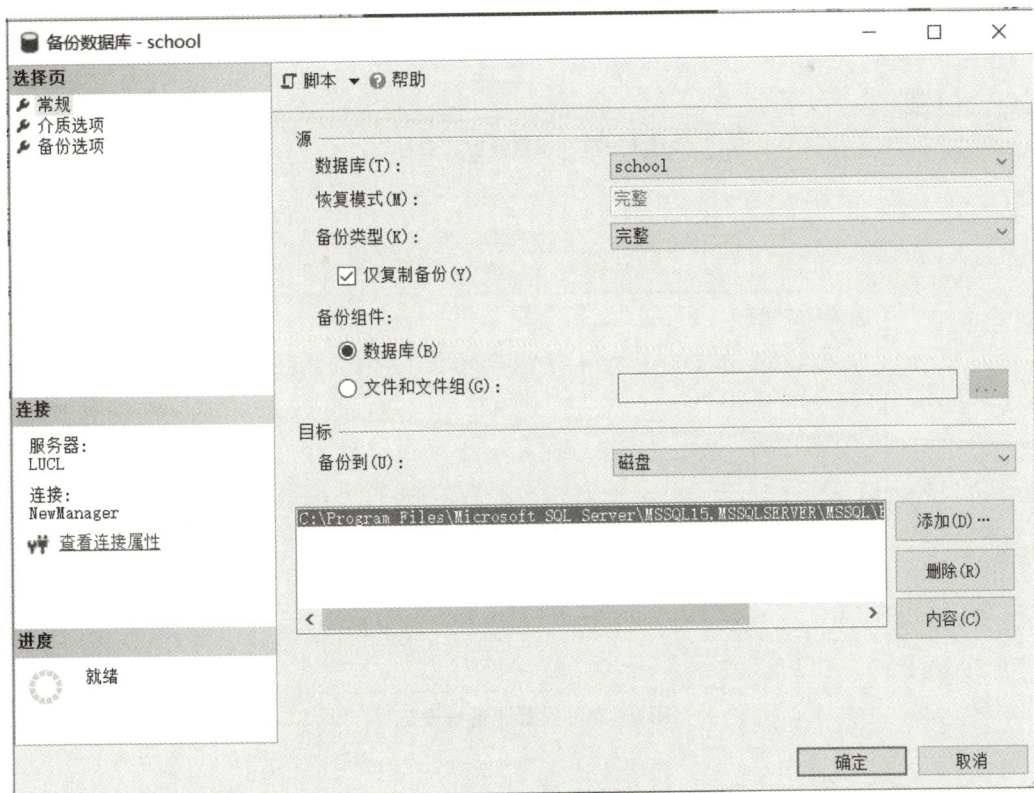

图 6 - 21　设置备份"源"和"备份组件"

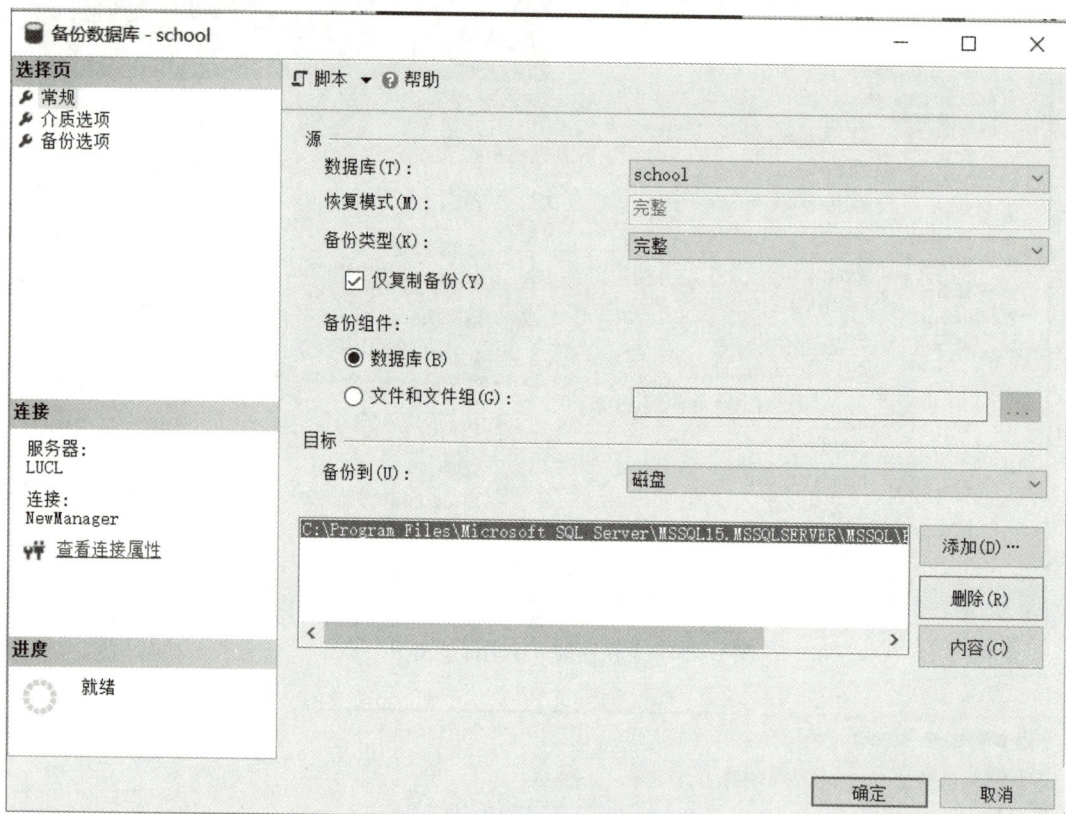

图 6-22 设置备份"目标"

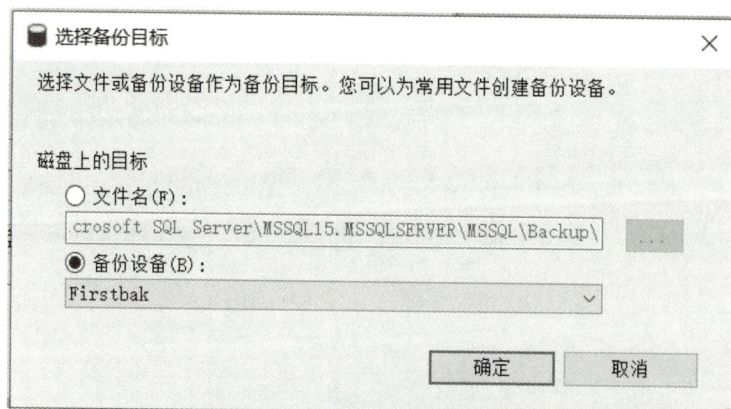

图 6-23 设置"备份设备"

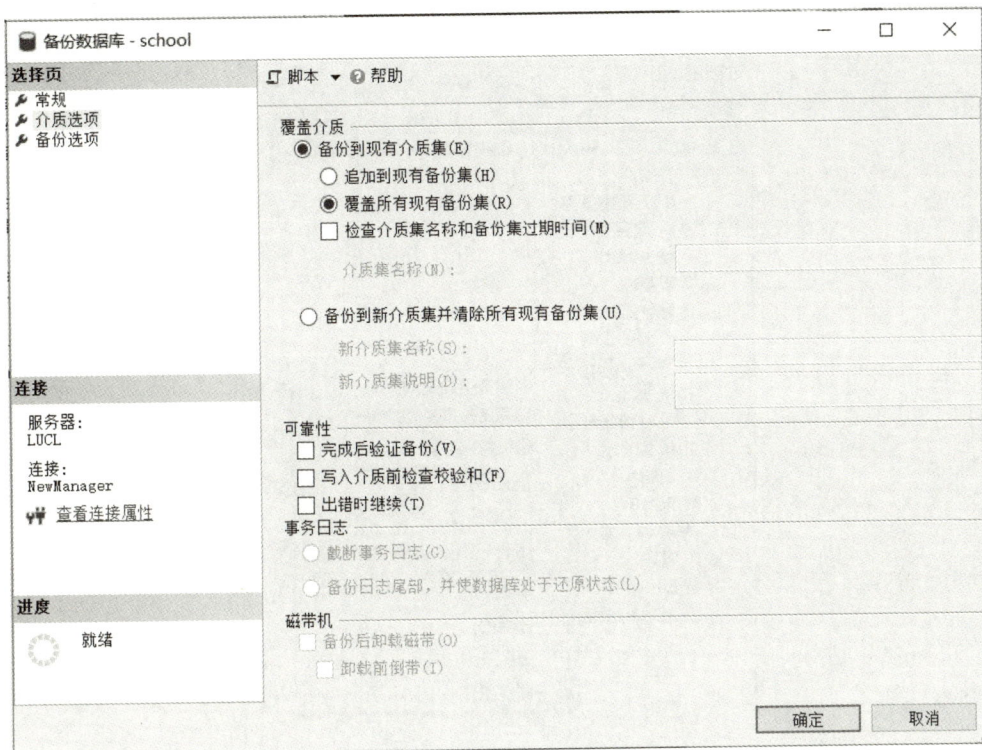

图 6 − 24　设置"覆盖介质"

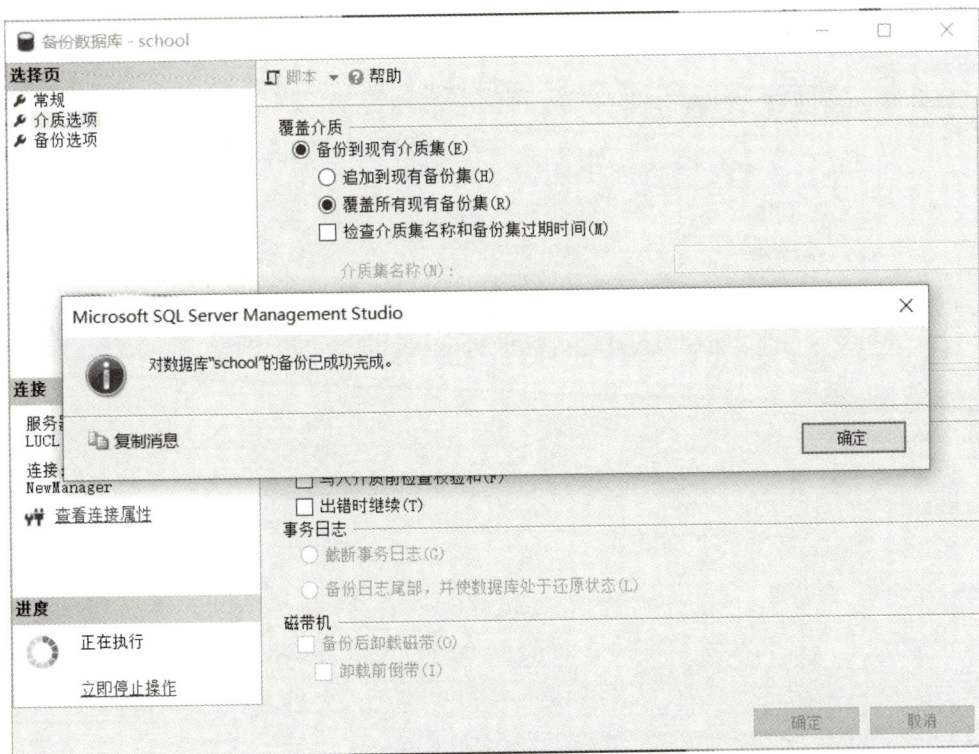

图 6 − 25　完成备份

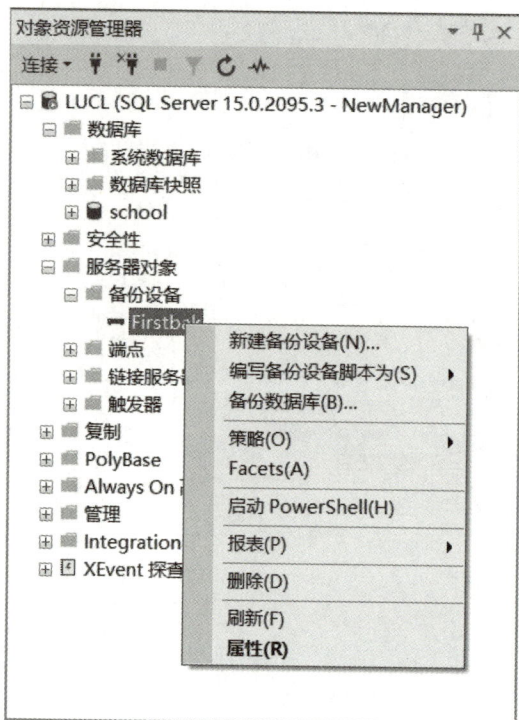

图 6 – 26　在备份设备"Firstbak"快捷菜单中选择"属性"

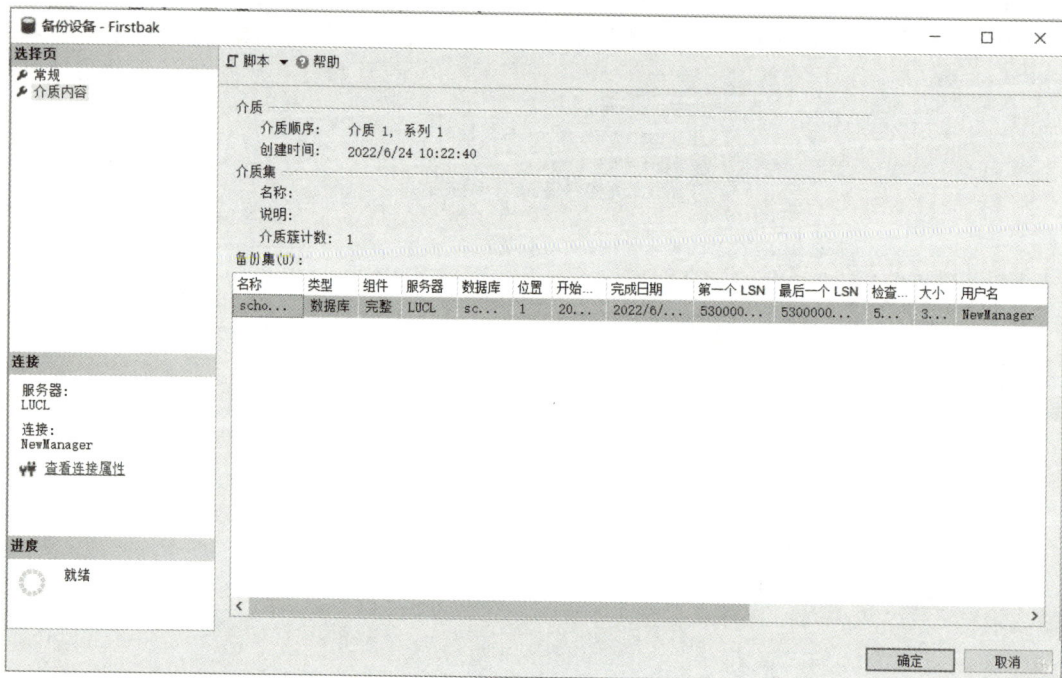

图 6 – 27　设置介质内容

二、完整数据库的恢复

（1）还原数据库命令：在对象资源管理器中选中需要恢复的数据库 school，右键单击，在快捷菜单中选中"任务"命令，选中其子菜单中"还原"命令下的"数据库"命令，如图 6-28 所示。

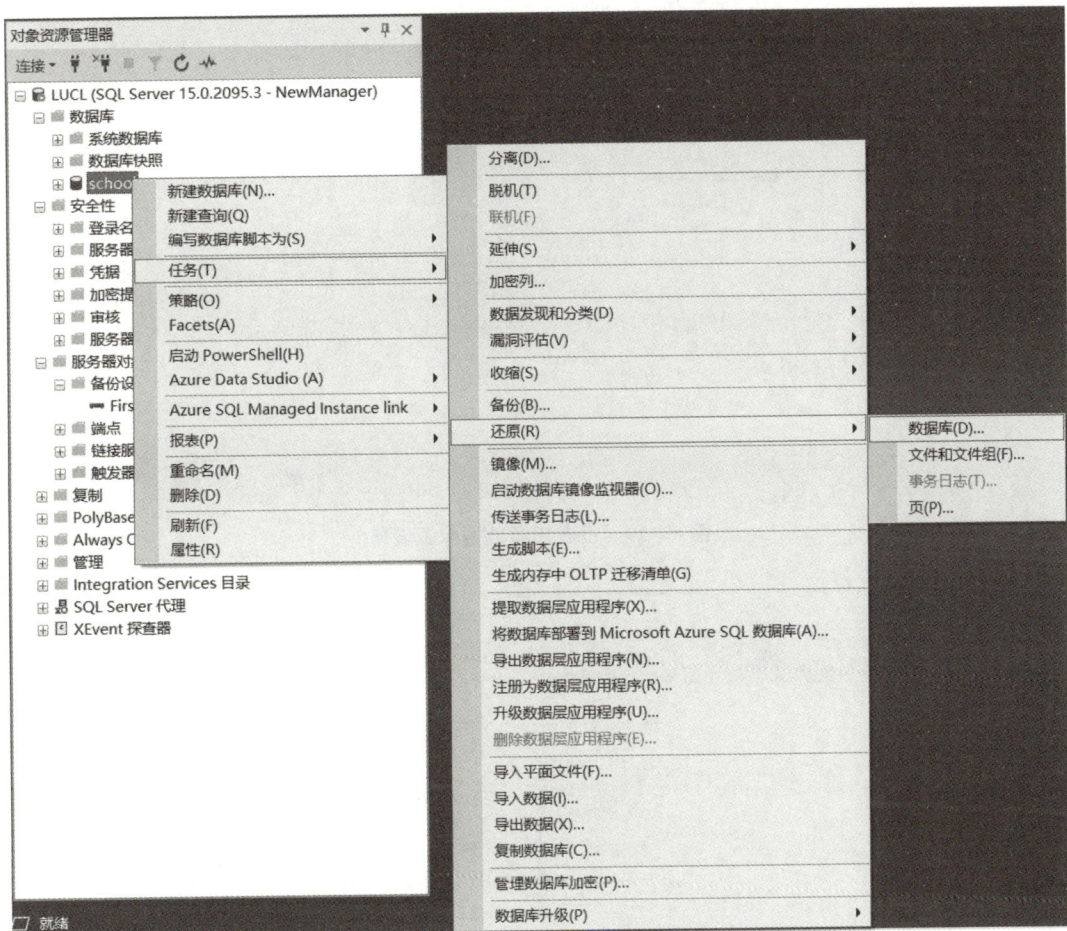

图 6-28 打开"还原数据库"对话框操作过程

（2）设置还原源设备：在打开的"还原数据库"对话框中选中"常规"选项，单击源"设备"右侧的按钮，打开"选择备份设备"对话框，此处选择备份媒体为"备份设备"，单击"添加"按钮，可在弹出的对话框中选择"Firstbak"备份设备，单击"确定"按钮，如图 6-29 所示。

对"还原数据库"对话框"常规"选项卡中的"要还原的备份集"项进行设置，此处选中"school-完整 数据库 备份"，如图 6-30 所示。

单击"确定"按钮，完成备份恢复，如图 6-31 所示。

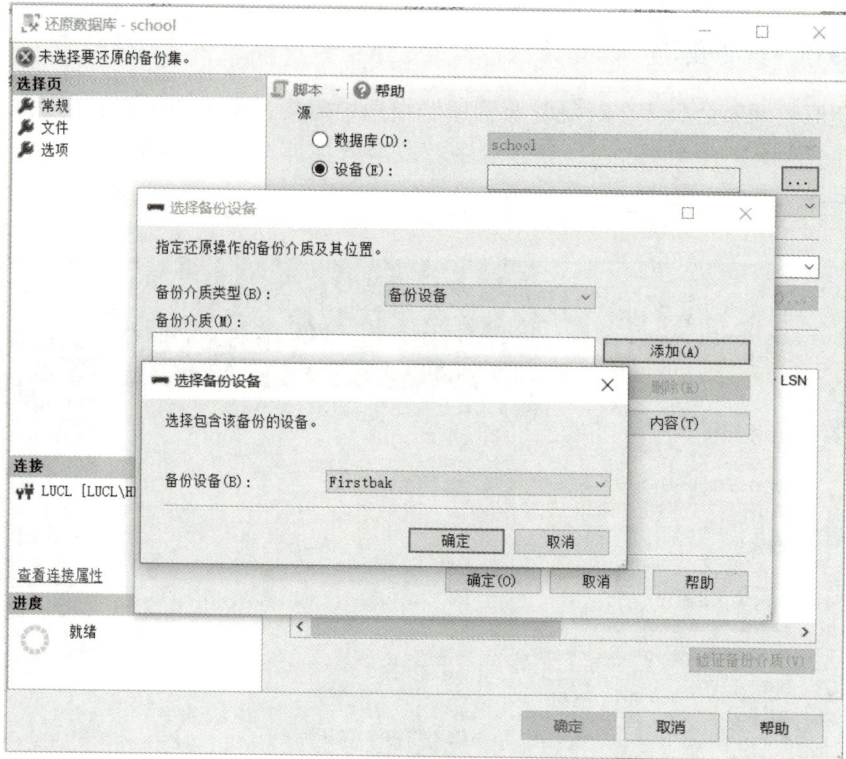

图 6 – 29   设置还原数据库源设备

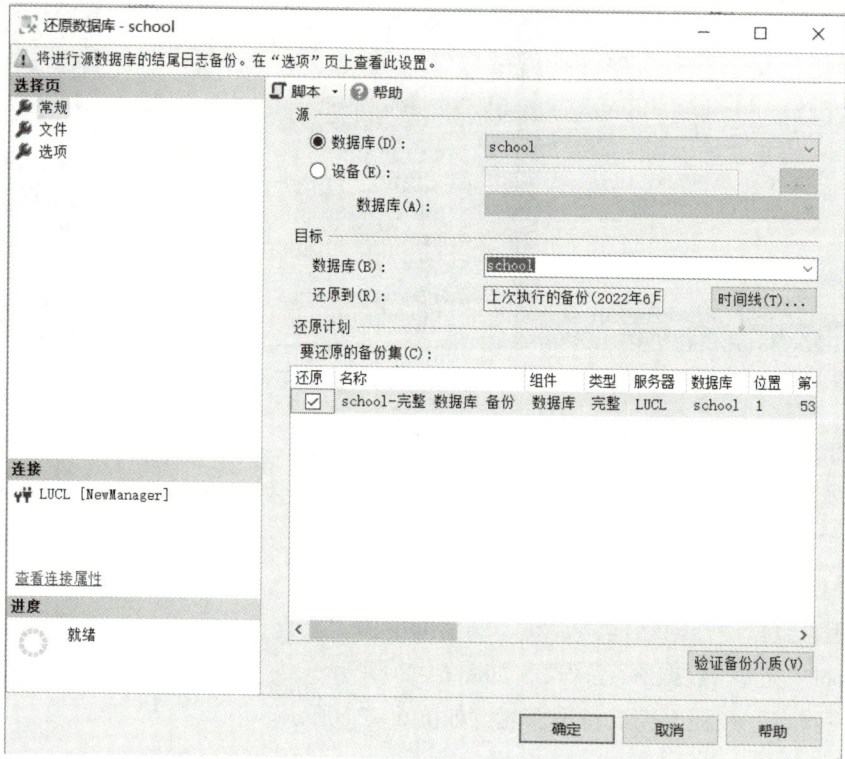

图 6 – 30   选择用于还原的备份集

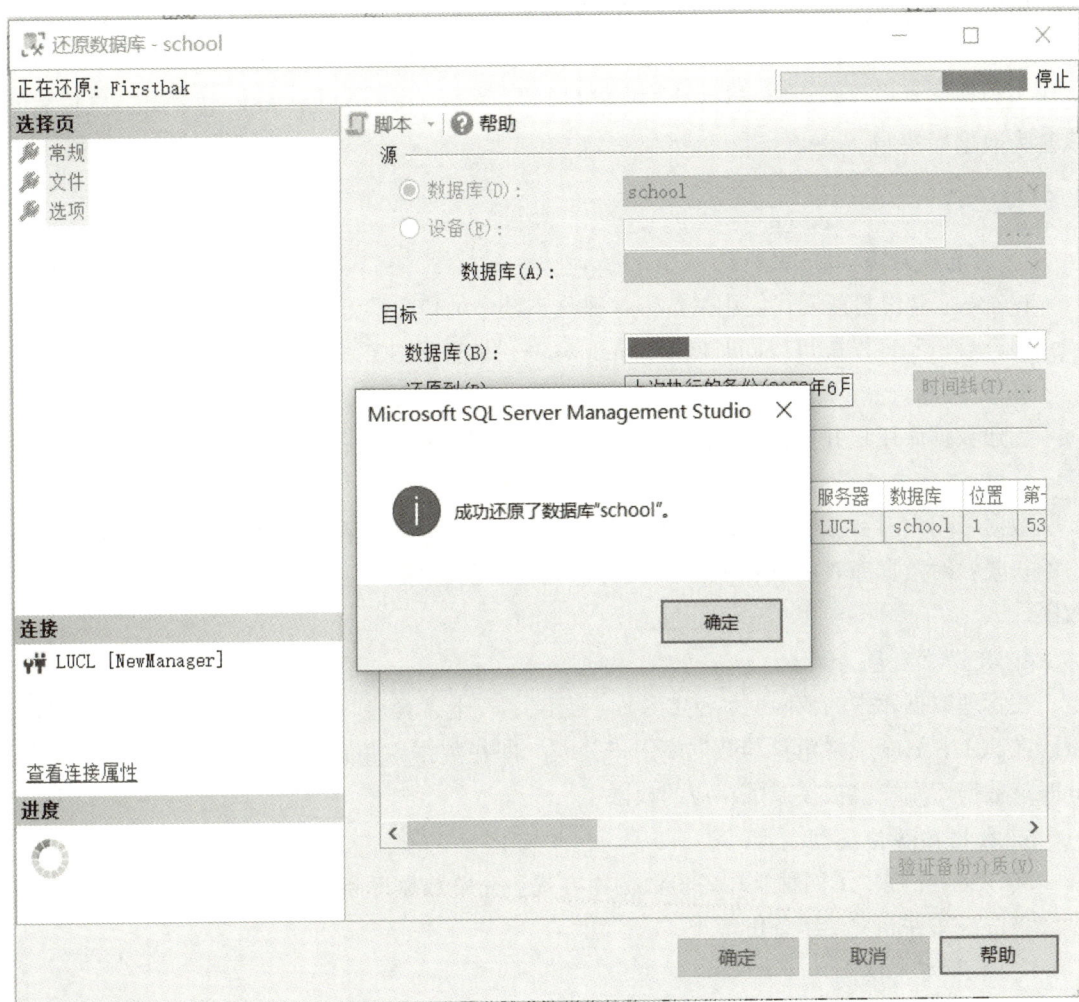

图 6 – 31 完成备份恢复

【任务拓展】

数据库服务器管理员为保证数据库的完整性和安全性，需要对数据库进行备份和恢复。管理员 "NewManager" 将根据备份策略对 "school" 数据库分别进行差异数据库备份和事务日志备份，备份设备为 "Fisrtbak"。

【知识拓展】

除了可使用 SQL Server Management Studio 的图形化界面操作进行数据库的备份及恢复外，还可以通过执行 Transact – SQL 语句进行数据库备份的创建及恢复。

如可执行 BACKUP DATABASE 语句创建完整数据库备份，同时指定要备份的数据库的名称及写入完整数据库备份的备份设备。

备份整个数据库，或者备份一个或多个文件或文件组时，使用 BACKUP DATABASE 语句。在完整恢复模式或大容量日志恢复模式下备份事务日志时，使用 BACKUP LOG 语句。

RESTORE DATABASE 语句和 RESTORE LOG 语句用于从使用 BACKUP 命令创建的备份还原和恢复数据库。RESTORE DATABASE 可用于任何恢复模式下的数据库。RESTORE LOG 仅用于完全恢复模式和大容量日志记录恢复模式。RESTORE DATABASE 也可用于将数据库恢复为数据库快照。

【项目总结】

1. 配置选择身份验证方式

Windows 身份验证模式使用 Windows 操作系统中的信息验证账户名和密码。

混合身份验证模式可以同时使用 Windows 身份验证和 SQL Server 身份验证。

2. 数据库用户

创建数据库用户并授权是实现数据库安全管理的有效途径之一。

3. 数据库用户对数据库的操作权限

数据库用户对数据库的操作权限主要有三种：对数据库创建数据库对象及进行数据库备份的权限；对数据库表的操作权限及执行存储过程的权限；用户数据库中对表字段的操作权限。

4. 数据库角色与授权

在管理数据库中的权限时，SQL Server 提供了若干"角色"，不同的角色有着不同的权限。在 SQL Server 中将角色与数据库用户关联，即在数据库角色中添加相应的数据库用户，此时该数据库用户就被授予了相应的权限。

5. 数据库备份类型

SQL Server 提供了四种常用备份数据库方式：完整数据库备份、差异数据库备份、事务日志备份、文件和文件组备份。

6. 备份恢复模式

SQL Server 常用备份恢复模式分为三种：完整恢复模式、大容量日志恢复模式、简单恢复模式。

【思考练习】

一、填空题

1. 在登录 SQL Server 数据库服务器时，常用的身份验证方式有_____和_____。

2. 可以同时使用 Windows 身份验证和 SQL Server 身份验证的是_____验证模式。

3. 创建 SQL Server 登录账号时，在数据库管理工具 SQL Server Management Studio 中用鼠标右键单击_____节点下的登录名，在快捷菜单中选择"新建登录名"。

4. 备份设备是指能保存 SQL Server 备份及能从中还原这些备份的_____或磁带设备。

5. 差异数据库备份指将从_____一次完全数据库备份以后发生改变的数据，即只备份上次完整备份后更改的数据。

6. SQL Server 备份恢复模式分为三种：_____、_____、_____。

二、问答题

1. 数据库用户对数据库的操作权限主要分成哪几种？

2. db_owner 角色、db_accessadmin 角色、db_backupoperator 角色的权限分别有哪些？

3. SQL Server 常用备份数据库方式有哪些？

三、操作题

1. 创建 SQL Server 登录：登录名为"stutest"、密码为"stu123"，并启用 SQL Server 身份验证模式。

2. 使用创建的"stutest"用户进行 SQL Server 身份验证登录，指定该用户具有数据库 School 管理员权限。

3. 使用创建的"stutest"用户进行 SQL Server 身份验证登录，对"School"数据库进行完全数据库备份，备份设备命名为"testbk"。

项目七

综合实训

【项目描述】

　　某校信息学院打算为学校开发一个学生成绩管理数据库，通过对学校教学管理中的班级、学生、教师、课程、成绩等相关内容进行分析，要求数据库具有学生管理、教师管理、成绩管理、课程管理等相关功能，如系统应该提供数据的插入、删除、更新、查询等功能。

　　数据库应包含的数据信息：班级、学生、教师、课程的基本信息。班级应有班级编号、班级名称、班级位置等信息；学生应有学号、姓名、身份证号、性别、是否团员、出生日期、入学日期、家庭住址等信息；教师应有教师编号、姓名、身份证号、性别等信息；课程应有课程编号、课程名称、学分、是否必修等信息。学生学习课程应有成绩分数、成绩等级信息；教师所授课程应有班级编号等相关信息。

　　需求说明：一位教师（班主任）管理一个班级；一个班级中包含若干名学生；每位教师可教授多门课程；每门课程可有多位教师任教。

【相关知识点】

　　数据库和表的创建；数据的相关操作；索引和视图；存储过程和触发器；数据库安全管理。

【项目分析】

　　该项目的完成划分为以下几个任务：

　　任务一　数据库和表的创建

　　任务二　数据的相关操作

　　任务三　索引和视图

　　任务四　存储过程和触发器

　　任务五　数据库安全管理

任务一　数据库和表的创建

【任务描述】

　　根据项目描述中的需求，为学生成绩管理数据库创建数据库、创建相应的表并完成各类约束，确保数据的完整性。

【任务目标】

掌握创建数据库的方法。

掌握创建与管理数据表的方法。

掌握创建各类约束确保数据完整性的方法。

【任务实施】

【例 7 - 1】 使用 SQL 语句方式创建 studentdb 数据库，要求将数据库存放于 C 盘 db 文件夹下，数据文件的逻辑名称取为 student_data，初始大小为 3 MB，文件增长的最大值为 30 MB，增长量为 1 MB；日志文件的逻辑名称取为 student_log，初始大小为 1 MB，文件增长的最大值为 10 MB，增长率为 10%。

单击"SQL Server Management Studio"工具栏上的"新建查询"按钮，在窗口右半部分会打开一个新的"SQL Query"标签页，在标签页窗口中输入以下代码：

```
CREATE DATABASE studentdb
ON PRIMARY
(
    NAME = student_data,
    FILENAME = 'C: \db \student_data.mdf',
    SIZE = 3MB,
    MAXSIZE = 30MB,
    FILEGROWTH = 1MB
)
LOG ON
(
    NAME = student_log,
    FILENAME = 'C: \db \student_log.ldf',
    SIZE = 3MB,
    MAXSIZE = 30MB,
    FILEGROWTH = 1MB
)
GO
```

在"SQL 编辑器"工具栏上单击"执行"按钮，执行该程序代码，并在下方"消息"标签页中显示"命令已成功完成"的消息。结果如图 7 - 1 所示。

图 7 - 1 创建数据库

【例7-2】 创建数据表 student 和 class。

（1）使用 CREATE TABLE 语句创建学生表 student，数据表的结构见表7-1。

表7-1 学生表（student）

序号	字段名	字段类型	字段长度	字段说明	备注
1	sno	char	8	学号	主键、非空
2	sname	varchar	10	姓名	非空
3	sid	char	18	身份证号	非空
4	smale	char	2	性别	非空
5	memeber	bit		是否团员	
6	birth	date		出生日期	
7	entry	date		入学时间	
8	classno	char	6	班级编号	非空

单击"SQL Server Management Studio"工具栏上的"新建查询"按钮，在窗口右半部分会打开一个新的"SQL Query"标签页，在标签页窗口中输入以下代码：

```
CREATE TABLE student(
sno char(8)NOT NULL,
sname varchar(10)NOT NULL,
sid char(18)NOT NULL,
smale char(2)NOT NULL,
member bit NULL,
birth date NULL,
entry date NULL,
classno char(6)NOT NULL
)
```

在"SQL 编辑器"工具栏上单击"执行"按钮，执行该程序代码，并在下方"消息"标签页中显示"命令已成功完成"的消息。在对象浏览器中逐级展开数据库各节点，可以看到创建的新表 student 的结构，如图7-2所示。

图7-2 创建学生表

（2）使用图形化工具创建班级表 class，数据表的结构见表 7 – 2。

表 7 – 2　班级表（class）

序号	字段名	字段类型	字段长度	字段说明	备注
1	classno	char	6	班级编号	主键、非空
2	classname	varchar	20	班级名称	非空
3	classadd	varchar	20	班级位置	
4	tno	char	6	教师编号	非空

在对象资源管理器窗格中，展开需要创建表的数据库"studentdb"，右击"表"节点，在弹出的快捷菜单中选择"新建表"命令，打开表设计器，如图 7 – 3 所示。

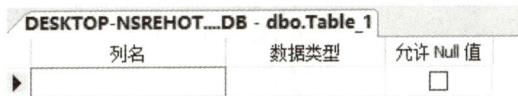

图 7 – 3　表设计器

在打开的表设计器中，按照任务要求设置表 class 各列的列名（字段名）、数据类型以及允许 Null 值（非空约束）等信息，如图 7 – 4 所示。

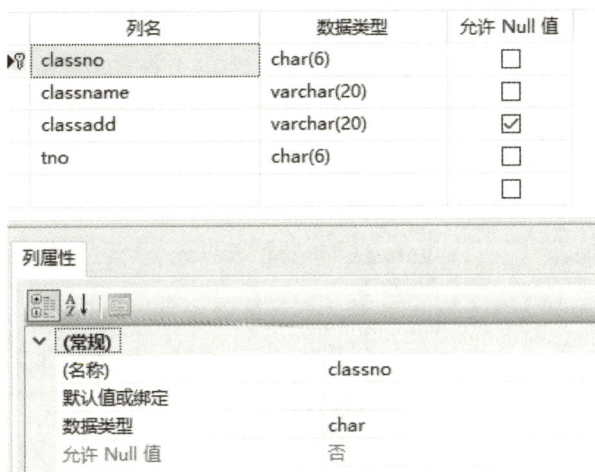

图 7 – 4　设计班级表

各列创建完成之后，单击工具栏中的"保存"按钮，系统自动打开"选择名称"对话框，输入新建表的名称"class"。

【例 7 – 3】　使用 SQL 语句中的 ALTER TABLE 语句为 student 表添加 homeadd 字段，其数据类型为 varchar，长度为 50。

代码如下：

```
ALTER TABLE student
ADD homeadd varchar(50)
```

【例 7 − 4】 为 student 建立各类约束，以实现数据完整性。

（1）将数据表中的 sno 字段设置为主键，代码如下：

```
ALTER TABLE student
ADD CONSTRAINT PK_sno PRIMARY KEY( SNO)
```

（2）建立学生表 student 和班级表 class 之间的联系。展开"对象资源管理器"窗格中的表"dbo. student"节点，右击其子节点"键"，在弹出的快捷菜单中选取"新建外键"命令，如图 7 − 5 所示。

图 7 − 5　新建外键

单击"表和列规范"右侧的 ... 按钮，如图 7 − 6 所示，打开"表和列"对话框。

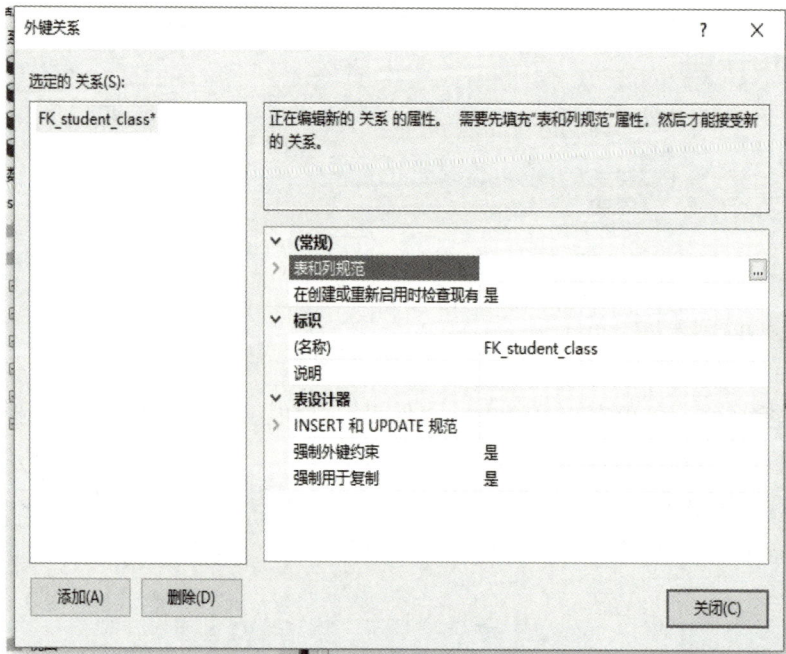

图 7 − 6　编辑外键关系

在"主键表"下拉列表框中选择"class",选择字段为"classno";在"外键表"的"student"列下选择字段为"classno",会自动生成关系名"FK_student_class",如图7-7所示。

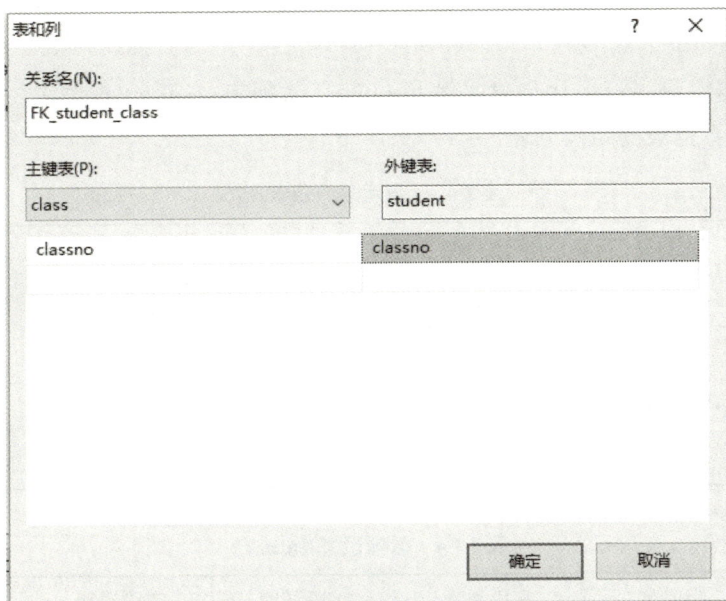

图7-7 建立外键关系

（3）将student数据表中smale字段默认值设置为"男"。

在"对象资源管理器"中,右击"dbo.student"子节点,在弹出的快捷菜单中选择"设计"命令,打开"表设计器"对话框,并在student数据表标签页上单击列名smale,在对应的列属性"常规"选项区的"默认值或绑定"选项中输入默认值"男",如图7-8所示。

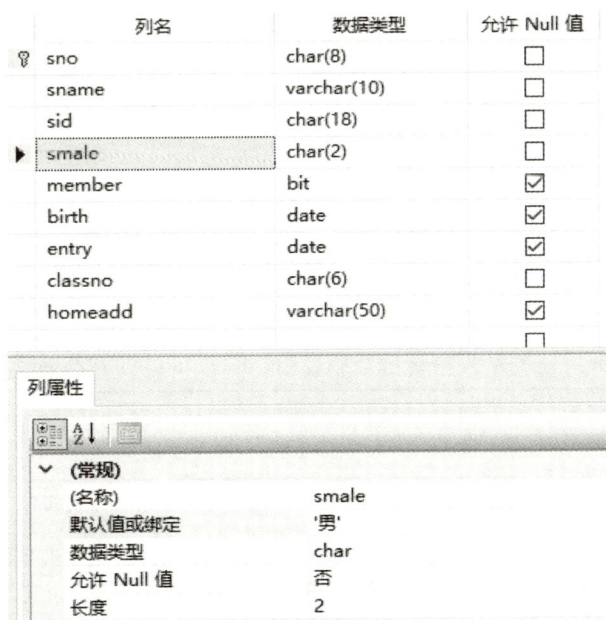

图7-8 设定默认值

保存对数据表的修改之后，刷新"对象资源管理器"窗口中的节点"dbo. student"，展开其子节点"约束"，看到新产生的叶节点 DF_student_smale ，即为创建的默认约束。

【任务拓展】

（1）在数据库 studentdb 中创建课程表 course、教师表 teacher、成绩表 result 以及教学信息表 teachinfo，数据表的结构见表 7-3～表 7-6。

表 7-3　课程表（course）

序号	字段名	字段类型	字段长度	字段说明	备注
1	cno	char	6	课程编号	主键、非空
2	cname	varchar	20	课程名称	非空
3	credit	Int		学分	非空
4	required	bit		是否必修	非空

表 7-4　教师表（teacher）

序号	字段名	字段类型	字段长度	字段说明	备注
1	tno	char	6	教师编号	主键、非空
2	tname	varchar	10	教师姓名	非空
3	tid	char	18	身份证号	非空
4	tmale	char	2	性别	非空

表 7-5　成绩表（result）

序号	字段名	字段类型	字段长度	字段说明	备注
1	gno	int		成绩编号	主键、非空
2	sno	char	8	学生编号	非空
3	cno	char	6	课程编号	非空
4	score	float		成绩分数	
5	grade	char	4	成绩等级	

表 7-6　教学信息表（teachinfo）

序号	字段名	字段类型	字段长度	字段说明	备注
1	tno	char	6	教师编号	主键、非空
2	cno	char	6	课程编号	主键、非空

序号	字段名	字段类型	字段长度	字段说明	备注
3	classno	char	6	班级编号	主键、非空

（2）为学生表 student 与班级表 class 建立联系；为班级表 class 与教师表 teacher 建立联系；教学信息表 teachinfo 与课程表 course、教师表 teacher 建立联系；为成绩表 result 与课程表 course、学生表 student 建立联系。

（3）将学生表 student 中的 sid 字段和教师表 teacher 中的 tid 字段设为唯一且长度在 15 位或者 18 位。

任务二　数据的相关操作

【任务描述】

数据是学生成绩管理数据库中的重要资源，系统的主要功能包括增加数据、修改数据、删除数据以及对数据进行查询。这就需要用到数据增加语句 INSERT、数据修改语句 UPDATE、数据删除语句 DELETE 以及数据查询语句 SELECT。

【任务目标】

掌握使用 INSERT 语句增加数据的方法。

掌握使用 UPDATE 语句修改数据的方法。

掌握使用 DELETE 语句删除数据的方法。

掌握利用 SELECT 语句进行简单与复杂查询的方法。

【任务实施】

任务 2.1　使用 INSERT 语句增加数据

数据表创建完成之后，按照规则向数据表中添加相应的数据，具体来说，可以实现一条记录或多条记录的添加。

【例 7-5】　添加一条记录。在 student 数据表中插入一名学生信息，具体信息见表 7-7。

表 7-7　增加一条学生记录

学号	姓名	身份证号	性别	是否团员	出生日期	入学日期	家庭住址	班级号
20010101	张燕燕	320000200402192324	女	True	NULL	2020-9-1	同山县永通镇永丰村	200101

单击"新建查询"按钮添加如下程序代码并执行。

```
INSERT INTO studentdb.dbo.student
(sno,sname,sid,smale,member,birth,entry,classno,homeadd)
VALUES
('20010101','张燕燕','320002200402192324','',1,NULL,'2020 - 09 - 01','200101','同
山县永通镇永丰村')
```

【例 7 - 6】 增加多条记录。在 class 数据表中插入三个班级的信息，见表 7 - 8。

表 7 - 8　增加多条班级记录

班级号	班级名称	教室地址	班主任号
200101	20 计算机应用技术	知达楼 305	200502
200201	20 软件技术	知达楼 306	201203
210101	21 计算机应用技术	知达楼 203	200003

可以使用 INSERT INTO…SELECT 语句，并使用 UNION 集合运算将多条记录同时插入数据表中，程序代码如下：

```
INSERT INTO studentdb.dbo.class
SELECT '200101','20 计算机应用技术','知达楼','200502'UNION
SELECT '200201','20 软件技术','知达楼','199702'UNION
SELECT '210101','21 计算机应用技术','知达楼','200003'
```

任务 2.2　使用 UPDATE 语句修改数据

数据表建成之后，数据有时会发生改变，这时就需要对原来的数据进行修改，可以对所有的数据进行修改，也可以对部分记录进行修改。

【例 7 - 7】 统一将 student 表中的入学日期改为 2020 年 9 月 1 日。

完成本任务可以使用 UPDATE 语句，单击"新建查询"按钮，添加如下程序代码并执行。

```
UPDATE studentdb.dbo.student
SET entry = '2020 - 09 - 01'
```

结果如图 7 - 9 所示。

sno	sname	sid	smale	member	birth	entry	classno	homeadd
20010101	张燕燕	32000020040…	男	True	NULL	2020-09-01	200101	同山县永通镇…
20010102	王知远	32000020050…	男	False	NULL	2020-09-01	200101	云泉县花园小区
20020101	曲晓敏	32000020060…	男	True	NULL	2020-09-01	200201	三合区向阳镇…
20020102	赵凯	32000020060…	男	False	NULL	2020-09-01	200201	安河县临江镇…
21010101	高朗	32000020070…	男	False	NULL	2020-09-01	210101	怀乡县红旗镇…

图 7 - 9　入学日期统一改为 2020 - 09 - 01

【例 7 - 8】 将学生表中张燕燕和曲晓敏的性别改为女。

本例与例 7 - 7 的不同之处在于不是将所有人的性别都修改，而是有选择性地修改，这就需要使用 WHERE 子句进行筛选，程序代码如下：

```
UPDATE studentdb.dbo.student
SET smale = '女'
WHERE sname = '张燕燕' OR sname = '曲晓敏'
```

结果如图 7-10 所示。

sno	sname	sid	smale	member	birth	entry	classno	homeadd
20010101	张燕燕	32000020040...	女	True	NULL	2020-09-01	200101	同山县永通镇...
20010102	王知远	32000020050...	男	False	NULL	2020-09-01	200101	云泉县花园小区
20020101	曲晓敏	32000020060...	女	True	NULL	2020-09-01	200201	三合区向阳镇...
20020102	赵凯	32000020060...	男	False	NULL	2020-09-01	200201	安河县临江镇...
21010101	高朗	32000020070...	男	False	NULL	2020-09-01	210101	怀乡县红旗镇...

图 7-10 将张燕燕和曲晓敏的性别改为女

任务 2.3 使用 DELETE 语句修改数据

数据表创建完成之后，有些记录不需要时可以对其进行删除，具体来说，可以实现全部记录的删除或者部分记录的删除。

【例 7-9】 复制 student 数据表中的数据到 student1 中，并删除 student1 数据表中的所有记录。

由于 DELETE 程序运行之后会将 student 数据表中的所有记录删除，以防万一，可以先将该表内的记录复制到 student1，代码如下：

```
SELECT *
INTO studentdb.dbo.student1
FROM studentdb.dbo.student
```

结果如图 7-11 所示。

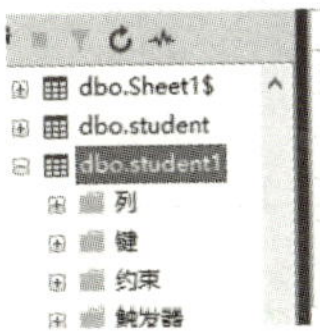

sno	sname	sid	smale	member	birth	entry	classno	homeadd
20010101	张燕燕	32000020040...	女	True	NULL	2020-09-01	200101	同山县永通镇...
20010102	王知远	32000020050...	男	False	NULL	2020-09-01	200101	云泉县花园小区
20020101	曲晓敏	32000020060...	女	True	NULL	2020-09-01	200201	三合区向阳镇...
20020102	赵凯	32000020060...	男	False	NULL	2020-09-01	200201	安河县临江镇...
21010101	高朗	32000020070...	男	False	NULL	2020-09-01	210101	怀乡县红旗镇...
NULL	NULL	NULL	NULL	NULL	NULL	NULL	NULL	NULL

图 7-11 将 student 数据表复制到 student1

然后运行删除代码：

```
DELETE FROM school.dbo.student1
```

将 student1 数据表中的记录全部删除，如图 7-12 所示。

sno	sname	sid	smale	member	birth	entry	classno	homeadd
NULL	NULL	NULL	NULL	NULL	NULL	NULL	NULL	NULL

图 7-12 将 student1 数据表中的记录全部删除

【例 7-10】 班级编号为 20 开头的学生毕业了，要求删除其班级信息。

本例可以使用 DELETE 语句并使用 WHERE 子句构建删除的筛选条件，代码如下：

```
DELETE FROM studentdb.dbo.class
WHERE classno LIKE '20%'
```

程序运行之后，发现运行终止且 class 表数据未发生变化，这是因为该表与 student 表存在依赖关系，如需删除该班级信息，则需先删除该班级内的所有学生信息，如图 7 – 13 所示。

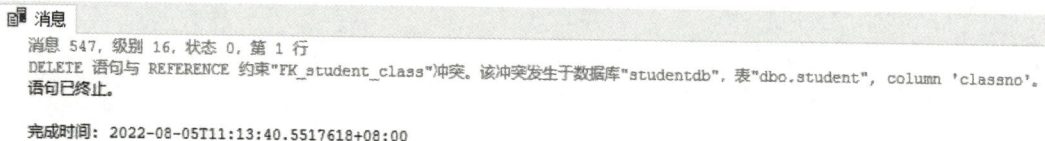

消息
消息 547，级别 16，状态 0，第 1 行
DELETE 语句与 REFERENCE 约束"FK_student_class"冲突。该冲突发生于数据库"studentdb"，表"dbo.student"，column 'classno'.
语句已终止。

完成时间: 2022-08-05T11:13:40.5517618+08:00

图 7 – 13　删除 class 数据表的部分记录

任务 2.4　使用 SELECT 语句查询数据

数据查询是信息系统中最常见的功能之一，也是数据库技术广泛应用的重要原因之一。在数据库中，用 SELECT 语句可以从一张表或者多张表中获取有用的信息。

1. 使用 SQL 语句对数据进行简单的查询

完成本任务可以使用 SELECT 语句，SELECT 语句的基本格式如下：

```
SELECT select_list
[ INTO new_table_name]
FROM table_list
[WHERE search_condition1]
[GROUP BY group_by_list]
[HAVING search_condition2]
[ORDER BY order_list[ASC |DESC]]
```

表 SELECT 语句的主要参数说明见表 7 – 9。

表 7 – 9　表 SELECT 语句的主要参数说明

参数	说明
select_list	用 SELECT 子句指定的字段的列表，字段间用逗号分隔
new_table_name	新表的名称
table_list	数据来源的表或视图
search_condition1	记录筛选的条件
group_by_list	根据列中的值将结果进行分组
search_condition2	用于 HAVING 子句中对结果集的附加筛选
order_list[ASC	DESC]	order_list 指定组成排序列表的结果集的列，ASC 和 DESC 用于指定行是升序排列还是降序排列

【例 7 – 11】　查询班级编号为"200101"的学生信息，包括学号、姓名、出生日期、家庭住址，并按出生年月从大到小的顺序排列查询结果。

```
SELECT sno,sname,birth,homeadd
FROM student
WHERE classno = '200101'
ORDER BY birth DESC
```

【例7－12】　查询各门课程的最高分和最低分。

```
SELECT cno,MAX(score)'最高分',MIN(score)'最低分'
FROM result
GROUP BY cno
```

2. 使用连接查询进行多表查询

连接查询是关系型数据库中重要的查询类型之一，通过表间的相关字段，可以追踪各个表之间的逻辑关系，从而实现跨表的查询。基本格式：

```
SELECT 列名列表
FROM < 表 A >JOIN < 表 B >
[ON 连接条件]
    [WHERE 条件表达式]
```

【例7－13】　查询选修了课程号为001204的课程的学生信息。

```
SELECT *
FROM student JOIN result
ON student.sno = result.sno and cno = '001204'
```

3. 使用子查询进行多表查询

子查询也称为内部查询，而包含子查询的语句也称为外部查询或父查询。子查询是一个SELECT 语句，它嵌套在一个 SELECT 语句、SELECT⋯INTO 语句、INSERT⋯INTO 语句、DELETE 语句、UPDATE 语句中，或嵌套在另一子查询中。子查询的 SELECT 查询总是使用圆括号括起来。它不能包含 COMPUTE 或者 FOR BROWSE 子句，如果同时指定了 TOP 子句，则只能包含 ORDER BY 子句。

【例7－14】　使用子查询的方法查询选修了课程号为001204的课程的学生信息。

```
SELECT *
FROM student
WHERE sno
IN
(SELECT sno
FROM result
WHERE cno = '001204')
```

4. 使用 UNION 合并查询结果

UNION 一般用于将不同数据表的查询结果合并成一个结果集，两个原始表的数据结构可以不同，但是选出的合并的列必须具有同样的数据类型。

【例7－15】　查询学生表中200101班和200201班的女生信息。

```
SELECT *
FROM student
WHERE classno = '200101' AND smale = '女'
UNION
SELECT *
FROM student
WHERE classno = '200201' AND smale = '女'
```

【任务拓展】

（1）选择合适的方法为 student、teacher、class、course、result、teachinfo 数据表分别添加表 7 – 10 ~ 表 7 – 15 所列数据。

表 7 – 10　student 学生表

学号	姓名	身份证号	性别	是否团员	出生日期	入学日期	家庭住址	班级号
20010101	张燕燕	320000200502192324	女	1	NULL	2020 – 9 – 1	同山县永通镇永丰村	200101
20010102	王知远	320000200509303711	男	0	2005 – 9 – 3	2020 – 9 – 1	云泉县花园小区	200101
20020101	曲晓敏	320000200605165284	女	1	2006 – 5 – 16	2020 – 9 – 1	三合区向阳镇雅居花苑	200201
20020102	赵凯	320000200604283035	男	0	2006 – 4 – 28	2020 – 9 – 1	安河县临江镇赵家村	200201
21010101	高朗	320000200704102796	男	0	2007 – 4 – 10	2021 – 9 – 1	怀乡县红旗镇坞塘村	210101

表 7 – 11　teacher 教师表

教师编号	教师姓名	身份证号	性别
199702	赵华	320000197409082953	男
200003	李丽珊	320000197709089801	女
200009	刘培轩	320000197801152993	男
200502	李思扬	320000197912185077	男
201407	宋文颖	32000019881018136x	女

表 7 – 12　class 班级表

班级号	班级名称	教室地址	班主任号
200101	20 计算机应用技术	知达楼 305	200502

班级号	班级名称	教室地址	班主任号
200201	20 软件技术	知达楼 306	199702
210101	21 计算机应用技术	知达楼 203	200003

表 7 - 13 course 课程表

课程编号	课程名称	学分	是否必修
001204	计算机应用基础	4	True
001206	物理	4	False
010603	网页设计与制作	6	True
010604	网络操作系统	6	True
020603	ASP. NET 网站开发	6	True

表 7 - 14 result 成绩表

成绩编号	学生编号	课程编号	成绩分数	成绩等级
1	20010101	010603	73	NULL
2	20010102	010603	68	NULL
3	20020101	020603	80	NULL
4	20020102	020603	75	NULL
5	21010101	001204	90	NULL

表 7 - 15 teachinfo 教学信息表

教师编号	课程编号	班级编号
199702	020603	200201
200003	001206	210101
200502	010604	200101

（2）将 result 表中的 grade 成绩等级字段统一置为 "E"。

（3）根据不同的分数段设置不同的等级，score ≥ 90 时，设置为 "A"；score ≥ 80 时，设置为 "B"；score ≥ 70 时，设置为 "C"；score ≥ 60 时，设置为 "D"。

（4）查询班级编号为 "200101" 的学生信息，包括学号、姓名、家庭住址，并使用别名进行显示。

（5）查询姓 "赵" 并且姓名为两个字的学生信息，包括学号、姓名、家庭住址，查询结果按学号进行排序。

(6) 查询全校男生的总人数，并显示别名人数。

(7) 查询课程编号为"020603"的学生的平均分。

(8) 查询至少有 2 名男生的班级名称。

(9) 查询 20 软件技术班的学生信息，包括学号、姓名以及家庭地址。

(10) 查询与学号为 20010101 的学生同班的学生信息，包括学号和姓名。

(11) 查询学习了课程编号为 020603 的课程的学生学号和姓名。

(12) 查询在校师生中姓"李"的学生或者教师的信息，包括学号（教师编号）和姓名。

任务三　索引和视图

【任务描述】

在应用系统中，尤其在联机事务处理系统中，对数据查询的处理速度已成为衡量应用系统成败的关键，而采用索引和视图可以提高查询速率，从而便捷地使用一些常用数据。

【任务目标】

掌握索引的创建、使用与维护；

掌握视图的创建、使用与维护。

【任务实施】

任务 3.1　索引的创建、使用与维护

当数据量较大时，为 student 表设计索引，以提高数据查询效率。

【例 7 - 16】 为 student 表的 sname 列创建非聚集索引，为 sid 列创建唯一、非聚集索引。

创建索引语句 CREATE INDEX 语法格式如下：

```
CREATE[UNIQUE][CLUSTERED |NONCLUSTERED]INDEX index_name
ON table_name |view_name(column_name[ASC |DESC][,...n])
```

创建索引语句的参数说明见表 7 - 16。

表 7 - 16　创建索引语句的参数说明

[UNIQUE]	为表或视图创建唯一索引。唯一索引不允许两行具有相同的索引键值。视图的聚集索引必须唯一。如果要创建唯一索引的列有重复值，则必须先删除重复值
[CLUSTERED ∣ NONCLUSTERED]	表示指定创建的索引为聚集索引或非聚集索引。CLUSTERED 表示指定创建的索引为聚集索引。创建索引时，键值的逻辑顺序决定了表中对应行的物理顺序。NONCLUSTERED 表示指定创建的索引为非聚集索引。创建一个指定表的逻辑排序的索引。对于非聚集索引，数据行的物理排序独立于索引排序

index_name	表示指定所创建索引的名称
table_name	表示指定创建索引的表的名称
view_name	表示指定创建索引的视图的名称
column_name	索引所基于的一列或多列的列名。若指定两个或多个列名，可为指定列的组合值创建组合索引
[ASC ∣ DESC]	表示指定特定索引列的升序或降序排序方向，ASC 指定为升序，DESC 指定为降序

为 student 表 sname 列创建非聚集索引，代码如下：

```
CREATE INDEX ind_sname
ON student( sname)
```

为 student 表 sid 列创建唯一、非聚集索引，代码如下：

```
CREATE UNIQUE INDEX ind_sid
ON student( sid)
```

【例 7 - 17】　使用已创建的索引查询"姓名"为"张燕燕"的学生成绩。

用户对表进行查询操作时，如果已创建 where 条件中所使用索引列的相应索引，系统会自动调用此索引实现查询。另外，用户也可以通过 WITH 子句指定索引。WITH 子句语法格式：

```
WITH( INDEX = index_name)
```

index_name：指定调用的索引名。

使用已创建的索引查询"姓名"为"张燕燕"的学生成绩，代码如下：

```
SELECT student.sname,result.cno,result.score
FROM result,student
WITH( INDEX = ind_sname)
WHERE student.sname = '张燕燕' AND student.sno = result.sno
```

【例 7 - 18】　删除为 student 表 sid 列创建的唯一、非聚集索引 ind_sid。

索引创建后，如果需要频繁地对数据进行更新操作，会降低数据修改效率，而且存储索引需要占用额外的空间，增加了数据库的空间开销。因此，当一个索引不再需要时，可以将其从数据库中删除，以回收它当前使用的磁盘空间。删除索引 DROP INDEX 语句语法格式：

```
DROP INDEX table_name.index_name
```

table_name：指定的表名。

index_name：要删除的索引名。

删除为 student 表 sid 列创建的唯一、非聚集索引 ind_sid，代码如下：

```
DROP INDEX student.ind_sid
```

任务 3.2　视图的创建、使用与维护

对于同一数据库的数据，不同角色或部门所关注的数据信息是有差异的。例如，对于学生成绩管理数据库，学工处教师关注学生基本信息及学生成绩；教务处教师除关注学生成绩外，还要关注教师及授课情况。我们可以根据需求，专门为各类用户分别创建视图，实现简化操作。

【例 7 - 19】　创建 view_teachers 视图，包含教师编号、姓名、身份证号、性别、所授课程编号、班级编号及课程名称。

创建视图 CREATE VIEW 语句语法格式：

```
CREATE VIEW view_name AS query - expression
```

其中：

view_name：视图的名称。

query - expression：视图所基于的 SELECT 语句，可以含有 GROUP BY、HAVING、ORDER BY 子句等。

代码如下：

```
CREATE VIEW view_teachers AS
SELECT  teacher.tno, teacher.tname, teacher.tid, teacher.tmale, teachinfo.cno,
class.classname,course.cname
FROM class,teacher,teachinfo,course
WHERE class.tno = teacher.tno AND teacher.tno = teachinfo.tno AND teachinfo.cno =
course.cno
```

【例 7 - 20】　教务处人员利用刚才创建的"view_teachers"视图查询所有女老师的信息。

利用视图查询的格式如下：

```
SELECT column_name,column_name FROM view_name
```

其中：

column_name：查询的列名。

view_name：视图名。

代码如下：

```
SELECT * FROM view_teachers where tmale = '女'
```

【例 7 - 21】　修改视图 view_teachers 为加密视图，要求能够查询所有 2000 年以后入职的教师信息。

修改视图 ALTER VIEW 语句语法格式：

```
ALTER VIEW view_name AS query - expression
```

代码如下：

```
ALTER VIEW view_teachers
WITH ENCRYPTION
AS
SELECT *
FROM teacher
WHERE tno LIKE '2% '
```

【任务拓展】

（1）为学工处人员创建"view_students"视图，查询所有男生的信息。

（2）对 view_students 视图中包含的列进行修改，包含班级编号、学号、姓名、性别、是否团员。

（3）利用视图"view_students"为数据表 student 增加一条记录。

（4）将视图"view_students"删除。

任务四　存储过程和触发器

【任务描述】

在前面的项目中，已经初步具备了 SQL Server 数据库技术应用的能力，但是在程序员的日常生活和工作中，还需要具有一定的数据库编程能力。

【任务目标】

掌握存储过程的创建与使用。

掌握触发器的创建与使用。

【任务实施】

任务 4.1　存储过程的创建与使用

（1）创建存储过程的语法格式如下：

```
CREATE PROCEDURE 存储过程名
[输入参数 1 数据类型,
输入参数 2 数据类型,
…
输出参数 1 数据类型 OUTPUT,
输出参数 2 数据类型 OUTPUT,
…
]
[WITH ENCRYPTION]
AS
SQL 语句
```

参数说明：

OUTPUT：该参数是返回参数，使用"OUTPUT"可以将值返回给过程的调用方法。

ENCRYTPION：将存储过程进行加密。

（2）存储过程创建完成后，可以使用 EXECUTE 语句来执行存储过程。语法格式如下：

```
EXEC[UTE]存储过程名[参数值,…]
```

（3）修改存储过程的语法格式如下：

```
ALTER PROCEDURE 存储过程名
[输入参数 1 数据类型,
输入参数 2 数据类型,
……
输出参数 1 数据类型 OUTPUT,
输出参数 2 数据类型 OUTPUT,
…
]
[WITH ENCRYPTION]
AS
SQL 语句
```

（4）删除存储过程的语法格式如下：

```
DROP ｛ PROC ｜PROCEDURE ｝｛存储过程名｝[,…n]
```

【例 7 - 22】 创建存储过程，从学生表、课程表、成绩表中检索所有学生的姓名、性别、所学课程和成绩。

```
CREATE PROCEDURE proc_stuResult
AS
SELECT sname,smale,cname,score
FROM student,course,result
WHERE student.sno = result.sno AND course.cno = result.cno
```

【例 7 - 23】 创建存储过程 stuInfo，该存储过程根据班级名称从学生表、班级表中检索出指定班级的学生学号、姓名和性别信息，要求将班级名称通过参数传递给存储过程。

```
CREATE PROCEDURE proc_stuInfo @ classname varchar(20)
AS
SELECT student.sno,sname,smale
FROM student,class
WHERE student.classno = class.classno
AND classname = @ classname
```

【例 7 - 24】 执行例 7 - 22 所创的存储过程 stuInfo，查找"20 计算机应用技术"的学生信息。

```
EXEC proc_stuResult
```

【例7－25】 修改例7－22所创的存储过程stuResult，要求对此存储过程进行加密，其他不变。

```
ALTER PROCEDURE proc_stuResult
WITH ENCRYPTION
AS
SELECT sname,smale,cname,score
FROM student,course,result
WHERE student.sno = result.sno AND course.cno = result.cno
```

【例7－26】 删除存储过程stuResult。

```
DROP PROCEDURE proc_stuResult
```

任务4.2 触发器的创建与使用

（1）使用CREATE TRIGGER语句创建触发器，其语法格式如下：

```
CREATE TRIGGER 触发器名
ON 表名 |视图名
[WITH ENCRYPTION]
{ FOR |AFTER |INSTEAD OF }
{[DELETE][,][INSERT][,][UPDATE]}
AS { sql 语句 }
```

参数说明：

WITH ENCRYPTION：对CREATE TRIGGER语句的文本进行加密。

AFTER：指定DML触发器仅在触发SQL语句中指定的所有操作都已成功执行时才被激发。若仅指定FOR关键字，则AFTER为默认值。

INSTEAD OF：指定DML触发器是"代替"SQL语句执行的，所以其优先级高于触发语句的操作。

{[DELETE][,][INSERT][,][UPDATE]}：指定在表或视图上执行哪些数据修改语句时将激活触发器的关键字。

（2）使用DROP TRIGGER语句删除DML触发器，语法格式如下：

```
DROP TRIGGER 触发器名[,…n]
```

【例7－27】 在学生管理数据库的student表中创建一个update_sname的UPDATE触发器，该触发器的功能是禁止更新student表中的sname字段的内容。代码如下：

```
CREATE TRIGGER update_sname
ON student
FOR UPDATE
AS
IF UPDATE( sname)
BEGIN
    PRINT '不能修改学生的姓名'
```

```
    ROLLBACK TRANSACTION
END
GO
UPDATE student
SET sname = '李燕燕'
WHERE sno = '20010101'
```

程序用 CREATE TRIGGER 关键字为 student 表创建了一个 update_sname 触发器，规定该触发器由 UPDATE 语句触发执行。触发器创建成功后，使用 UPDATE 语句更新 student 表中学号为 20010101 的学生姓名进行测试，结果无法更新，如图 7 – 14 所示，说明创建的触发器已经发生作用了。

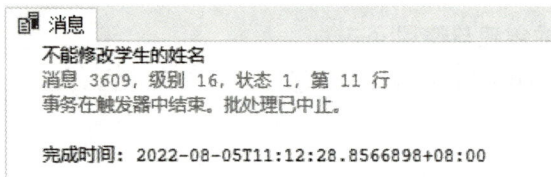

图 7 – 14　触发器执行结果

【例 7 – 28】　删除触发器 update_sname。

```
DROP TRIGGER update_sname
```

【任务拓展】

（1）创建一个存储过程 proc_si，执行该存储过程可以返回某班级学生的信息，包括学号、姓名、性别、出生日期字段，并返回该班级的总人数。

（2）为 student 数据表创建一个名为 delete_student 的 DELETE 触发器，该触发器的功能是当删除记录时，能够检查 result 表中是否存在某学生记录，如果存在，就不执行删除操作。

任务五　数据库安全管理

【任务描述】

数据库系统存在着来自操作系统、人员、网络三方面的威胁，作为系统管理员、数据库用户和程序设计人员，必须了解数据库系统安全的重要性。数据库的安全性是指保护数据库以防止不合法的使用所造成的数据泄露、更改或破坏。

【任务目标】

数据库用户及管理权限。

数据库的备份与恢复。

数据库数据的导入与导出。

【任务实施】

任务 5.1　数据库用户及管理权限

（1）可以使用 CREATE USER 语句创建数据库用户，语法格式如下：

```
CREATE  USER user[IDENTIFIED BY[PASSWORD]'password']
[,user[IDENTIFIED BY[PASSWORD]'password']]
```

IDENTIFIED BY 语句为可选语句，在创建用户的同时，可以给账号赋予一个密码。

（2）可以使用 CREATE ROLE role_name 语句来创建数据库角色，语法格式如下：

```
CREATE ROLE role_name IDENTIFIED BY password
```

IDENTIFIED BY 为可选语句，可以给角色赋予一个密码。

（3）使用存储过程 sp_addrolemember 可以添加角色的成员，语句格式如下：

```
sp_addrolemember '数据库角色名','数据库用户名'
```

（4）使用 GRANT 命令将权限授予某一用户，允许该用户执行针对某数据库对象的操作或允许其运行某些语句，语法格式如下：

```
GRANT 权限 ON 数据库对象 TO 用户或角色
```

（5）使用 REVOKE 语句来撤销用户对某一对象或语句的权限，使其不能执行操作，除非该用户是角色成员且角色被授权。

```
REVOKE 权限 ON 数据库对象 FROM 用户或角色
```

【例 7 - 29】　创建数据库 studentdb 的用户 DBUser，然后创建数据库角色 Auditors，将新创建的数据库用户 DBUser 加入 Auditors 数据库角色。

```
CREATE LOGIN user1 WITH password = '123456'
GO
CREATE USER DBUSer FOR LOGIN user1
GO
CREATE ROLE Auditors
GO
EXECUTE sp_addrolemember 'Auditors','DBUser'
```

【例 7 - 30】　授予用户 DBUser 查看 studentdb 数据库中 student 表和 teacher 表的权限。

```
GRANT SELECT ON student TO DBUser
GRANT SELECT ON teacher TO DBUser
```

【例 7 - 31】　撤销 DBUser 查看 student 表的权限。

```
REVOKE SELECT ON student TO DBUser
```

任务 5.2　数据库的备份与恢复

1. 数据库备份

使用 BACKUP DATABASE 语句将指定的数据库进行完全备份和差异备份。

语法格式如下：

```
BACKUP DATABASE 数据库名
TO 备份设备[,…]
[WITH
[DIFFERENTIAL]
[,NAME = 备份集名称]
[,INIT |NOINIT]
[,RESTART]]
```

参数说明：

[DIFFERENTIAL]：备份方式为差异备份。

[NAME = 备份集名称]：指定备份集名称。

INIT/NOINIT：INIT 表示新备份的数据覆盖当前备份设备上的每一项内容；NOINIT 表示新备份的数据添加到备份设备上已有内容的后面。

RESTART：BACKUP 语句从上次备份中断点开始重新执行被中断的备份操作。

2. 备份事务日志

可以使用 BACKUP LOG 语句将指定数据库按照事务日志的方式进行备份。

语法格式如下：

```
BACKUP LOG 数据库名
 TO < 备份设备 >[,...n]
 [WITH
 [,NAME = 备份集名称]
 [,INIT 或 NOINIT]
 [,RESTART]
 ]
```

3. 恢复整个数据库

语法格式如下：

```
RESTORE DATABASE 数据库名
[FROM <备份设备 >[,…]]
    [WITH
        [FILE = 备份序号]
        [,MOVE'逻辑文件名'TO '物理文件名']
        [,NORECOVERY |RECOVERY]
        [,REPLACE]
        [,RESTART]
```

参数说明：

FILE = 备份序号：表示恢复数据库时，使用该备份设备第几次备份中恢复的数据。

RECOVERY：指示还原操作回滚任何未提交的事务。在恢复进程后，即可随时使用数据库。如果没有指定 NORECOVERY 或 RECOVERY，则默认为 RECOVERY。

NORECOVERY：指示还原操作不回滚任何未提交的事务。如果稍后必须应用另一个事务日志，则应指定 NORECOVERY 或 STANDBY 选项。使用 NORECOVERY 选项执行脱机还原操作时，数据库将无法使用。

REPLACE：如果存在另一个具有相同名称的数据库，SQL Server 将删除现有的数据库。

RESTART：表示 RESTORE 语句从上次恢复的中断点开始重新执行被中断的恢复操作。

【注意】若省略了 FROM 子句，则必须在 WITH 子句中指定 NORECOVERY、RECOVERY。

4. 恢复数据库事务日志

语法格式如下：

```
RESTORE LOG 数据库名
[FROM <备份设备>[,...]]
[WITH
[FILE=备份序号]
[,MOVE'逻辑文件名'TO'物理文件名']
[,RECOVERY |NORECOVERY]
[,RESTART]
]
```

参数说明：各参数的用法与恢复整个数据库的语句相同。

【例7-32】 将 studentdb 数据库按完全数据库备份的方式备份到磁盘文件"D：\studentdbback. bak"中，备份集名为"完全备份1"。

```
BACKUP DATABASE studentdb
TO DISK ='d:\studentdbback.bak'
WITH
NAME ='完全备份1'
```

结果如图7-15所示。

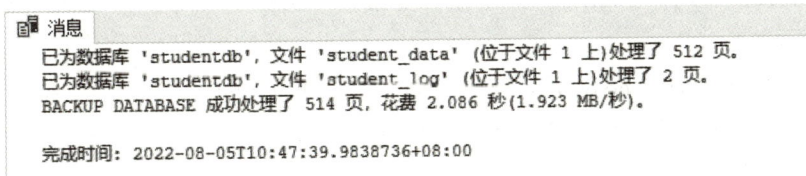

```
已为数据库 'studentdb', 文件 'student_data' (位于文件 1 上)处理了 512 页。
已为数据库 'studentdb', 文件 'student_log' (位于文件 1 上)处理了 2 页。
BACKUP DATABASE 成功处理了 514 页, 花费 2.086 秒(1.923 MB/秒)。

完成时间: 2022-08-05T10:47:39.9838736+08:00
```

图7-15 数据库备份执行结果

【例7-33】 将 studentdb 数据库的事务日志备份到磁盘文件"D:\studentlogback. bak"中，备份集名为"日志备份1"。

```
BACKUP LOG studentdb
TO DISK ='d:\studentlogback.bak'
WITH
NAME ='日志备份1'
```

结果如图7-16所示。

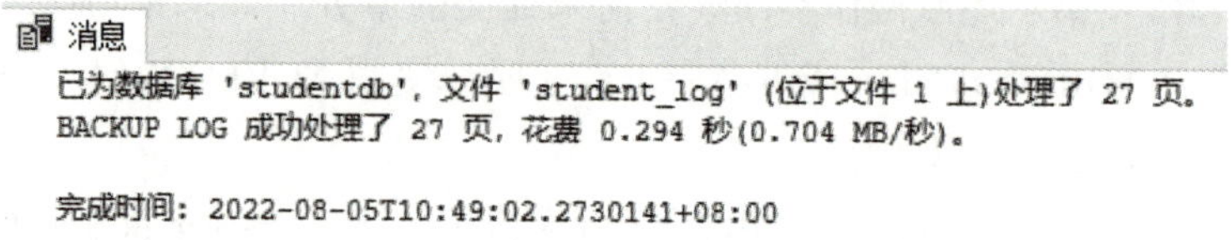

消息

已为数据库 'studentdb'，文件 'student_log' (位于文件 1 上)处理了 27 页。
BACKUP LOG 成功处理了 27 页，花费 0.294 秒(0.704 MB/秒)。

完成时间：2022-08-05T10:49:02.2730141+08:00

图 7 – 16　日志备份执行结果

【例 7 – 34】　已经创建了一个名为 studentdbbackup 的备份设备，现要求将该备份设备文件恢复为 studentdb 数据。

方法 1：直接从备份设备 studentdbbackup 的完整数据库备份中恢复数据库，前提条件是已知要恢复的数据库名。

```
RESTORE DATABASE studentdb
FROM DISK = 'd:\studentdbback.bak'
WITH REPLACE
```

方法 2：如果不知道要还原的数据库名，则首先要从备份设备 studentdbbackup 中找出原来的数据库名。

```
RESTORE HeaderOnly FROM studentdbback
```

然后，使用 RESTORE FileListOnly FROM schoolbackup 找出要还原的数据库文件列表，查询结果。最后构造出还原数据库的 SQL 语句。

```
RESTORE DATABASE studentdb
FROM Disk = 'd:\studentdbback.bak'
WITH REPLACE
```

任务 5.3　数据库数据的导入与导出

【例 7 – 35】　将一张记录管理员信息的 Excel 表导入 studentdb 数据库的 admin 表中。

（1）右击数据库对象 studentdb，并在快捷菜单中选择 "任务" → "导入数据" 命令，如图 7 – 17 所示。

（2）在弹出的 "SQL Server 导入和导出向导" 页面中单击 "下一步" 按钮，在 "选择数据源" 页面中，从 "数据源" 下拉列表框中选择 "Microsoft Excel"，并选择 Excel 文件路径，如图 7 – 18 所示。

（3）单击 "下一步" 按钮，在 "选择目标" 页面的 "目标" 下拉列表框中选择要导入的类型及数据库名称、身份验证方式等，如图 7 – 19 所示。

（4）单击 "下一步" 按钮，在 "指定表复制或查询" 页面中设置指定复制的类型，这里采用默认选项。

（5）单击 "下一步" 按钮，在 "选择源表和源视图" 页面中选择要导入的表，单击 "预览" 按钮，可以看到导入后的效果，如图 7 – 20 所示。

（6）单击 "确定" 按钮，单击 "下一步" 按钮，在 "保存并运行包" 页面中选择 "立即运行"。

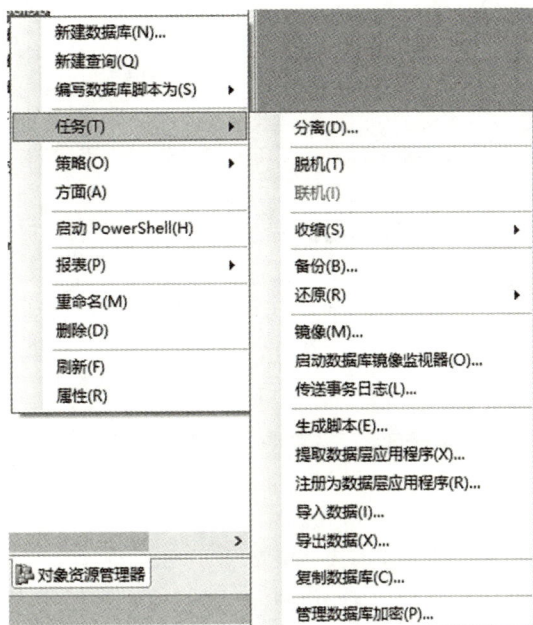

图 7 - 17　数据库导入

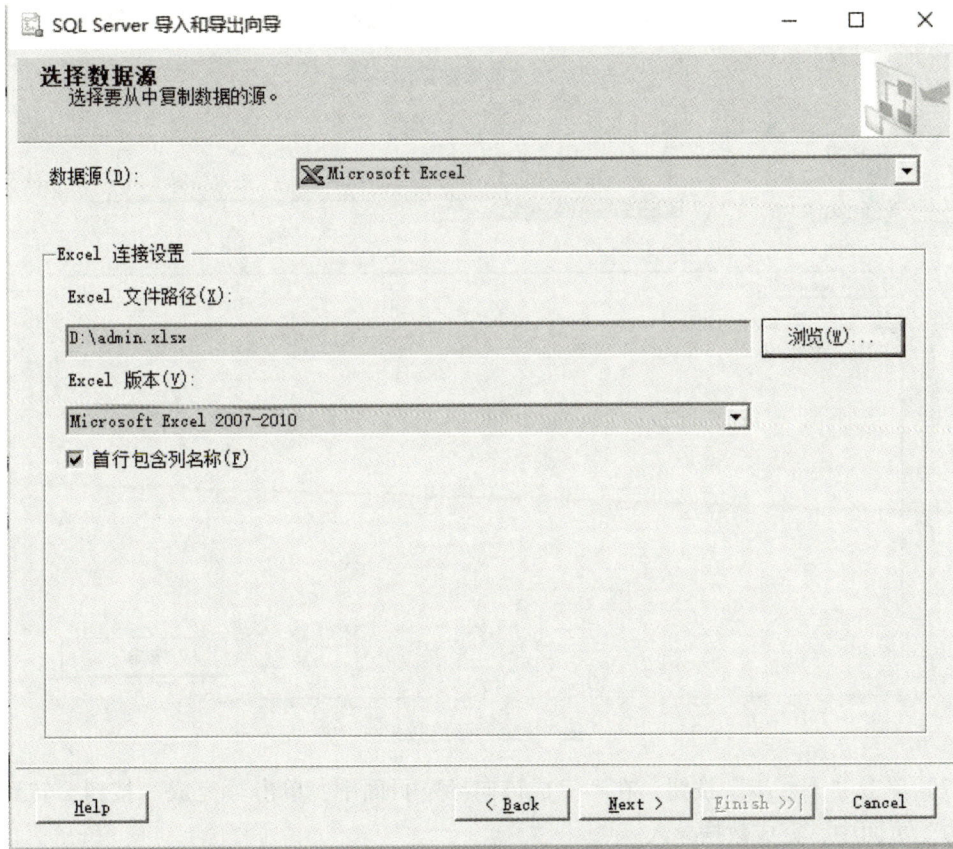

图 7 - 18　选择数据源及路径

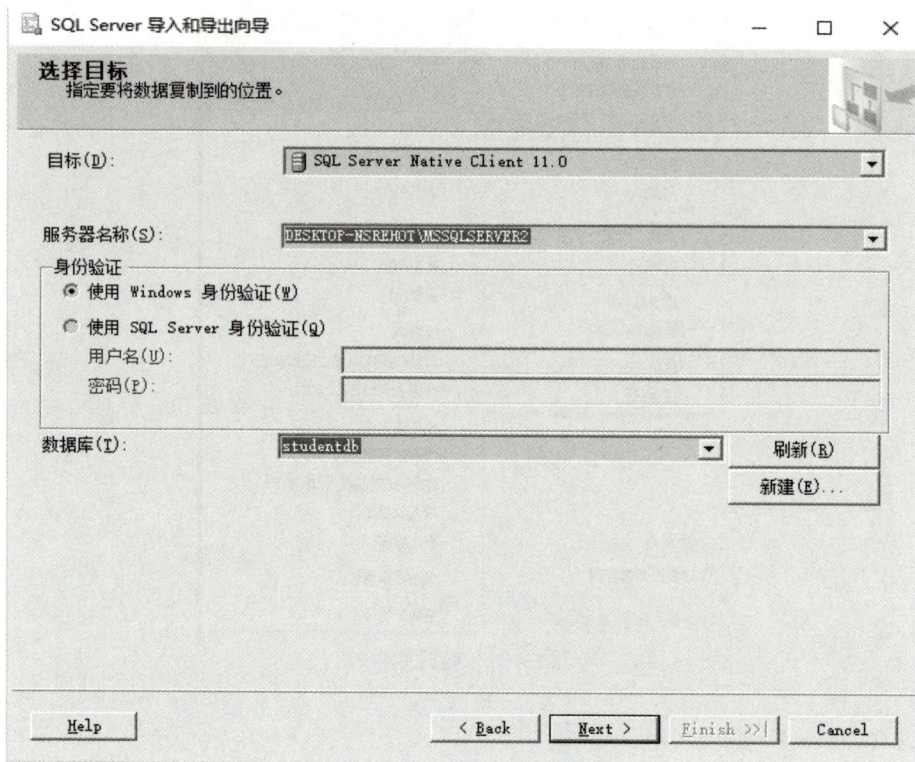

图 7 – 19　选择数据库名称

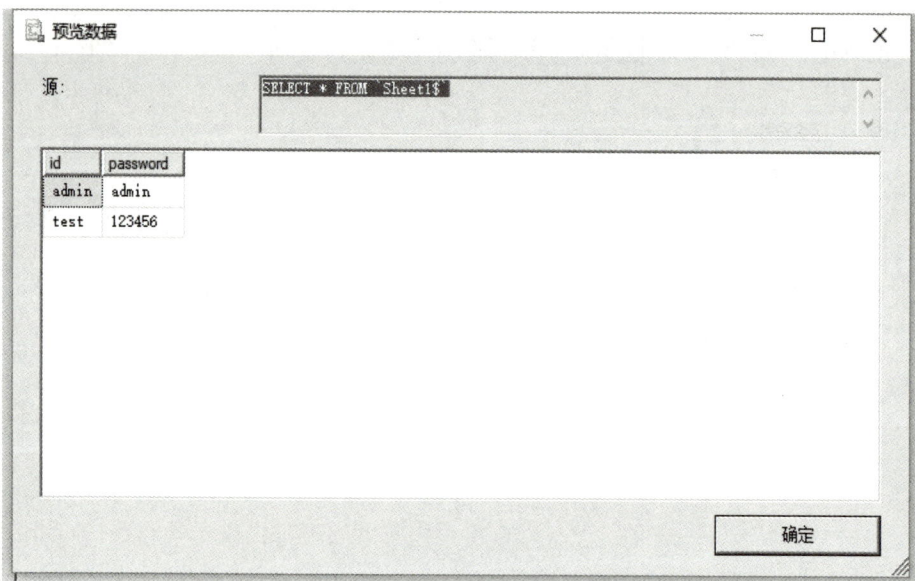

图 7 – 20　预览效果

（7）单击"下一步"按钮，在"完成该向导"页面中，单击"完成"按钮，转到"执行成功"页面中，完成数据导入。

（8）刷新 school 数据库，打开数据表查看成功导入的数据，如图 7 – 21 所示。

id	password
admin	admin
test	123456
NULL	*NULL*

图 7 - 21　查看导入的数据

【例 7 - 36】　将学生表中的学生信息以 Excel 形式保存。

（1）右击数据库对象 studentdb，并在快捷菜单中选择"任务"→"导出数据"命令。

（2）打开"SQL Server 导入和导出向导"窗口，单击"Next"按钮，进入"选择数据源"页面，如图 7 - 22 所示。

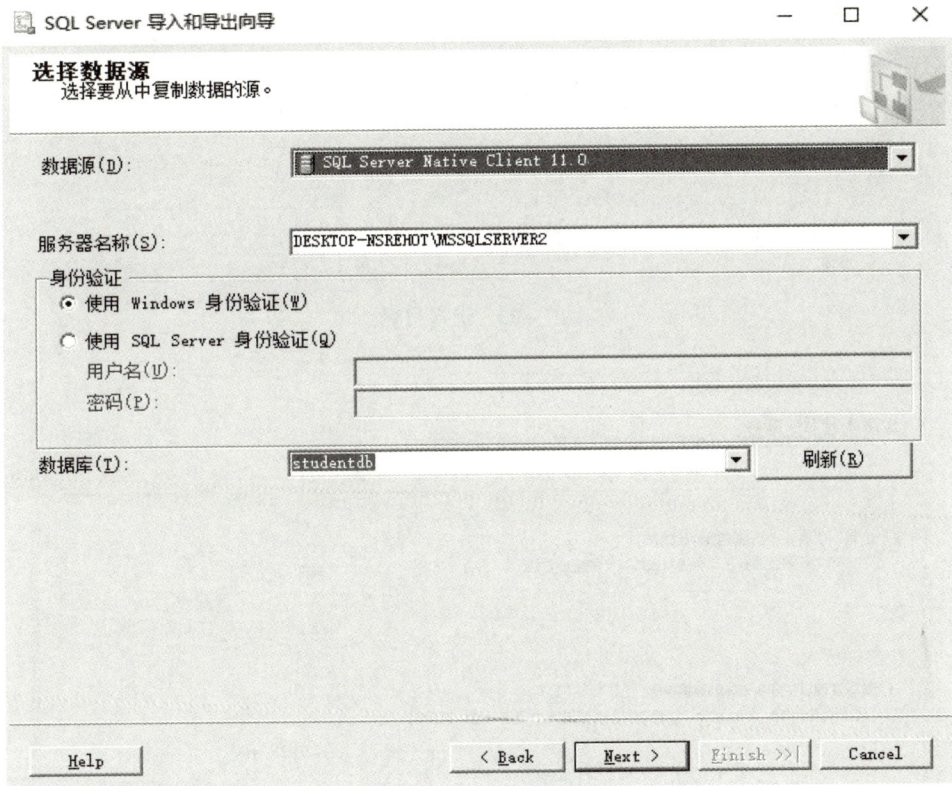

图 7 - 22　选择数据源

（3）单击"Next"按钮，进入"选择目标"页面，在"目标"下拉框中选择"Microsoft Excel"，选择 Excel 文件所在路径及名称，如图 7 - 23 所示。

（4）单击"Next"按钮，进入"指定表复制或查询"页面，选择"编写查询以指定要传输的数据"，如图 7 - 24 所示。

（5）单击"下一步"按钮，进入"提供源查询"页面，编写 SQL 语句，如图 7 - 25 所示。

（6）单击"Next"按钮，进入"选择源表和源视图"页面（图 7 - 26），单击"预览"按钮，查看数据（图 7 - 27）。

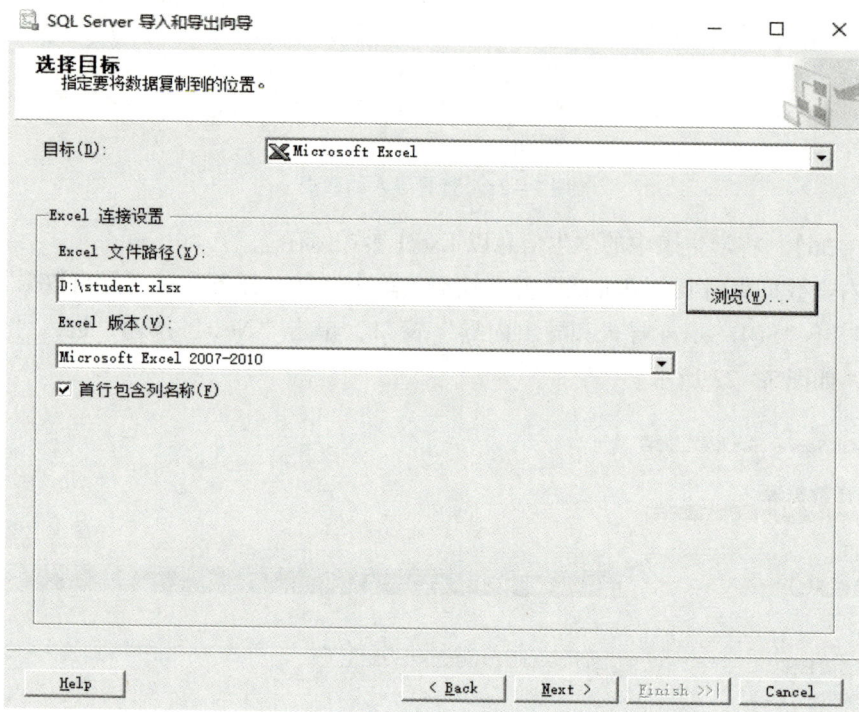

图 7-23　选择目标

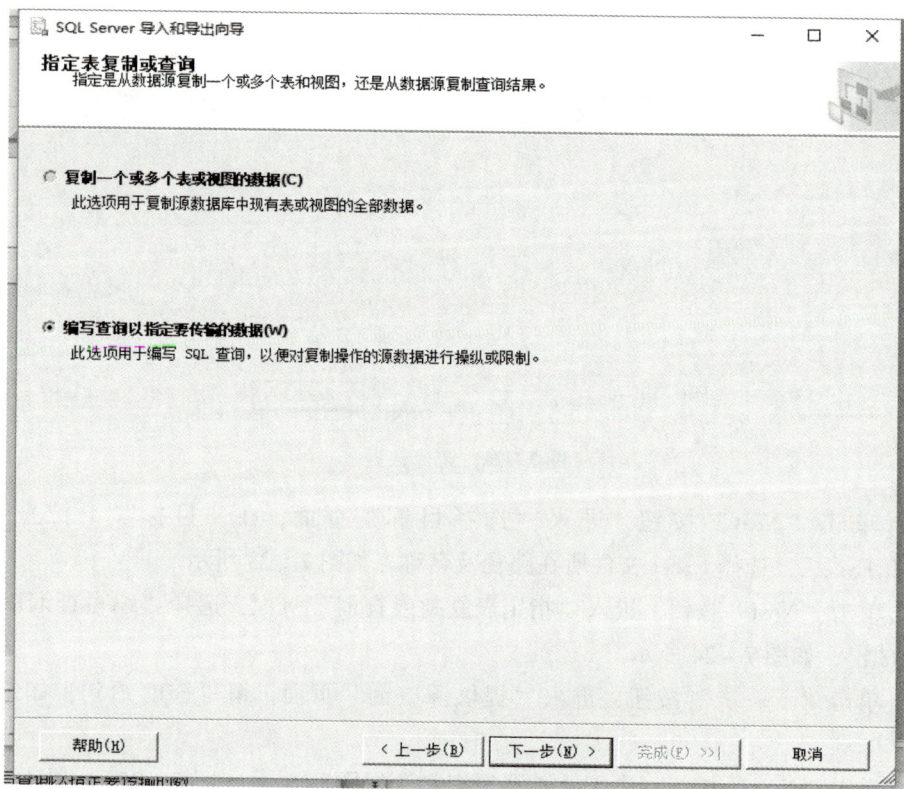

图 7-24　指定表复制或查询

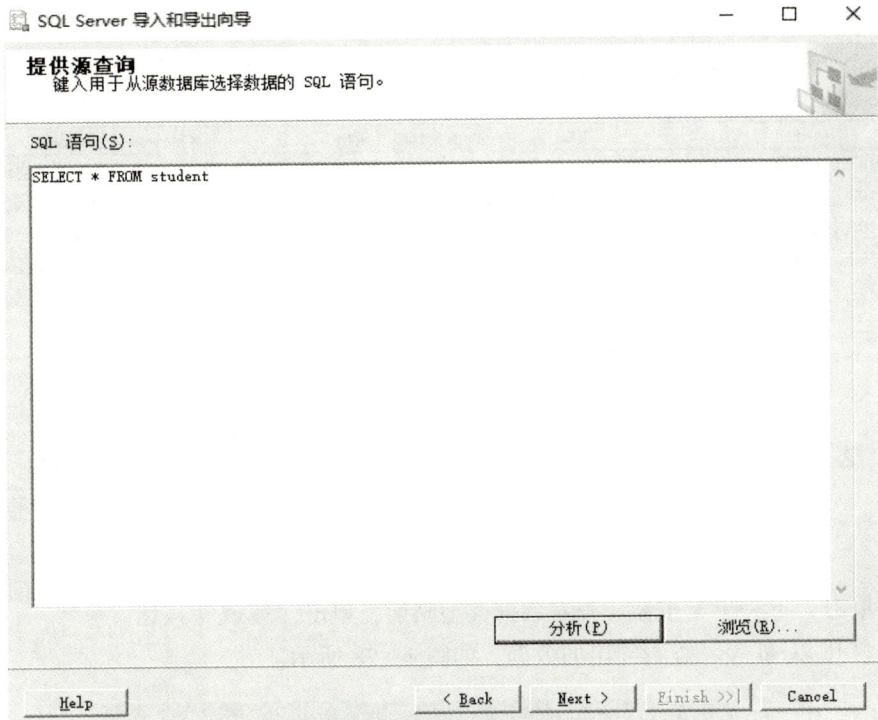

图 7 - 25　提供源查询

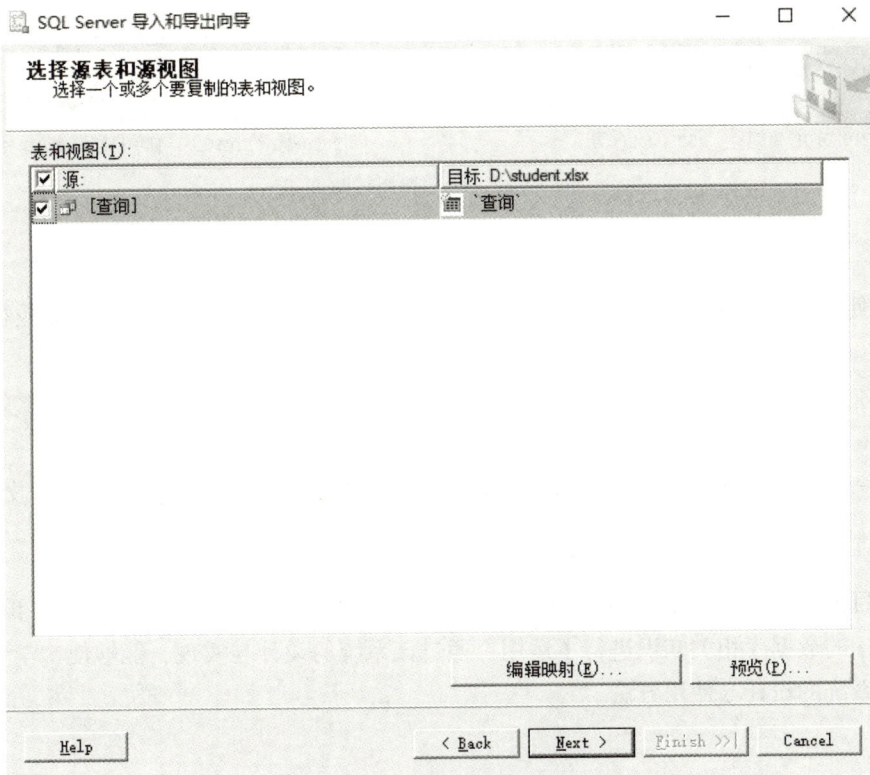

图 7 - 26　选择源表和源视图

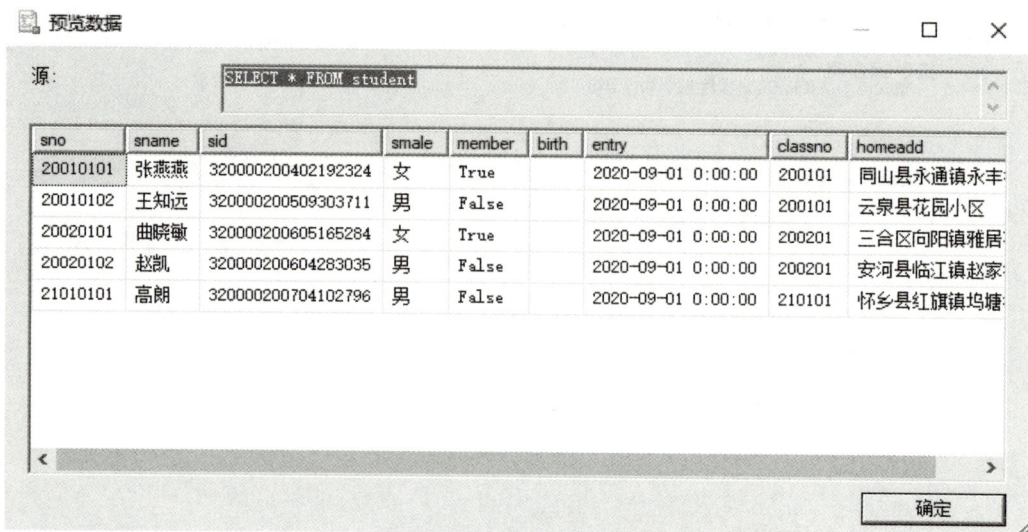

图 7 - 27　预览数据

（7）单击"下一步"按钮，查看数据类型映射，单击"完成"按钮。

（8）打开 Excel 表，查看导出的数据，如图 7 - 28 所示。

图 7 - 28　查看导出的数据

【任务拓展】

（1）使用 SQL Management Studio 工具实现用户名 Lucy 仅仅能访问 school 数据库中的 class 表和 student 表。

（2）使用 SQL Server Management Studio 差异备份 studentdb 数据库，备份文件名为 studentcopy. bak，存放在 D 盘根目录中。

（3）查询 studentdb 数据库的 class 表中班级的具体信息，将查询结果以 XML 文档保存。

【项目总结】

本项目采用 SQL Server 2019 数据库完成了一个学生成绩管理数据库系统，在该系统中，将前面所学的数据库相关知识进行了运用，通过该系统的设计与实现，能够使初学者尽快掌握数据库系统的设计与使用方法。